中国大宗淡水鱼
种质资源保护与利用丛书

总主编
桂建芳　戈贤平

青鱼种质资源保护与利用

主编・李家乐　沈玉帮

上海科学技术出版社

图书在版编目（CIP）数据

青鱼种质资源保护与利用 / 李家乐，沈玉帮主编
. -- 上海 : 上海科学技术出版社，2023.12
（中国大宗淡水鱼种质资源保护与利用丛书 / 桂建
芳，戈贤平总主编）
ISBN 978-7-5478-6301-5

Ⅰ. ①青… Ⅱ. ①李… ②沈… Ⅲ. ①青鱼－种质资
源－研究－中国 Ⅳ. ①S965.111

中国国家版本馆CIP数据核字(2023)第158668号

青鱼种质资源保护与利用
李家乐　沈玉帮　主编

上海世纪出版(集团)有限公司
上 海 科 学 技 术 出 版 社 出版、发行
(上海市闵行区号景路159弄A座9F-10F)
邮政编码 201101　　www.sstp.cn
上海雅昌艺术印刷有限公司印刷
开本 787×1092　1/16　印张 15.5
字数 300千字
2023年12月第1版　2023年12月第1次印刷
ISBN 978-7-5478-6301-5/S·271
定价：120.00元

内容提要

青鱼是我国“四大家鱼”之一，养殖历史悠久。青鱼具有肉质好、生长速度快、成活率高、饵料易得等特点而成为我国市场需求大、经济价值较高的重要淡水养殖鱼类。

本书对青鱼种质资源保护与利用的最新研究成果进行系统总结，一方面从生物学特性、种质资源分布情况、种质遗传多样性等方面介绍了青鱼种质资源概况，总结了青鱼遗传改良的方法，并针对种质资源保护面临的问题提出了保护策略；另一方面从人工繁殖、苗种培育和成鱼养殖3个阶段系统介绍了青鱼的养殖生产，同时对青鱼的营养与饲料、养殖病害防治、贮运流通与加工也进行了详细总结。

本书内容全面、系统，技术先进、实用，适合高等院校和科研院所水产养殖等相关专业的师生使用，也可为养殖生产者、水产技术人员提供参考。

中国大宗淡水鱼种质资源保护与利用丛书

编委会

青鱼种质资源保护与利用

编委会

主编

李家乐　沈玉帮

副主编

刘乐丹

编写人员

（按姓氏笔画排序）

叶金云　刘　凯　刘乐丹　许艳顺　李家乐　吴成龙

沈玉帮　徐晓雁　高　沛　谢　楠　戴瑜来

序

大宗淡水鱼是中国也是世界上最早的水产养殖对象。早在公元前460年左右写成的世界上最早的养鱼文献——《养鱼经》就详细描述了鲤的养殖技术。水产养殖是我国农耕文化的重要组成部分,也被证明是世界上最有效的动物源食品生产方式,而大宗淡水鱼在我国养殖鱼类产量中占有绝对优势。大宗淡水鱼包括青鱼、草鱼、鲢、鳙、鲤、鲫、鲂(鳊)七个种类,2022年养殖产量占全国淡水养殖总产量的61.6%,发展大宗淡水鱼绿色高效养殖能确保我国水产品可持续供应,对保障粮食安全、满足城乡居民消费发挥着非常重要的作用。大宗淡水鱼养殖还是节粮型渔业和环境友好型渔业的典范,鲢、鳙等对改善水域生态环境发挥着不可替代的作用。但是,由于长期的养殖,大宗淡水鱼存在种质退化、良种缺乏、种质资源保护与利用不够等问题。

2021年7月召开的中央全面深化改革委员会第二十次会议审议通过了《种业振兴行动方案》,强调把种源安全提升到关系国家安全的战略高度,集中力量破难题、补短板、强优势、控风险,实现种业科技自立自强、种源自主可控。

大宗淡水鱼不仅是我国重要的经济鱼类,也是我国最为重要的水产种质资源之一。为充分了解我国大宗淡水鱼种质状况特别是鱼类远缘杂交技术、草鱼优良种质的示范推广、团头鲂肌间刺性状遗传选育研究、鲤等种质资源鉴定与评价等相关种质资源工作,国家大宗淡水鱼产业技术体系首席科学家戈贤平研究员组织编写了《中国大宗淡水鱼种质资源保护与利用丛书》。

本丛书从种质资源的保护和利用入手,整理、凝练了体系近年来在种质资源保护方面的研究进展，尤其是系统总结了大宗淡水鱼的种质资源及近年来研发的如合方鲫、建鲤2号等数十个水产养殖新品种资源，汇集了体系在种质资源保护、开发、养殖新品种研发，养殖新技术等方面的最新成果，对体系在新品种培育方面的研究和成果推广利用进行了系统的总结，同时对病害防控、饲料营养研究及加工技术也进行了展示。在写作方式上，本丛书也不同于以往的传统书籍，强调了技术的前沿性和系统性，将最新的研究成果贯穿始终。

本丛书具有系统性、权威性、科学性、指导性和可操作性等特点，是对中国大宗淡水鱼目前种质资源与养殖状况的全面总结，也是对未来大宗淡水鱼发展的导向，还可以为开展水生生物种质资源开发利用、生态环境保护与修复及渔业的可持续发展工作提供科技支撑，为种业振兴行动增添助力。

中国科学院院士
中国科学院水生生物研究所研究员

2023年10月28日于武汉水果湖

前言

我国大宗淡水鱼主要包括青鱼、草鱼、鲢、鳙、鲤、鲫、团头鲂。这七大品种是我国主要的水产养殖鱼类，也是淡水养殖产量的主体，其养殖产量占内陆水产养殖产量较大比重，产业地位十分重要。据统计，2021 年全国淡水养殖总产量 3 183. 27 万吨，其中大宗淡水鱼总产量达 1 986. 50 万吨、占总产量 62. 40%。湖北、江苏、湖南、广东、江西、安徽、四川、山东、广西、河南、辽宁、浙江是我国大宗淡水鱼养殖的主产省份，养殖历史悠久，且技术先进。

我国大宗淡水鱼产业地位十分重要，主要体现为"两保四促"。

两保：一是保护了水域生态环境。大宗淡水鱼多采用多品种混养的综合生态养殖模式，通过搭配鲢、鳙等以浮游生物为食的鱼类，可有效消耗水体中过剩的藻类和氮、磷等营养元素，千岛湖、查干湖等大湖渔业通过开展以渔净水、以渔养水，水体水质显著改善，生态保护和产业发展相得益彰。二是保障了优质蛋白供给。大宗淡水鱼是我国食品安全的重要组成部分，也是主要的动物蛋白来源之一，为国民提供了优质、价廉、充足的蛋白质，为保障我国粮食安全、满足城乡市场水产品有效供给起到了关键作用，对提高国民的营养水平、增强国民身体素质做出了重要贡献。

四促：一是促进了乡村渔村振兴。大宗淡水鱼养殖业是农村经济的重要产业和农民增收的重要增长点，在调整农业产业结构、扩大农村就业、增加农民收入、带动相关产业发展等方面都发挥了重要的作用，有效助力乡村振兴的实施。二是促进了渔业高质量发展。进一步完善了良种、良法、良饵为核心的大宗淡水鱼模式化生产系统。三是促进了渔业精准扶贫。充分发挥大宗淡水鱼的资源优势，以研发推广“稻渔综合种养”等先进技术为抓手，在特困连片区域开展精准扶贫工作，为贫困地区渔民增收、脱贫摘帽做出了重要贡献。四是促进了渔业转型升级。

改革开放以来，我国确立了“以养为主”的渔业发展方针，培育出了建鲤、异育银鲫、团头鲂“浦江1号”等一批新品种，促进了水产养殖向良种化方向发展，再加上配合饲料、渔业机械的广泛应用，使我国大宗淡水鱼养殖业取得显著成绩。2008年农业部和财政部联合启动设立国家大宗淡水鱼类产业技术体系（以下简称体系），其研发中心依托单位为中国水产科学研究院淡水渔业研究中心。体系在大宗淡水鱼优良新品种培育、扩繁及示范推广方面取得了显著成效。通过群体选育、家系选育、雌核发育、杂交选育和分子标记辅助等育种技术，培育出了异育银鲫“中科5号”、福瑞鲤、长丰鲢、团头鲂“华海1号”等数十个通过国家审定的水产养殖新品种，并培育了草鱼等新品系，这些良种已在中国大部分地区进行了推广养殖，并且构建了完善、配套的新品种苗种大规模人工扩繁技术体系。此外，体系还突破了大宗淡水鱼主要病害防控的技术瓶颈，开展主要病害流行病学调查与防控，建立病害远程诊断系统。在养殖环境方面，这些年体系开发了池塘养殖环境调控技术，研发了很多新的养殖模式，比如建立池塘循环水养殖模式；创制数字化信息设备，建立区域化科学健康养殖技术体系。

当前我国大宗淡水鱼产业发展虽然取得了一定成绩，但还存在健康养殖技术有待完善、鱼病防治技术有待提高、良种缺乏等制约大宗淡水鱼产业持续健康发展等问题。

2021年7月召开的中央全面深化改革委员会第二十次会议，审议通过了《种业振兴行动方案》，强调把种源安全提升到关系国家安全的战略高度，集中力量破难题、补短板、强优势、控风险，实现种业科技自立自强、种源自主可控。

中央下发种业振兴行动方案。这是继 1962 年出台加强种子工作的决定后,再次对种业发展做出重要部署。该行动方案明确了实现种业科技自立自强、种源自主可控的总目标,提出了种业振兴的指导思想、基本原则、重点任务和保障措施等一揽子安排,为打好种业翻身仗、推动我国由种业大国向种业强国迈进提供了路线图、任务书。此次方案强调要大力推进种业创新攻关,国家将启动种源关键核心技术攻关,实施生物育种重大项目,有序推进产业化应用;各地要组建一批育种攻关联合体,推进科企合作,加快突破一批重大新品种。

由于大宗淡水鱼不仅是我国重要的经济鱼类,还是我国重要的水产种质资源。目前,国内还没有系统介绍大宗淡水鱼种质资源保护与利用方面的专著。为此,体系专家学者经与上海科学技术出版社共同策划,拟基于草鱼优良种质的示范推广、团头鲂肌间刺性状遗传选育研究、鲤等种质资源鉴定与评价等相关科研项目成果,以学术专著的形式,系统总结近些年我国大宗淡水鱼的种质资源与养殖状况。依托国家大宗淡水鱼产业技术体系,组织专家撰写了"中国大宗淡水鱼种质资源保护与利用丛书",包括《青鱼种质资源保护与利用》《草鱼种质资源保护与利用》《鲢种质资源保护与利用》《鳙种质资源保护与利用》《鲤种质资源保护与利用》《鲫种质资源保护与利用》《团头鲂种质资源保护与利用》7 个分册。

本套丛书从种质资源的保护和利用入手,提炼、集成了体系近年来在种质资源保护方面的研究进展,对体系在新品种培育方面的研究成果推广利用进行系统总结,同时对养殖技术、病害防控、饲料营养及加工技术也进行了展示。在写作方式上,本套丛书更加强调技术的前沿性和系统性,将最新的研究成果贯穿始终。

本套丛书可供广大水产科研人员、教学人员学习使用,也适用于从事水产养殖的技术人员、管理人员和专业户参考。衷心希望丛书的出版，能引领未来我国大宗淡水鱼发展导向，为开展水生生物种质资源开发利用、生态保护与修复及渔业的可持续发展等提供科技支撑，为种业振兴行动增添助力。

中国水产科学研究院淡水渔业研究中心党委书记
国家大宗淡水鱼产业技术体系首席科学家 戈贤平

2023年5月

目录

2 青鱼人工繁育技术 113

1

青鱼种质资源研究进展

1.1 青鱼种质资源概况

青鱼(*Mylopharyngodon piceus*)属鲤形目(Cypriniformes)、鲤科(Cyprinidae)、青鱼属(*Mylopharyngodon*)。青鱼是青鱼属下唯一的种,俗称乌青、螺蛳青、黑鲩鱼、乌溜等,英文名 Black carp。青鱼在我国的养殖历史最早可追溯至西晋。据晋武帝时期的文学家左思在其著作《吴都赋》所记:"乌贼拥剑,鼅鼊鲭鳄。涵泳乎其中。"鲭即古人对青鱼的称呼(李思忠,1990)。青鱼与草鱼(*Ctenopharyngodon idella*)、鲢(*Hypophthalmichtys molitrix*)和鳙(*Aristichtys nobilis*)4 种淡水鱼合称为"四大家鱼"。因青鱼肉质好、生长迅速、成活率高、饵料易得等特点而具有广泛的市场需求和较高的经济价值,在全国各地广泛养殖,是我国最主要的淡水养殖鱼类(Wu 等,2016)。作为"四大家鱼"中唯一的肉食性鱼类,因为螺蛳等淡水贝类饵料供应的限制以及病害威胁,青鱼产量最低(Bao 等,2020),但其肉质比其他几种家鱼更加紧实、筋道,故价格最高(Hariman 等,2018)。在大众饮食逐渐注重质量的今天,青鱼越来越受到全国各地甚至国外消费者的欢迎。广阔的市场空间促成了广大水产从业者对青鱼良种的热切需求,因而自主培育青鱼良种成为我国水产工作者的一项重要任务。

1.1.1 · 形态学特征

青鱼整体呈青灰色,背部颜色较深,腹部呈灰白色,所有鳍条均为黑色(图 1-1)。体长可达 145 cm。体长为体高的 3.3~4.1 倍,为头长的 3.5~4.4 倍,为尾柄长的 6.8~8.6 倍,为尾柄高的 6.3~7.9 倍。头长为吻长的 3.4~4.6 倍,为眼径的 5.1~8.8 倍,为眼间距的 2.0~2.6 倍,为尾柄长的 1.7~2.2 倍,为尾柄高的 1.7~2.1 倍。尾柄长为尾柄高的 0.8~1.1 倍。体粗壮、延长,近圆筒形。腹部圆,无腹棱。头中大,背面宽,头长一般小于体高。吻短,稍尖,吻长大于眼径。口中大,端位,呈弧形,上颌略长于下颌,上颌骨伸达鼻孔后缘的下方。唇发达,唇后沟中断,间距宽。眼中大,位于头侧的前半部;眼间宽而微凸,眼间距为眼径的 2 倍多。鳃孔宽,向前伸至前鳃盖骨后缘的下方;鳃盖膜与峡部相连;峡部较宽。体被大型圆鳞。侧线完全,约位于体侧中轴,浅弧形,向后伸达尾柄正中。背鳍位于腹鳍的上方,无硬刺,外缘平直,起点至吻端的距离与至尾鳍基约相等或近后者。臀鳍中长,外缘平直,起点在腹鳍起点与尾鳍基的中点或近尾鳍基,鳍条末端距尾鳍基较远。腹鳍起点与背鳍第一或第二分枝鳍条相对,鳍条末端距肛门较远。肛门紧位于臀鳍起点之前。尾鳍浅分叉,上下叶约等长,末端钝。背鳍Ⅲ-7,臀鳍Ⅲ-8~9,胸鳍Ⅰ-16~18,腹鳍Ⅱ-8。侧线鳞39~42(上鳞数为7,下鳞数为5),背鳍前鳞14~17,围尾柄鳞16~18。第一鳃弓外侧鳃耙数13~18。下咽齿1行,4(5)~5(4)。脊椎骨4+37~39。鳃耙短小,下支鳃耙呈颗粒状。下咽骨宽短。前臂宽短,其长短于后臂。咽齿呈臼状,齿冠面光滑、无沟纹。鳔具2室,前室粗壮且短于后室,后室末端尖形。肠道长,盘曲多次,肠长为体长的2倍左右。腹膜黑色。

图1-1 · 青鱼

1.1.2 · 种质资源分布状况

种质是指从亲代传递给子代的遗传物质,也就是指决定遗传性状并将遗传信息传递给后代的遗传物质。种质资源在环境中的体现就是种群。鱼类的自然种群数量、分布、年龄结构等是分析种质资源状况的重要依据。

青鱼为江、湖洄游性鱼类,夏、秋季在江河附属水体中生长发育,冬季进入江河或在湖泊深水处越冬,开春后上溯洄游,在溯流洄游中性腺迅速发育成熟,每年5—7月江汛期在江河干流各产卵场繁殖(湖北省水生生物研究所鱼类研究室,1976)。一次性产卵,卵漂浮性,在较长河道中积累足够的积温使鱼苗随水流孵化发育,然后进入江河附属水体中生长发育(李思忠,2017)。青鱼广泛分布于亚洲东部各大、中型淡水水系中,原产地从俄罗斯境内阿穆尔河(即黑龙江上游)一直向南横跨中国全境至越南北部红河流域皆有分布。在我国,青鱼自然分布于黑龙江水系、长江水系和珠江水系,主要分布在长江以南平原地区的大、中型水体中,其中又以长江中下游的资源最为丰富。

家鱼产卵场一般位于河道弯曲多变、江面宽狭相间、河床地形复杂的区域,这种地区的流向和流速复杂多变,可以为青鱼等家鱼交配、产卵提供所需的环境因素(李建等,2010;柏海霞等,2014)。

长江中游是“四大家鱼”主要的天然繁殖场所,产卵规模占长江干流的70%以上(易伯鲁等,1988),故我国“四大家鱼”的原种也大多来自于此。根据陈大庆等(2003)的研究报告显示,“四大家鱼”鱼苗主产区湖北省在 20 世纪 50 年代年均产苗 40 亿尾,60 年代年均产苗 83.8 亿尾,70 年代年均产苗 29.6 亿尾,80 年代年均产苗 20.7 亿尾,至 90 年代年均产苗仅 6.6 亿尾。“四大家鱼”早期资源呈下降趋势,也说明捕捞自然鱼苗已经不是养殖苗种的主要来源。刘绍平等(2005)对长江中游荆州、岳阳、湖口三地的考察中发现,长江中游“四大家鱼”的渔获量比重从 1974 年的 46%左右下降到 2003 年的 10%左右,其中青鱼在“四大家鱼”中仅占 2.42%,且 91.67%在 2~3 龄,即呈现低龄化趋势。同时期段辛斌(2008)在长江上游的渔业资源调查中没有发现青鱼,说明长江上游的青鱼资源已经严重衰退。刘明典等(2018)于 2014—2015 年对长江中游的鱼类早期资源调查发现,湖北宜昌江段“四大家鱼”产卵场为葛洲坝至庙咀(3 km)、胭脂坝至红花套(25 km)两处范围,规模分别为 5.65 亿尾和 6.13 亿尾,其中青鱼占 5.7%;与葛洲坝截流后的两次历史调查结果比较,产卵场位置向下游移动,产卵规模呈下降趋势。

每年 7 月,完成产卵的成鱼和当年孵化的仔、稚鱼从各通江河口处返回支流、湖泊等附属水体,但是至 2019 年长江中下游的通江湖泊仅剩石臼湖、洞庭湖和鄱阳湖,其余湖泊都已经被阻隔,仔、幼鱼无法进入湖泊生长,其栖息地功能已经完全丧失。

除干流外,长江中下游各支流仍然存在一定数量的青鱼自然群体。汉江是长江最大的支流,中下游鱼类约 79 种,包括“四大家鱼”等多种重要的经济鱼类(何力等,2007)。2019 年汉江下游鱼类早期资源调查中采集到漂浮性鱼卵 1 816 粒,其中包括青鱼、鲢、草鱼等,断面检查显示汉江下游早期资源总量为 118.9 亿尾,但多为银鮈等小型鱼类,“四大家鱼”较少(汪登强等,2019)。

湘江是长江中游的重要支流之一,也是湖南省境内最大的河流。湘江“四大家鱼”多集中在湘江常宁张河铺至衡阳云集河段产卵。该江段产卵场曾是我国“四大家鱼”三大产卵场之一。随着湘江干流梯级开发相继建成蓄水,原有 88 km 江段的湘江“四大家鱼”产卵场已逐渐萎缩,出现产卵场破碎化。根据黎小东等(2021)研究表明,近尾洲、大源渡水利枢纽蓄水后会降低江段流速,无法刺激“四大家鱼”亲鱼产卵,繁殖高峰期最小流速值已不能满足鱼苗“腰点”所需流速值,会导致鱼苗下沉死亡。

总之,长江流域的“四大家鱼”资源仍然呈现衰退趋势,包括渔业资源和早期资源的下降和自然产卵场的破坏,这些问题在水利设施发达和城市化程度高的水域更加突出。

黑龙江流域和珠江流域也是青鱼重要的自然种群栖息地。黑龙江干流有青鱼种群存在,但数量较少。霍堂斌等(2022)在松花江下游调查发现,与 20 世纪 80 年代松花江干流的历史资料相比,未采集到草鱼、青鱼、鲂、蒙古鲌等十余种鱼类。

珠江是华南地区第一大河流,地处热带—亚热带,气候温暖,雨量充沛,渔业资源丰富,是我国“四大家鱼”重要产地和野生资源基因库。吴伟军等(2016)对红水河江段“四大家鱼”资源现状进行调查发现，红水河“四大家鱼”占渔获物的比例合计为 10.38%，资源量呈下降趋势，且种群呈小型化和低龄化。

帅方敏等(2017)对珠江水系“四大家鱼”资源现状进行调查发现，珠江水系“四大家鱼”主要分布于西江桂平至肇庆江段，以及上游的南盘江万峰湖库区江段，其中青鱼基本为 1~5 龄，即初性成熟及未成熟个体；在中、上游的红水河大化、合山江段，以及东江、柳江、郁江等重要支流的资源量较少。

除我国以外，俄罗斯、越南同样存在青鱼自然种群。俄罗斯的青鱼种群主要分布于中俄边界的阿穆尔河(即黑龙江上游)，与我国黑龙江青鱼种群同源。越南青鱼种群主要分布于北部的红河流域，其上游为我国云南省内的元江。这两个青鱼种群为当地河流原生自然种群。

此外，因为国际贸易而被运输到世界各地的青鱼可能成为外来入侵种(Koel 等，2000)。20 世纪 70 年代，青鱼被混在进口活草鱼中进入美国本土。1980 年，美国大量引进青鱼用来控制钉螺数量。随后青鱼因洪水泛滥而从养殖场逃逸，进入美国密西西比河流域，青鱼凭借自身强大的繁殖能力抢占生态位，并逐渐形成种群，作为入侵物种对美国淡水软体动物形成威胁(Wui Y-S 等，2007)。与美国类似，日本以食用鱼名义从我国引进“四大家鱼”进行养殖，后因逃逸进入有大量螺类的利根川水系迅速繁殖并形成种群(Nico 等，2005)。20 世纪苏联曾大规模引进“四大家鱼”作为食用并推广到其他华约国家，青鱼在这些国家的河流(如多瑙河流域)逐渐形成入侵物种。

1.1.3 · 种质遗传多样性

遗传多样性(genetic diversity)指包含在所有生物种的遗传信息与基因的多样性。狭义上讲，遗传多样性是指生物种内的遗传变异。一个物种内被隔离的不同种群间或同一群体内部不同个体间的遗传多样性是长期进化的产物，是其生存适应和发展进化的前提。生物的遗传多样性越高、遗传变异(genetic variation)越丰富，生物对环境变化的适应能力就越强，人们也就越容易筛选出具有经济价值的性状，也更适合培育出优良品种。

赵金良等(1996)对湖北天鹅洲、湖北汉阳、江西瑞昌、安徽安庆“四大家鱼”鱼苗进行同工酶分析，结果表明，这 4 个长江青鱼群体间没有显著的遗传差异。李思发等(1998)应用线粒体 RFLP 技术对湖北石首、江西九江、安徽芜湖“四大家鱼”的遗传多样性进行研究，结果显示，群体基因型多样性指数为 0.890、核苷酸多样性指数为 0.011，九江群体与其他两群体有显著的遗传差异，而石首和芜湖群体间差异不显著，但长江中下游青鱼的群体分化显著。

方耀林等(2004)通过 RAPD 方法对武汉金口、江西瑞昌和湘江野生群体 3 个青鱼群体进行遗传多样性分析，结果显示，金口群体遗传变异度最高，湘江群体其次，瑞昌群体最低；金口与湘江群体间遗传变异度最高，金口与瑞昌群体间遗传变异度最低；3 个群体的遗传分化指数为 14.6%，即有 85.4%的遗传变异来源于群体内，只有 14.6%的遗传变异来源于群体间，这说明上述 3 个群体间的基因交流较为频繁。

付晓艳(2011)于 2008—2009 年对安徽芜湖、江西都昌、湖南南岳坡 3 个长江青鱼群体和广东云浮郁南珠江青鱼群体进行线粒体 *Cytb* 基因的遗传多样性分析，发现 4 个群体的遗传分化程度和遗传多样性水平都较低。2015 年，杨宗英等基于 mtDNA 序列 D－loop 区分析了长江中游鄱阳湖、监利江段、监利四大家鱼原种场、石首四大家鱼原种场、长沙四大家鱼原种场 5 个野生青鱼群体的遗传结构，发现青鱼群体可能经历过种群扩张事件，且各青鱼群体间基因交流顺畅，遗传分化不明显。

谢启明等(2020)运用线粒体 *Cytb* 基因与 D－loop 区直接测序的方法分析了安徽怀远荆山湖、滁州和无为 3 个青鱼养殖群体的遗传多样性、群体分化和遗传多样性来源，结果发现，群体间遗传多样性较丰富，出现了高度分化；变异主要来自突变，部分来自基因交流，并受到环境纯化选择。

近年来，利用 SSR、mtDNA 和 SNP 标记对长江、珠江水系青鱼自然群体和养殖群体的遗传多样性和遗传背景进行了研究，为青鱼种质资源评价、保护和合理利用提供依据。

(1) 基于微卫星标记的遗传多样性分析

由于微卫星标记具有高度的多态性，在整个基因组中随机分布、数量十分丰富、具有较高的保守性，为共显性遗传，且符合孟德尔遗传定律，较其他分子标记具有更多的信息量，因此被广泛应用于各种遗传学相关研究。

① 微卫星标记开发：使用海洋生物基因组 DNA 快速提取试剂盒进行 DNA 提取，使用限制性内切酶 Rsa I(Thermo Fisher，上海)对基因组 DNA 进行酶切，将寡核苷酸链的接头 21mer 和 25mer 制备与酶切后的基因组 DNA 进行连接，25℃ 温育 4 h，完成接头的连接。用生物素标记的微卫星探针与基因组 PCR 文库进行杂交，探针$(CA)_{10}$ 和$(GACA)_{6}$ 杂交分别进行。杂交完毕后，立即将平衡好的磁珠与杂交液混合，25℃ 温育 30 min，温育时在摇床上轻摇，使探针上的生物素和磁珠上的链霉亲和素充分结合。温育结束后进行磁珠富集，富集后进行洗涤。然后，向洗涤好的磁珠中加入 50 μl ddH_2O，室温混匀 10 min，将含有微卫星序列的单链 DNA 洗下，并以此单链 DNA 为模板、以接头 21mer 为引物进行 PCR 扩增，扩增程序同第一次 PCR。之后对 PCR 产物重复一次杂交、富集和 PCR 扩增，得到最终富集扩增产物。用 1%的琼脂糖凝胶电泳检测。

从实验所得青鱼基因组微卫星富集文库中选取 993 个阳性克隆进行测序，获得含有微卫星重复单元的序列 849 条(85.5%),使用 SSRHunter 软件进行微卫星位点检测,共发现 1 305 个微卫星位点(重复次数≥5 次),对重复单元的重复次数进行统计(图 1-2),结

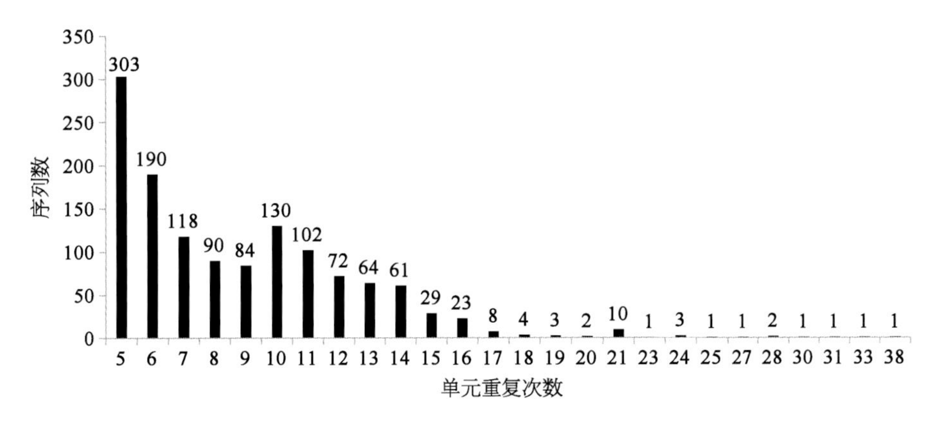

图 1-2 · 微卫星重复单元的重复次数分布图

果显示,重复单元的重复次数大多为 5~21 之间,其中重复 5 次、6 次和 10 次的重复单元数量最多、占总数的 47.74%,重复次数在 23 次以上的部分最少、占总数的 0.92%(图 1-3)。

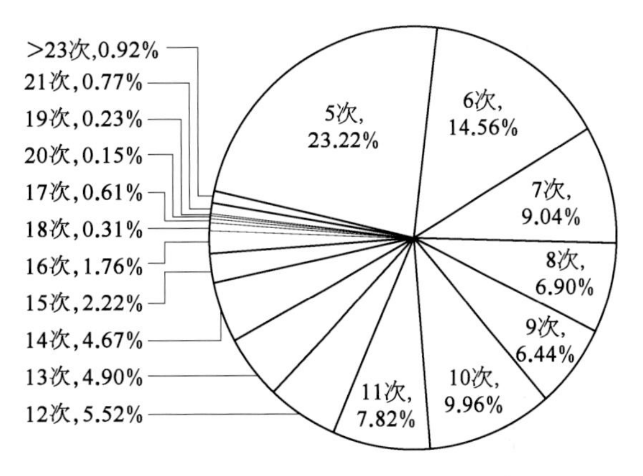

图 1-3 · 微卫星单元的重复次数分布频率

以重复单元的核苷酸数目为分类依据进行分类统计,结果显示,二核苷酸型的微卫星位点共 1 076 个,占总数量的 82.45%,其中二核苷酸型重复单位 AC/GT 重复 957 个(88.94%),另外还检测到 104 个 AG/CT 重复(9.67%)和 11 个 AT/CG 重复(1.02%)。四核苷酸型的微卫星位点共 217 个,占总数量的 16.63%;三核苷酸型的微卫星位点数量最少,只有 12 个,占总数量的 0.92%(图 1-4)。该结果可能是受到建立微卫星富集文库时所用的两碱基和四碱基类型探针的影响。

在含有微卫星位点的序列中随机选取 80 个位点使用 Primer Premier 5 进行引物设计,从中挑选 66 对进行引物合成。在青鱼的吴江群体中随机选取 3 份 DNA 样品,利用合成的微卫星引物对其进行 PCR 扩增,并用 1%的琼脂糖凝胶电泳对扩增结果进行检测,有 39 对引物能扩增出预期条带。将筛选出的 39 对引物设计荧光引物,并对吴江群体 36 个青鱼进行群体 PCR 扩增,扩增体系及扩增程序与微卫星引物筛选所用体系和程序相同。扩增结果送至迈浦生物公司进行 STR 分型,分型结果通过 GeneMapperv4.0、

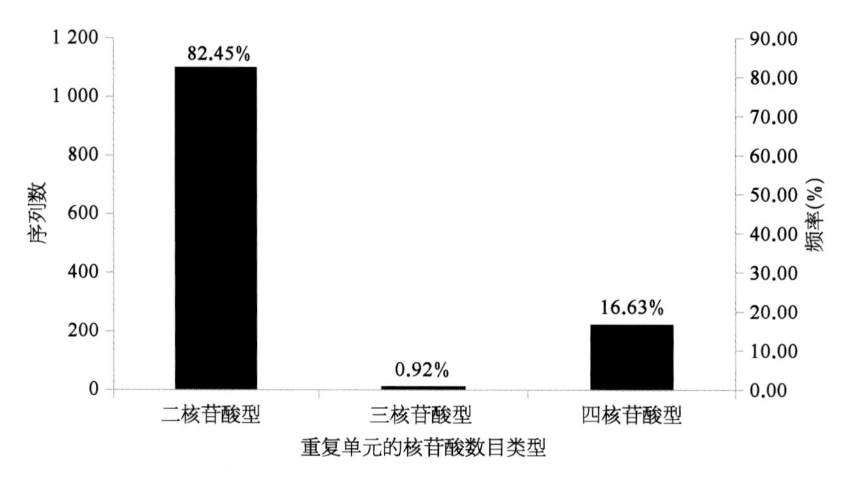

图 1-4 · 不同类型微卫星出现频率

Cervus3.0 和 PopGen32 等软件分析，发现在这 39 对微卫星引物中有 25 对(64.1%)显示出较好的多态性(王丰等,2019)。引物信息见表 1-1。

表 1-1 · 青鱼 25 个微卫星位点及引物信息

位点	引物序列(5′—3′)	重复单元	Tm(℃)	预期长度(bp)
Mp01	F: AAGCACCAGCCACAACAA R: CGAATGAGACGAGTGAGAGA	(CA)8	52.7	192
Mp06	F: CGTTTGTTGATGTTGCTCG R: GCTGATGTCCGTCTTCTGG	(GT)12	51.4	391
Mp13	F: CCACCTGCGTCAGTAAAAG R: AAGTCACACCATGGGGAAT	(GT)7	51.8	233
Mp14	F: GCGAGTGAAACAGAGAGAGA R: CCAGACCTGGATTTAAAACA	(TG)7	52.7	206
Mp17	F: GTTTGTGTGGGTATTGTTGT R: CTTGGCATTGTTGAATGTAG	(TG)8	50.0	271
Mp20	F: GAATCTCTAACAGGCATCCA R: CACTGCACTGCTCTCAACTT	(GT)10	50.2	276
Mp21	F: GAAAGGCAAACACAGAGGT R: GAGAGAGAGCAGGCAAGAC	(TG)16	51.0	287
Mp23	F: GGGATTGAGTTGATGCTGT R: CCTGAGTTTGTAAGTCTTTCTG	(GT)5	50.5	343
Mp27	F: CTCGTGTGAACTGCTGGC R: ATGCTTTTGCTCTTGCGA	(AC)6	54.0	346
Mp30	F: TGAGTTATGTTGGAATATGAGG R: GCGTAGATTAAGTGACTAAGAGTA	(TCTA)9	49.5	373

续　表

位点	引物序列(5′—3′)	重复单元	Tm(℃)	预期长度(bp)
Mp34	F：GAAATGCTACATGCAGCTTAT R：CTCCTGAGATCCTGGACTATG	(AC)11	50.7	225
Mp35	F：TCCACAAGGGAAATAATCAT R：ACGAGAGACAAAGAGCAACA	(TG)12	47.3	391
Mp36	F：TAACTTACCGTCACTTTTGC R：TCCTTCCTTCCTCTCTTTTC	(ATCT)10	49.6	280
Mp40	F：CTTTCACTCGCTCTCTCTGG R：TCTCCCCTTTTGTCTTCTGT	(TG)10	53.5	456
Mp43	F：GACTAACACGTTGTAGACCTGA R：TCCTTCTCTCTTCTTTTCGA	(AC)9	52.1	390
Mp44	F：CTCTGTCTGTCTGAACCGAACC R：CAATCTCTGCAAGCTAACCACT	(GA)21	56.8	231
Mp46	F：TACGTGATAAACAATCGACCAT R：GGGAGAGCAGAGGTGTAGAGAC	(CT)18	55.2	239
Mp49	F：ATACAGCACGCCAAATACGAA R：GAACCCTGAGATGCAACCAAC	(CT)20	58.7	328
Mp54	F：GCAGAGTCGGAAATGAGAGC R：CTGAGAAATGCAGAAAAGCG	(CA)18	56.3	197
Mp56	F：GGATGGACAGACAAACAAGC R：CAGAAAATCAAACCGAAGGA	(GATA)5… (AGAC)5	55.4	335
Mp61	F：AGGTGAGACCATGAGCCAAC R：CCAAAACACACAAGCATACAGA	(TC)5… (CT)7…(CA)13	56.4	292
Mp62	F：GACATAGAGAGAATGACAGACCG R：ATAAACCAGAGAGCCAAAAAGG	(GACA)5	55.8	452
Mp63	F：TGTTCCCTTTTTTCACCCTT R：ATCCTCCCTCTCTCCTCACC	(CA)15	56.5	354
Mp65	F：GGTAACTTACCGTCACTTTTGC R：ACACTTTTCCTTCCTTCCTCTC	(ATCT)8	56.4	281
Mp66	F：ATCCCGAGCCCAGAGAGAAG R：CAAAAGCGAAGACGGCCAAT	(AGAC)5… (AGAT)6	60.6	392

注：重复单元括号外数字表示重复次数。

② 遗传多样性分析：挑选 12 个微卫星标记对湖北石首、湖南湘江、江苏邗江、浙江嘉兴 4 个长江水系野生群体和 1 个江苏吴江养殖群体青鱼进行遗传多样性和遗传结构分析，群体的具体位置和信息见表 1 - 2。用于检测群体遗传多样性的青鱼样本均为各原种场在所处流域收集的野生群体，在场内培育并用作选育亲本。

表 1-2 · 青鱼群体样本采集信息

群 体	采集地	经纬度	样本数(尾)
石首群体	湖北石首	112.48°E,29.84°N	60
邗江群体	江苏邗江	119.43°E,32.35°N	60
嘉兴群体	浙江嘉兴	120.74°E,30.88°N	60
湘江群体	湖南湘江	113.01°E,28.28°N	36
吴江群体	江苏吴江	120.55°E,30.98°N	36

微卫星位点的多态性：本实验共使用了 12 个微卫星位点，对这 12 对引物在 5 个青鱼群体中各个体的微卫星进行 PCR 扩增，对扩增结果进行分析，得到 12 个微卫星位点的遗传多样性信息（表 1-3）。结果显示，这 12 个位点在 5 个青鱼群体中的等位基因数（*Na*）介于 7~29 之间，有效等位基因数（*Ne*）介于 3.347~13.730 之间，平均等位基因数和平均有效等位基因数分别为 18.429 和 7.805，其中 Mp20 和 Mp65 等位基因数最少（都为 7），Mp54 位点所具有的等位基因数最多（为 29）。各位点的 Shannon 多样性指数（*I*）介于 1.442~2.833 之间，观测杂合度（*Ho*）介于 0.623~0.937 之间，期望杂合度（*He*）介于 0.703~0.929 之间，多态信息含量（*PIC*）介于 0.660~0.923 之间，表明 12 个位点均具有高度多态性（$PIC>0.5$），种群间遗传分化系数（F_{ST}）介于 0.034~0.173 之间，哈代—温伯格平衡检验显示有 3 个位点（Mp40、Mp49、Mp62）极显著偏离哈代—温伯格平衡（$P<0.01$）。

表 1-3 · 青鱼 12 个微卫星位点的遗传多样性信息

位 点	*Na*	*Ne*	*I*	*Ho*	*He*	*PIC*	F_{ST}
Mp20	7	3.347	1.442	0.623	0.703	0.660	0.066
Mp21	26	6.073	2.235	0.695	0.837	0.820	0.176
Mp34	27	13.730	2.833	0.811	0.929	0.923	0.065
Mp36	9	4.463	1.628	0.745	0.777	0.741	0.111
Mp40	23	5.694	2.167	0.690**	0.826	0.805	0.173
Mp44	25	9.459	2.623	0.917	0.896	0.887	0.046
Mp49	15	6.257	2.053	0.837**	0.842	0.822	0.075
Mp54	29	12.920	2.821	0.937	0.924	0.917	0.046

续 表

位 点	*Na*	*Ne*	*I*	*Ho*	*He*	*PIC*	F_{ST}
Mp56	25	10.480	2.656	0.881	0.906	0.898	0.057
Mp62	12	4.851	1.761	0.711**	0.795	0.765	0.034
Mp65	7	4.139	1.529	0.747	0.760	0.720	0.083
Mp66	16	6.526	2.127	0.836	0.848	0.830	0.042
Mean	18.429	7.805	2.156	0.838	0.838	0.838	0.080

注：** 表示极显著偏离哈代—温伯格平衡（$P<0.01$）。*Na*. 等位基因数；*Ne*. 有效等位基因数；*I*. Shannon 多样性指数；*Ho*. 观测杂合度；*He*. 期望杂合度；*PIC*. 多态信息含量；F_{ST}. 遗传分化指数。

群体的遗传多样性：5 个群体的遗传多样性信息如表 1－4 所示。5 个群体的平均等位基因数（*Na*）介于 7.917～11.667 之间，其中嘉兴群体最少、邗江群体最多；平均有效等位基因数（*Ne*）介于 4.837～6.035，其中石首群体最少、邗江群体最多；平均观测杂合度（*Ho*）介于 0.713～0.861 之间，其中吴江群体最低、嘉兴群体最高；平均期望杂合度（*He*）介于 0.749～0.819 之间，其中湘江群体最低、邗江群体最高；平均多态信息含量（*PIC*）介于 0.711～0.788 之间，其中湘江群体最低、邗江群体最高，且多态信息含量均大于 0.5，表明 5 个群体均具有较高的遗传多样性。

表 1－4 · 青鱼 5 个群体的遗传多样性

参 数	石首群体	邗江群体	嘉兴群体	湘江群体	吴江群体
Na	9.917	11.667	7.917	9.250	10.750
Ne	4.837	6.035	5.073	5.049	5.149
Ho	0.754	0.784	0.861	0.792	0.713
He	0.758	0.819	0.798	0.749	0.770
I	1.715	1.949	1.746	1.723	1.796
PIC	0.723	0.788	0.762	0.711	0.731

5 个群体的 Shannon 多样性指数（*I*）介于 1.715～1.949 之间，其中石首群体最低、邗江群体最高。除邗江群体相对稍高外，其他各群体之间相差不大，且 5 个群体的 Shannon 多样性指数从高到低依次为邗江群体>吴江群体>嘉兴群体>湘江群体>石首群体，与各群体平均有效等位基因数的大小顺序相吻合，说明在这 5 个青鱼群体中，邗江群体具有

较高的等位基因丰富度,而石首群体的等位基因丰富度相对较低。

群体间遗传分化及遗传距离:根据12对引物的扩增结果对5个青鱼群体间的遗传距离和遗传相似度进行分析,结果见表1-5。5个群体各群体间的遗传距离介于0.207~0.875之间,其中邗江群体和嘉兴群体遗传距离最小(0.207)、湘江群体和吴江群体遗传距离最大(0.875)。各群体间的遗传相似度介于0.417~0.813之间,其中湘江群体和吴江群体遗传相似度最小(0.417)、邗江群体和嘉兴群体遗传相似度最大(0.813)(王丰等,2019)。

表1-5 · 青鱼5个群体的遗传距离和遗传相似度

	石首群体	邗江群体	嘉兴群体	湘江群体	吴江群体
石首群体		0.774	0.669	0.743	0.545
邗江群体	0.257		0.813	0.670	0.568
嘉兴群体	0.402	0.207		0.706	0.489
湘江群体	0.297	0.401	0.348		0.417
吴江群体	0.606	0.566	0.716	0.875	

注:对角线上方为遗传相似度,对角线下方为遗传距离。

基于群体间Nei氏遗传距离(D_A)构建的UPGMA聚类树如图1-5所示。结果显示,邗江群体和嘉兴群体首先聚为一支,然后与石首和湘江两个群体聚为一支,最后与吴江群体聚为一支。

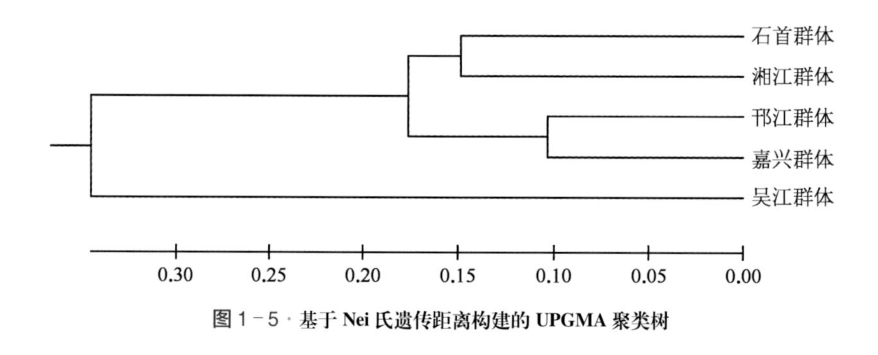

图1-5 · 基于Nei氏遗传距离构建的UPGMA聚类树

(2)基于线粒体COI的遗传多样性分析

线粒体DNA(mitochondrial DNA,mtDNA)以其较高的突变率、较高的拷贝数、低重组率及严格的母系遗传等优势已经成为群体遗传学和分子系统学研究的重要工具之一。

① 线粒体全基因组序列：从广东佛山收集的灰色青鱼（*Mylopharyngodon piceus* MT 084757）剪取鳍条样本，采用改进的 96 孔板过滤法提取总基因组 DNA。根据青鱼（*Mylopharyngodon piceus* NC—011141.1）已经上传至 NCBI 的完整线粒体基因组序列设计了 29 对引物，并对这 29 对引物分别完成 PCR 扩增。

广东佛山灰色青鱼线粒体基因组全长 16 616 bp（GenBank ID：MT084757），包括 2 个 rRNA 基因、22 个 tRNA 基因、13 个蛋白质编码基因和 1 个非编码控制区（D－loop 区）。如图 1－6 所示，广东佛山灰色青鱼线粒体基因拥有与其他鱼类相同的排列顺序，在内圈编码的转运 RNA 有 Pro、Glu、Ser、Tyr、Cys、Asn、Ala、Gln 和 1 个 ND6 基因，其余基因在外圈编码。4 种碱基组成分别为 A 占 32.04%、T 占 24.52%、C 占 15.68%、G 占 27.76%，其中 A+T 含量（56.56%）明显高于 G+C 含量（43.44%），表现出 A+T 的偏好性，这与脊椎动物偏好 A 和 T 碱基是一致的（Bao 等，2020）。

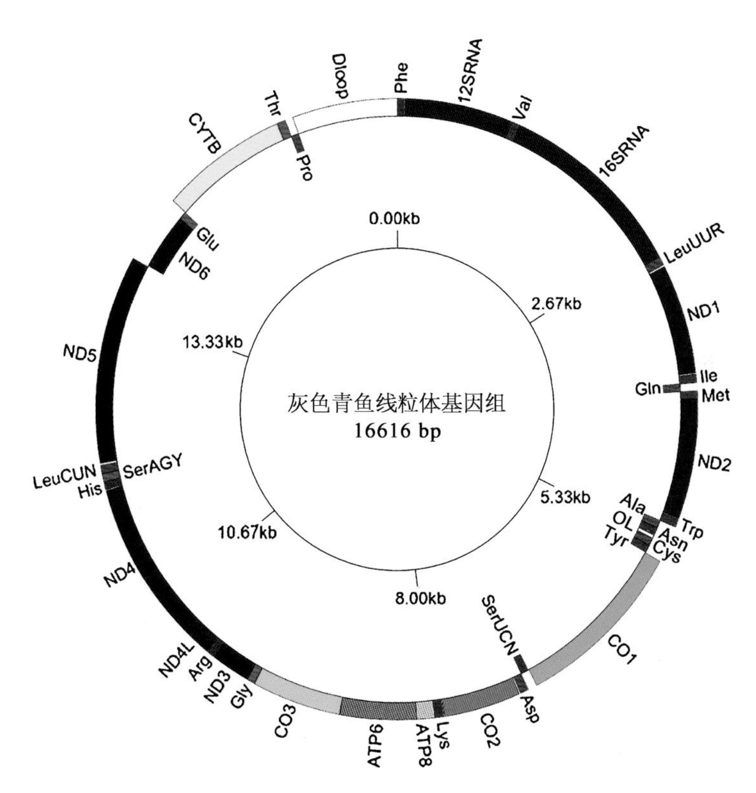

图 1－6 · 广东佛山灰色青鱼线粒体基因组结构图

② 遗传多样性分析：9 个青鱼群体分别收集于湖北石首、湖南湘江、江苏邗江、浙江嘉兴、江西瑞昌、陕西新民四大家鱼原种场，以及江苏吴江、广东佛山、广西西埌四大家鱼良种场（表 1－6）。将收集到的活体青鱼保存于上海海洋大学和苏州市申航生态科技发展股份有限公司，建立了青鱼种质资源库。

表 1-6 · 青鱼样本采集信息

群　体	经 纬 度	样本数(尾)
湖北石首	112.48°E,29.84°N	30
江苏邗江	119.43°E,32.35°N	29
浙江嘉兴	120.74°E,30.88°N	36
湖南湘江	113.01°E,28.28°N	34
江苏吴江	120.55°E,30.98°N	27
江西瑞昌	115.65°E,29.68°N	37
陕西西安	107.40°E,33.42°N	12
广东佛山	112.28°E,22.38°N	39
广西西埌	110.21°E,22.47°N	27

序列特征：对 9 个青鱼群体的个体进行扩增和测序，将得到的序列结果进行校正、拼接，删除两端多余的序列后得到的 COI 基因长度为 1 003 bp。4 种碱基在 9 个群体的分布基本一致，A、C、G、T 的平均含量分别为 26.34%、27.26%、19.00%和 27.39%，A+T 含量(53.73%)高于 G+C(46.27%)含量。COI 基因序列包含 6 个变异位点，全部为转换位点，且以 A/G 间的转换为主。

遗传多样性：江苏邗江群体有 7 种单倍型，湖北石首群体、湖南湘江群体有 5 种单倍型，广西西埌群体、江西瑞昌群体、江苏吴江群体有 4 种单倍型，陕西西安群体、广东佛山群体有 3 种单倍型。9 个群体的单倍型多样性(H_d)为 0.403~0.847，其中江苏邗江群体的单倍型多样性最高、为 0.847(H_d>0.800)，广东佛山群体的单倍型多样性最低、为 0.403，其他青鱼群体的单倍型多样性也较高(0.500<H_d<0.800)。9 个群体的核苷酸多样性(π)介于 0.001 09~0.002 44 之间，青鱼群体整体核苷酸多样性较低，其中江苏邗江群体的核苷酸多样性最高(π=0.002 44)、广东佛山群体的核苷酸多样性最低(π=0.001 09)。江苏邗江群体的平均核苷酸差异数(K)最多、为 1.862 07，广东佛山群体的平均核苷酸差异数最少、为 0.831 31(表 1-7)(鲍生成等，2022)。

表 1-7 · 青鱼群体 COI 基因遗传多样性参数

群　体	N	S	H	H_d	π	K
广西西埌	27	4	4	0.695	0.002 34	1.783 48
广东佛山	39	4	3	0.403	0.001 09	0.831 31

续 表

群 体	N	S	H	H_d	π	K
湖北石首	30	5	5	0.710	0.001 65	1.255 17
湖南湘江	34	5	5	0.799	0.002 35	1.795 01
江西瑞昌	37	4	4	0.728	0.002 27	1.729 73
陕西西安	12	3	3	0.591	0.001 13	0.863 64
江苏吴江	27	4	4	0.527	0.001 17	0.894 59
江苏邗江	29	6	7	0.847	0.002 44	1.862 07
浙江嘉兴	36	3	4	0.611	0.001 86	1.420 63

注：N. 样本数；S. 突变位点数；H. 单倍型数；H_d. 单倍型多样性；π. 核苷酸多样性；K. 平均核苷酸差异数。

群体遗传分化与系统发育：基于 Kimura2－paramester 模型计算了 9 个青鱼群体的种内和种间遗传距离（表 1－8）。佛山群体与西安群体、吴江群体，西安群体与吴江群体间的遗传距离最小、为 0.001，其余群体间遗传距离相同，且大多集中在 0.002。西埌群体与湘江群体、邗江群体，瑞昌群体与湘江群体间的遗传距离最大、为 0.003。在本实验中，青鱼各群体间的遗传距离在 0.001~0.003 之间，远未达到亚种的分化标准。

表 1－8 · 基于 COI 基因序列的青鱼群体间的遗传距离

	西埌群体	佛山群体	石首群体	瑞昌群体	西安群体	吴江群体	湘江群体	邗江群体	嘉兴群体
西埌群体									
佛山群体	0.002								
石首群体	0.002	0.002							
瑞昌群体	0.002	0.002	0.002						
西安群体	0.002	0.001	0.002	0.002					
吴江群体	0.002	0.001	0.002	0.002	0.001				
湘江群体	0.003	0.002	0.002	0.003	0.002	0.002			
邗江群体	0.003	0.002	0.002	0.002	0.002	0.002	0.002		
嘉兴群体	0.002	0.002	0.002	0.002	0.002	0.002	0.002	0.002	

计算了 COI 基因的群体间 F_{ST} 指数，并且计算了群体间的基因流 Nm（表 1－9）。结果

显示,9 个群体间的 F_{ST} 遗传分化系数介于-0.003 3~0.234 45 之间,基因流 Nm 介于 0.516 04~1.132 24 之间,说明 9 个青鱼群体间存在一定的遗传分化,也存在一定的基因流。

表 1-9 · 青鱼 9 个群体间 COI 遗传分化和基因流

	西埌群体	佛山群体	石首群体	瑞昌群体	西安群体	吴江群体	湘江群体	邗江群体	嘉兴群体
西埌群体		0.549 26	0.621 21	1.132 24	0.690 32	0.594 33	0.693 07	0.820 18	1.032 63
佛山群体	0.205 15		0.683 97	0.594 84	0.641 58	1.108 15	0.633 95	0.710 34	0.516 04
石首群体	0.152 44	0.115 51		0.676 11	0.731 12	0.741 02	0.888 44	0.781 34	0.574 06
瑞昌群体	-0.029 2	0.170 28	0.119 76		0.753 53	0.648 79	0.738 00	0.862 48	1.013 78
西安群体	0.112 15	0.139 66	0.091 94	0.081 77		0.775 89	0.778 08	0.776 71	0.766 80
吴江群体	0.170 64	-0.024 4	0.087 37	0.135 33	0.072 21		0.689 67	0.765 01	0.571 32
湘江群体	0.110 71	0.144 35	0.031 39	0.088 75	0.071 30	0.112 49		1.013 37	0.692 29
邗江群体	0.054 81	0.101 94	0.069 96	0.039 86	0.071 87	0.076 79	-0.003 3		0.820 10
嘉兴群体	-0.007 9	0.234 45	0.185 49	-0.003 4	0.076 03	0.187 58	0.111 12	0.054 84	

注:为对角线下的部分为 F_{ST},对角线上的部分为 Nm。

NJ 进化树显示(图 1-7),江苏邗江群体与湖南湘江群体聚成一个分支,再与浙江嘉兴群体聚成一支,广东佛山群体、陕西西安群体、江苏吴江群体聚为一支,广西西埌群体

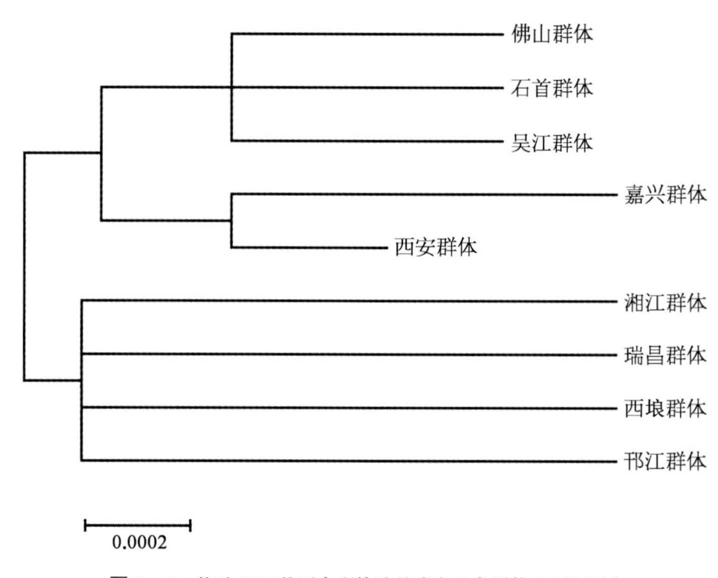

图 1-7 · 基于 COI 基因序列构建的青鱼 9 个群体 NJ 进化树

与江西瑞昌群体聚为一支，再与湖北石首群体聚为一支，两支姐妹分支聚集在一起，最终与浙江嘉兴群体、湖南湘江群体、江苏邗江群体聚在一起。

单倍型：271 尾青鱼 COI 基因序列共检测到 7 个单倍型，编号为 Hap1～Hap7，其中 Hap4 在 9 个群体中都有分布，Hap1 和 Hap3 在 8 个群体中有分布，Hap2 在 7 个群体中有分布，Hap5 在 3 个群体中有分布，Hap6 和 Hap7 在两个群体中有分布，没有发现独享单倍型（表 1－10）。图 1－8 展示的是使用基于 Median－Joining 法构建的单倍型网络图，网络的中间位置一般是古老单倍型，其余单倍型可以通过单一突变和多步突变相连接，在古老单倍型周围呈现出星状分布。单倍型 Hap4 在 9 个群体中都有分布，并且处

表 1－10 · 7 种单倍型在青鱼 9 个群体中的分布

单倍型	西埌群体	佛山群体	石首群体	湘江群体	瑞昌群体	西安群体	吴江群体	嘉兴群体	邗江群体	总数
Hap1	11	1	1		13	1	1	10	2	40
Hap2	4	9	12	9	6		5		6	51
Hap3	10		6	9	13	7	3	20	6	74
Hap4	2	29	10	5	5	4	18	1	6	80
Hap5			1	8					6	15
Hap6				3					1	4
Hap7								5	2	7

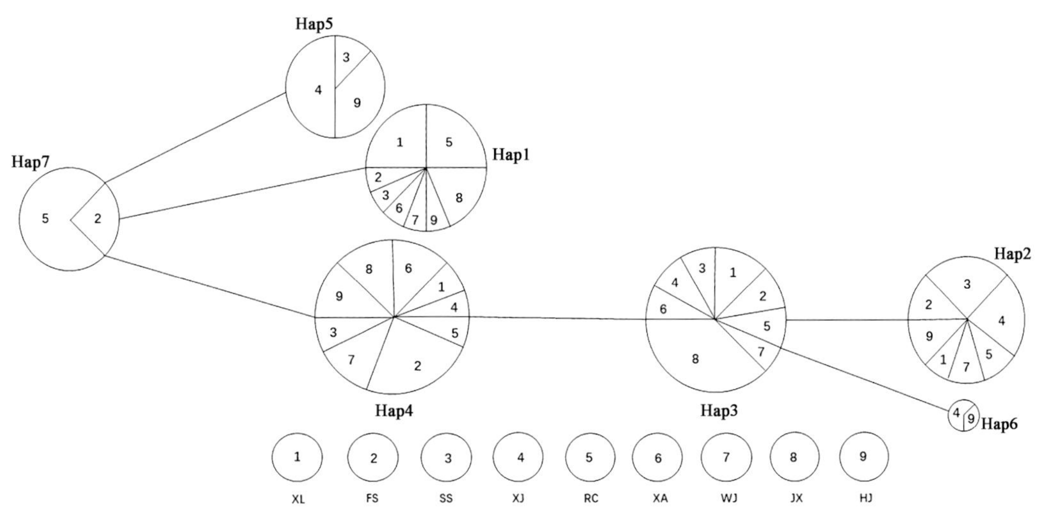

图 1－8 · 青鱼 9 个群体 COI 基因单倍型网络图

XL. 广西西埌群体；FS. 广东佛山群体；SS. 湖北石首群体；XJ. 湖南湘江群体；RC. 江西瑞昌群体；XA. 陕西西安群体；WJ. 江苏吴江群体；JX. 浙江嘉兴群体；HJ. 江苏邗江群体

于单倍型网络的中央,因此可能是较为原始的单倍型。由单倍型网络图以及单倍型在各个群体中的分布可知,单倍型的地理分布与青鱼群体的地理位置分布没有明显的相关性。

(3) 基于 SNP 标记的遗传多样性分析

从青鱼种质资源库中选择 9 个不同地理群体共 139 个样本,剪其尾鳍放置于无水乙醇中,并保存于实验室-20℃冰箱中备用。其中,陕西渭南、江苏扬州、浙江嘉兴、湖南长沙、江西瑞昌、湖北石首群体为野生青鱼群体,江苏苏州、广西玉林、广东佛山群体为青鱼养殖群体。具体的样本数量、采集地信息、采样时间见表 1－11。使用 DNeasy Blood & Tissue kit(QIAGEN)提取青鱼基因组 DNA,经过限制性内切酶对青鱼基因组 DNA 进行酶切、DNA 连接酶将核苷酸接头加在酶切后的片段两端、对样品进行 PCR 扩增、对样品片段进行混合、选择需要的样品片段进行文库构建后,利用 Illumina HiSeq 测序平台得到原始数据。对原始数据中混杂的接头序列、低质量碱基、未测出的碱基等进行必要的过滤,最后得到可以用于下一步分析的有效 SNP。

表 1－11 · 青鱼样本信息

采样点	分 类	经 纬 度	时 间	样本量(尾)
湖北石首	野生群体	112.48°E,29.84°N	2017	16
江苏扬州	野生群体	119.43°E,32.35°N	2017	13
浙江嘉兴	野生群体	120.74°E,30.88°N	2017	17
湖南长沙	野生群体	113.01°E,28.28°N	2017	17
江西瑞昌	野生群体	115.65°E,29.68°N	2017	16
陕西渭南	野生群体	107.40°E,33.42°N	2019	11
江苏苏州	养殖群体	120.55°E,30.98°N	2016	15
广东佛山	养殖群体	112.28°E,22.38°N	2019	17
广西玉林	养殖群体	110.21°E,22.47°N	2020	17

① SNP 检测:青鱼 139 个样本共检测到 674 953 个 SNP,在 Dp2－miss0.3－maf0.01 的过滤条件下共获得 53 322 个高质量的 SNP 多态性位点(表 1－12),用于后续的遗传多样性和遗传结构分析。

表 1－12 · SNP 位点统计

样本数	过滤条件	SNP 总数	过滤后 SNP 总数
139	Dp2－miss0.3－maf0.01	674 953	53 322

② 遗传多样性：6 个野生群体的观测杂合度（*Ho*）、期望杂合度（*He*）、核苷酸多样性（π）的平均值分别为 0.284、0.260、0.175，3 个养殖群体的观测杂合度（*Ho*）、期望杂合度（*He*）、核苷酸多样性（π）的平均值分别为 0.284、0.258、0.173。江苏苏州养殖群体的遗传多样性高于 6 个野生群体的遗传多样性平均值，6 个野生群体的核苷酸多样性均高于养殖群体的核苷酸平均值（表 1－13），总体上青鱼野生群体的遗传变异水平高于养殖群体。在所有养殖和野生群体中，陕西渭南、江苏扬州和江西瑞昌野生群体的核苷酸多样性最高，广东佛山养殖群体的核苷酸多样性最低，其中江苏苏州养殖群体的核苷酸多样性要高于青鱼野生群体核苷酸多样性的平均值。

表 1－13 · 青鱼各群体遗传多样性信息

群　体	群　体	观测杂合度（*Ho*）	期望杂合度（*He*）	核苷酸多样性（π）
野生群体	湖北石首	0.292	0.259	0.174
	湖南长沙	0.272	0.251	0.175
	江苏扬州	0.286	0.266	0.177
	江西瑞昌	0.264	0.247	0.177
	陕西渭南	0.297	0.274	0.177
	浙江嘉兴	0.294	0.264	0.174
	平均值	0.284	0.260	0.175
养殖群体	广东佛山	0.317	0.273	0.160
	广西玉林	0.274	0.252	0.173
	江苏苏州	0.263	0.249	0.188
	平均值	0.284	0.258	0.173

利用 AMOVA 分子方差分析青鱼群体遗传差异性（表 1－14），结果表明，7.38% 的差异来源于群体间、92.62% 的差异来源于群体内，说明变异主要发生于青鱼各群体内部。

表 1-14 · 青鱼野生群体分子方差分析

变异来源	自由度	平方和	变异组成	变异百分比(%)
群体间	8	7 956.010	24.344	7.38
群体内	259	82 702.195	305.393	92.62
总　体	277	90 658.205	329.737	100.00

为了评估青鱼不同群体之间的遗传分化程度,基于 SNP 多态性位点计算了不同青鱼群体之间的遗传分化指数(F_{ST})和遗传距离(DR)。青鱼各群体的遗传分化指数介于 0.036~0.133 之间,遗传距离介于 0.037~0.143 之间(表 1-15)。在评估的各群体中,除了少部分群体之间存在低度分化外,其他各群体之间均保持中度分化。其中,湖北石首野生群体与广东佛山养殖群体间的遗传分化程度最大、遗传距离最远,江西瑞昌野生群体与江苏苏州养殖群体间的遗传分化程度最小、遗传距离最近。从表 1-15 数据可以发现,遗传分化程度与遗传距离呈现出正比的趋势:遗传分化程度较低的青鱼群体遗传距离相应较低,遗传分化程度较高的青鱼群体间遗传距离也相对较远。

表 1-15 · 青鱼各群体遗传分化情况

	广东佛山	广西玉林	湖北石首	湖南长沙	江苏苏州	江苏扬州	江西瑞昌	陕西渭南	浙江嘉兴
广东佛山	—	0.068	0.143	0.131	0.109	0.127	0.123	0.127	0.140
广西玉林	0.066	—	0.113	0.101	0.080	0.098	0.093	0.095	0.110
湖北石首	0.133	0.107	—	0.074	0.057	0.070	0.066	0.046	0.083
湖南长沙	0.123	0.096	0.071	—	0.046	0.058	0.054	0.056	0.072
江苏苏州	0.104	0.077	0.056	0.045	—	0.039	0.037	0.039	0.053
江苏扬州	0.119	0.094	0.067	0.056	0.038	—	0.048	0.052	0.064
江西瑞昌	0.116	0.089	0.063	0.052	0.036	0.047	—	0.047	0.062
陕西渭南	0.119	0.090	0.045	0.055	0.038	0.050	0.046	—	0.065
浙江嘉兴	0.131	0.104	0.080	0.069	0.052	0.062	0.060	0.063	—

注:下三角为遗传分化指数(F_{ST}),上三角为遗传距离(DR)。

③ 群体结构:基于 139 个青鱼样本构建的系统发育树(图 1-9)表明,群体的聚类表现与群体的来源保持一致,珠江水系的广西玉林养殖群体和广东佛山养殖群体聚为一

支，长江水系的江苏苏州养殖群体与陕西渭南野生群体、江苏扬州野生群体、浙江嘉兴野生群体、湖南长沙野生群体、江西瑞昌野生群体及湖北石首野生群体聚为一支。

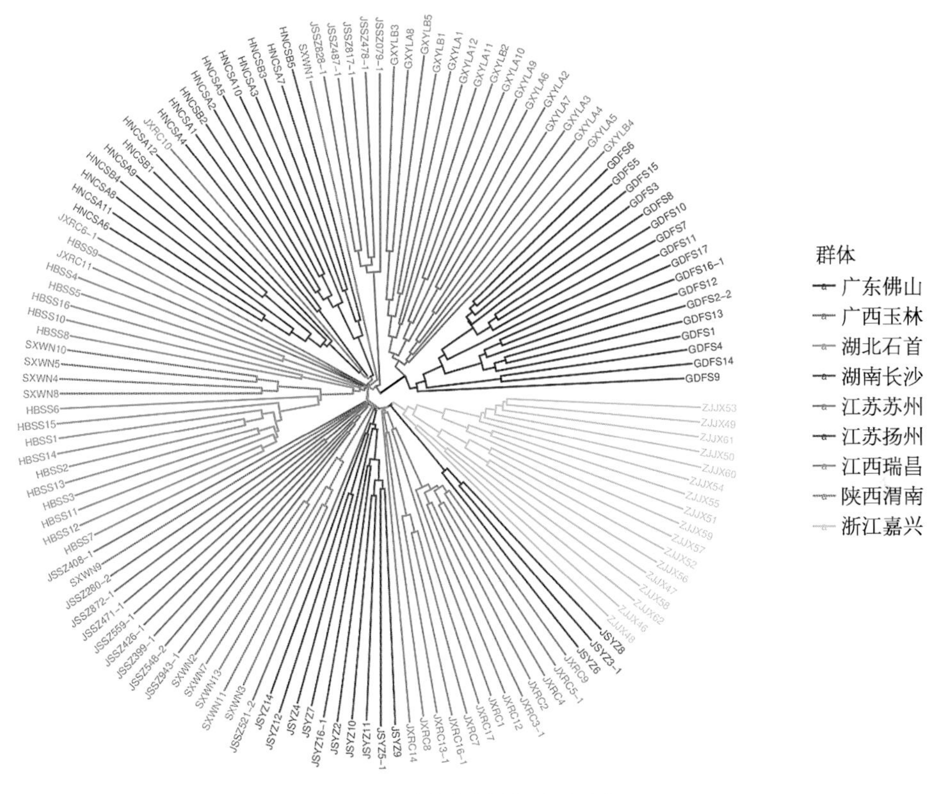

图 1-9 · 青鱼 9 个群体系统发育树

基于 139 个青鱼个体挖掘的 SNP 位点进行主成分分析结果（图 1-10）表明，PC1 的变异解释率为 4.73%、PC2 的变异解释率为 2.94%。根据 PC1 和 PC2 发现，广西玉林养殖群体与广东佛山养殖群体聚在一起，江苏苏州养殖群体、陕西渭南野生群体、江苏扬州野生群体、浙江嘉兴野生群体、湖南长沙野生群体、江西瑞昌野生群体及湖北石首野生群体聚在一起，与系统进化树的分类情况基本一致。

基于有效 SNP 构建的、在 K 不同取值下青鱼不同群体的遗传结构图中，颜色不同代表在假定类群数量下祖源成分的不同。在图 1-11 中 K 取 3 时交叉验证误差最小，低于 0.54。此时，广东佛山和广西玉林群体都以同一种蓝色祖源成分占主导地位，湖南长沙、江苏苏州、江苏扬州、江西瑞昌、浙江嘉兴群体以同一种红色祖源成分占主导地位，湖北石首和陕西渭南群体红色祖源、棕色祖源占主导成分，每个群体之间又与另外一种或者两种祖源成分发生一定程度的基因渐渗（图 1-12）。在假设祖源群体数更少，即 $K=2$ 时，珠江水系的广东佛山群体和广西玉林群体以同一种蓝色祖源成分占主导地位，长江

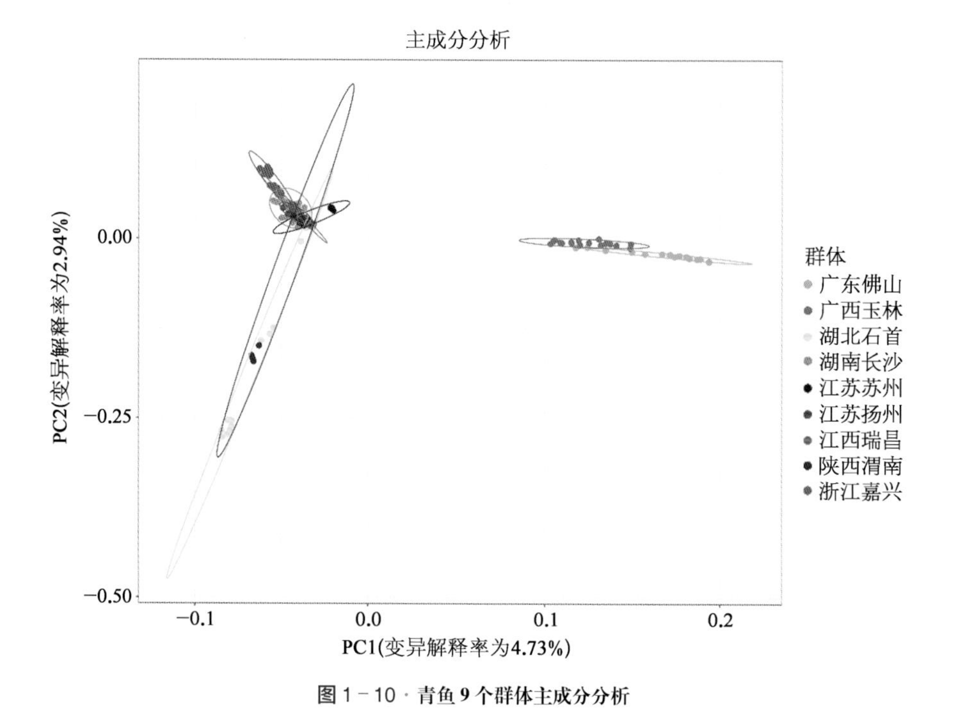

图 1－10 · 青鱼 9 个群体主成分分析

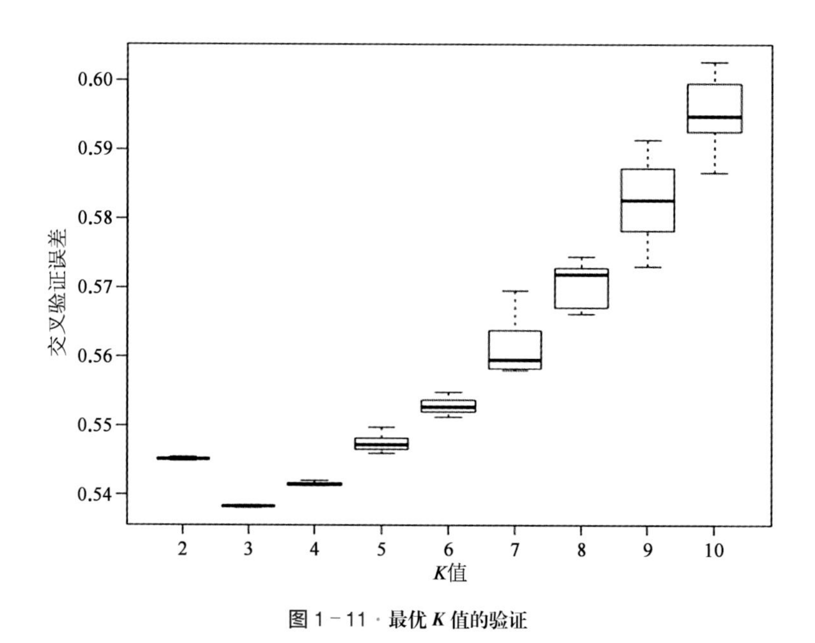

图 1－11 · 最优 *K* 值的验证

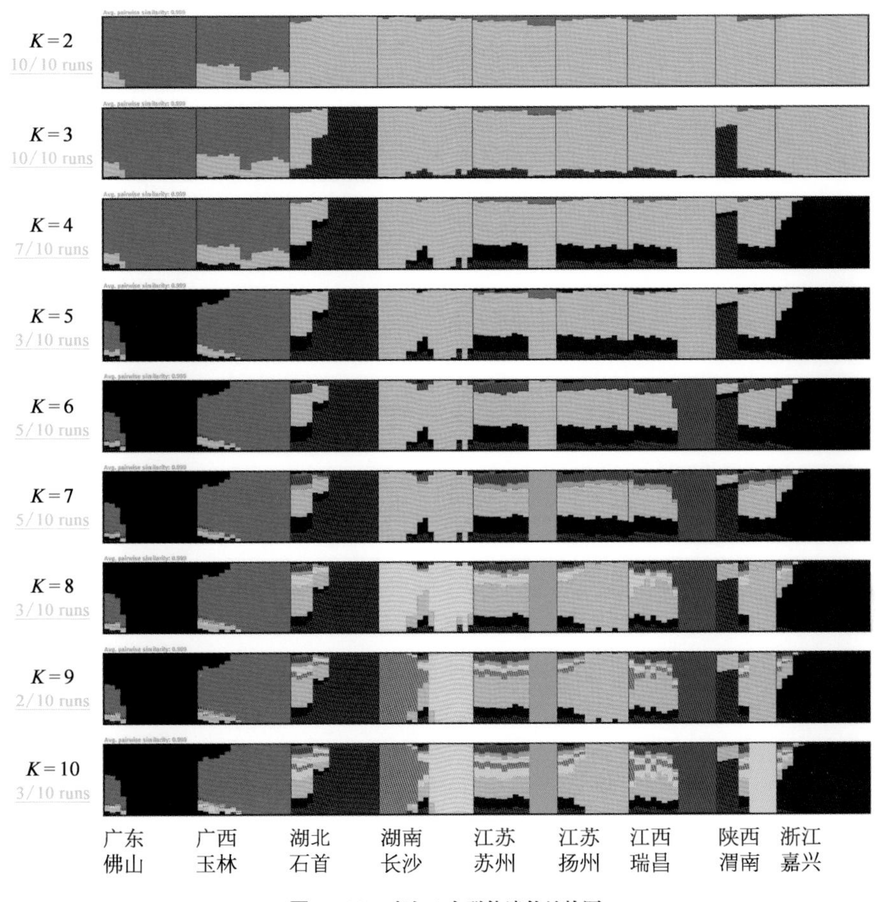

图 1-12 · 青鱼 9 个群体遗传结构图

水系的湖北石首、湖南长沙、江苏苏州、江苏扬州、江西瑞昌、陕西渭南、浙江嘉兴以同一种红色祖源成分占主导地位。当 *K* 取 4~10 时,可以看到青鱼野生群体和养殖群体的多态性逐渐显现出来。

1.1.4 · 重要功能基因

(1) 生长相关基因

Vasa 基因编码一种 ATP 依赖的 RNA 解旋酶,在脊椎动物和无脊椎动物的生殖细胞中特异性表达,被广泛作为生殖细胞的标记因子研究原始生殖细胞的形成、迁移和分化以及配子形成。Xue 等(2017)克隆得到全长 2 819 bp 的 *Vasa* cDNA 并命名为 *Mpvasa*,该序列编码一个由 637 个氨基酸组成的蛋白质,包含 8 个 DEAD-box 保守结构域,与草鱼和斑马鱼同源结构高度相似。*Mpvasa* 仅在成熟性腺中表达,在性腺发生过程中其转录本在 Ⅰ~Ⅲ 期卵母细胞中高表达(Xue 等,2017)。

Dazl 属于 *DAZ* 基因家族，包含 *daz*、*dazl* 和 *boule* 三个成员，三者结构相似且几乎都只在生殖细胞中表达，表达产物为一种 RNA 结合蛋白，其对生殖细胞的发育和分化发挥决定性作用。在硬骨鱼中只存在 *Dazl* 和 *Boule* 亚家族。王艺舟等（2019、2020）通过 RACE 法成功克隆得到青鱼 *dazl* 全长 cDNA 序列共 2 013 bp，对其序列结构、进化树、表达模式、蛋白诱导和多克隆抗体的制备、核定位、启动子的活性及功能等多方面进行分析，证实分离得到的基因是 *dazl* 同源基因，命名为 *Mpdazl*。*Mpdazl* 与脊椎动物同源 *Dazl* 聚为一支，其属于 *DAZ* 基因家族，并且属于 *Dazl* 亚家族而非 *Boule* 亚家族，从而表明 *dazl* 基因在不同物种间有高度的同源性且在系统进化上比较保守。*Dazl* 仅在卵母细胞的细胞质中有表达，其表达信号在初级卵母细胞中较为强烈，随着卵母细胞不断成熟而表达信号逐渐减弱，说明其在卵子发生过程中可能起到重要作用。荧光定量 PCR 结果显示，*dazl* mRNA 主要在青鱼胚胎发育的早期表达，在未受精卵中表达最高，说明青鱼 *dazl* 是一种母源性因子，可能在胚胎发育早期起关键作用。

① 青鱼生长差异转录组：将体重和体长具有显著差异（$P<0.05$）的青鱼分为两组，最终筛选出两组来源相同且生长规格有明显差距的青鱼各 12 尾，取 100~200 mg 组织冷冻于液氮中备用。每组设置 4 个生物学重复，生长速度快的鱼的肝脏记录为 FL、肌肉记录为 FM，生长速度慢的鱼的肝脏记录为 SL、肌肉记录为 SM。

使用 Trizol 试剂（Thermo）提取青鱼肌肉和肝脏组织的总 RNA，使用 Qubit RNA 分析试剂盒测量 RNA 浓度，使用 Bioanalyzer 2100 RNA nano 6000 分析试剂盒（Wal－Mart）评估 RNA 完整性。

用小磁珠富集样品中的 mRNA，然后将片段破碎成短片段作为模板合成 cDNA 并纯化。将该 cDNA 的 poly－A 尾部连接到测序连接器上，随后进行 PCR 扩增，使用 Agilent 2100 生物分析仪和 Illumina Hiseq X Ten 测序仪对获得的文库进行检测，最终得到 150 bp 的双端数据。

测序数据比对基因组：运用 Illumina 平台对生长速度快组（FM1、FM2、FM3、FM4；FL1、FL2、FL3、FL4）和生长速度慢组（SM1、SM2、SM3、SM4；SL1、SL2、SL3、SL4）进行转录组测序（GenBank ID：PRJNA594222）。各样本的原始数据 Q30 分布在 90.59%~93.79%，有效数据量分布在 6.48~8.06 Gb，平均 GC 含量在 44.77%~46.72%（表 1－16）。拼接出 unigene 79 552 条，总长度为 98 171 072 bp，平均长度为 1 234 bp，其中共有 31 867（40.06%）条基因注释到 NR 库、25 320（31.83%）条基因注释到 Swissprot 库、15 917（20.01%）条基因注释到 KEGG 库、19 196（24.13%）条基因注释到 KOG 库、28 261（35.53%）条基因注释到 eggNOG 库、23 132（29.08%）条基因注释到 GO 库、57（0.07%）条基因注释到 Pfam 库。将 reads 比对到 unigene 上，比对率为 91.85%~93.42%。

表 1-16 · 转录组数据

样　品	原始数据	过滤数据	有效数据量	有效碱基占比(%)	Q30 分布(%)	平均 GC 含量(%)
FL1	47 268 356	45 202 378	6 721 944 612	94.81	92.03	45.93
FM1	48 677 132	46 185 202	6 850 819 853	93.83	90.59	46.67
FL2	55 720 052	54 147 624	8 057 326 082	96.40	93.24	45.91
FM2	45 269 300	43 597 362	6 480 485 690	95.44	92.37	46.58
FL3	49 826 964	48 055 918	7 142 028 043	95.56	92.47	45.39
FM3	51 047 878	49 289 188	7 326 130 951	95.68	92.32	46.31
FL4	52 481 346	50 928 354	7 575 544 702	96.23	93.15	45.82
FM4	48 183 932	46 195 678	6 864 753 435	94.98	91.85	46.08
SL1	48 265 276	46 367 116	6 893 505 055	95.22	92.11	45.48
SM1	53 225 808	51 168 596	7 606 893 546	95.28	93.14	46.46
SL2	48 174 006	45 988 366	6 830 680 980	94.53	91.43	45.49
SM2	46 081 734	44 485 400	6 611 974 663	95.66	92.42	46.72
SL3	49 261 864	47 103 036	6 998 507 867	94.71	92.09	44.77
SM3	53 070 066	51 163 370	7 603 098 820	95.51	93.17	45.93
SL4	48 118 624	46 453 234	6 911 182 033	95.75	93.79	45.59
SM4	50 368 778	48 037 584	7 124 569 836	94.30	91.04	45.62

差异表达基因鉴定：肌肉和肝脏组分别检测到的差异基因数量为 1 913 个和 1 775 个(Zhang 等,2020)。用 Deseq 软件对每个样本的单基因计数进行标准化(用基值来估计表达),计算差异数,显著性检验通过 Nb 测试(负二项分布测试),并对两种方法的结果进行了比较(表 1-17)。

表 1-17 · 各分组差异表达 unigene

实验组	对照组	上调	下调	差异基因总数
FM1、FM2、FM3、FM4 (Case1)	SM1、SM2、SM3、SM4 (Con1)	834	1 079	1 913
FL1、FL2、FL3、FL4 (Case2)	SL1、SL2、SL3、SL4 (Con2)	582	1 193	1 775

各组实验设计中筛选出来差异表达 unigene 的火山图如图 1-13。

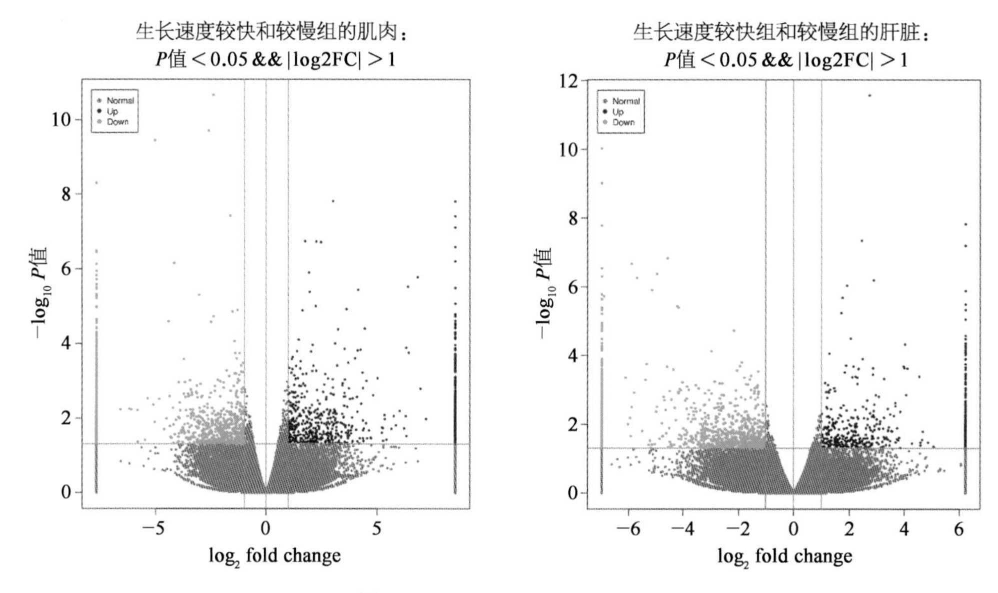

图 1－13 · 差异 unigene 的火山图

关于 unigene，一种非监督层次聚类形成这两个样本之间的距离，然后合并计算，直到只有一类（图 1－14）。

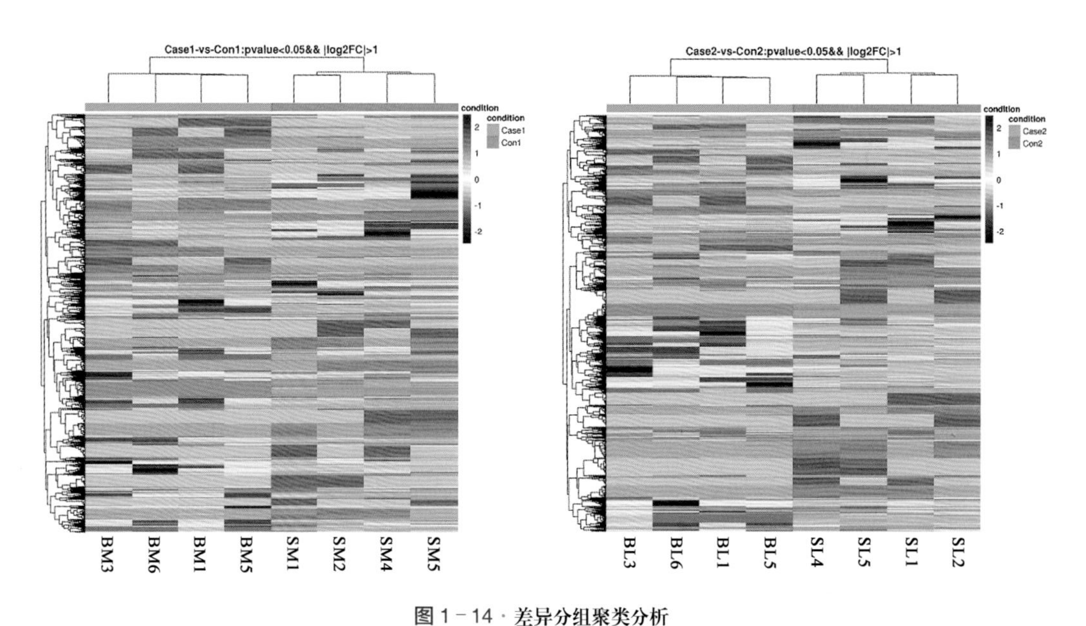

图 1－14 · 差异分组聚类分析

图中红色表示高表达 unigene，蓝色表示低表达 unigene

差异基因 GO 富集：共富集了 23 132 个 GO 项目，其中 475 个发生了显著变化。图 1－15 显示了顶部 3 个类别中的 30 个 DEG 分类。这个 GO 分析结果显示，心肌肌原纤维装配（生物过程）、Z 盘（细胞组分）和激素活性（运动功能）发生显著变化。肌肉组

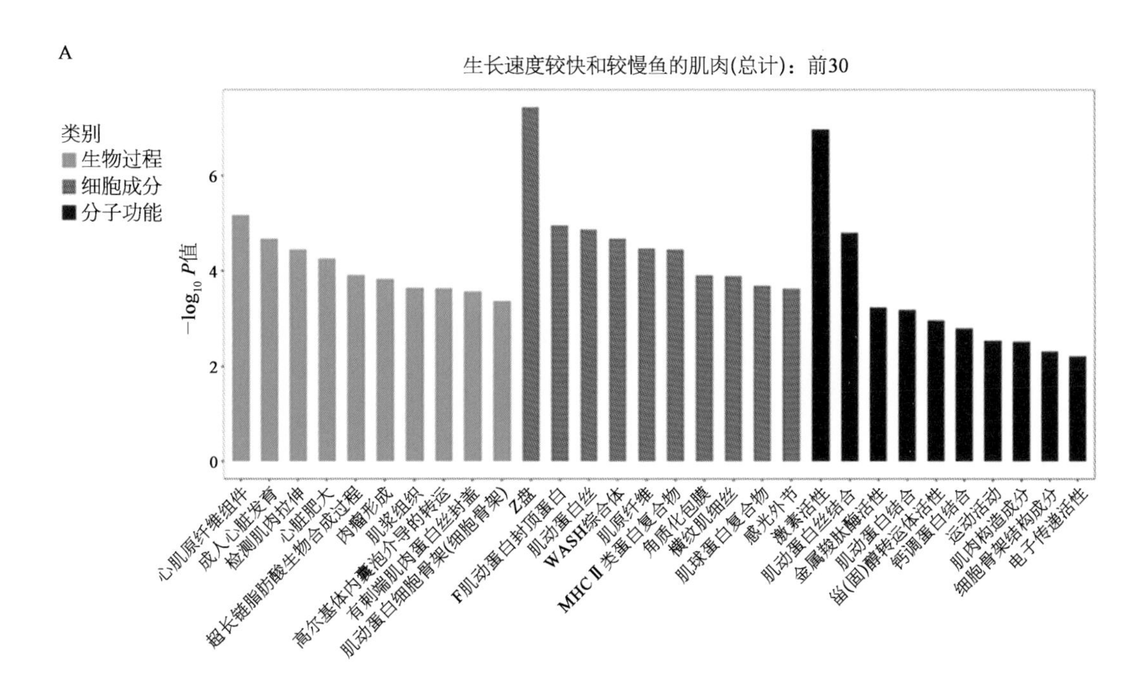

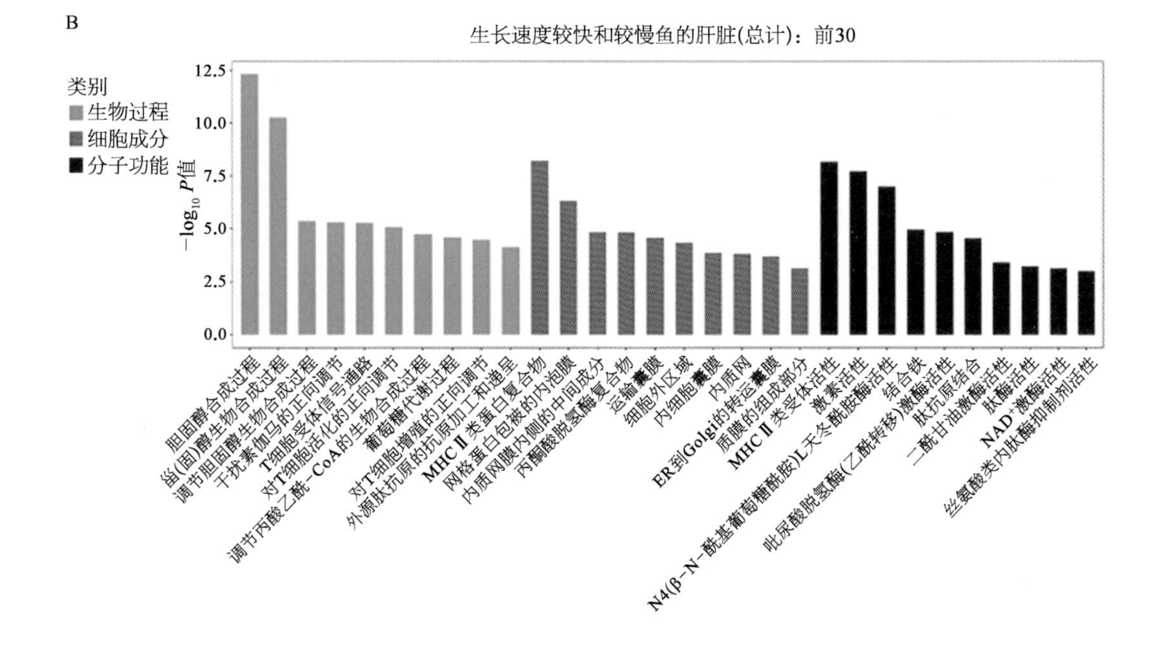

图1－15 · 前三个类别中的30个DEG分类

A. 快、慢生长青鱼肌肉组织前三个类别中的30个DEG分类；B. 快、慢生长青鱼肝脏组织前三个类别中的30个DEG分类

织、细胞成分呈较强正向调节效果优于其他类别,尤其是 Z 盘肌球蛋白丝。MHC Ⅱ类蛋白复合物高度上调可能表明免疫系统影响鱼的大小。胆甾体生物同步过程的重大变化,导致 MHC Ⅱ类蛋白复合物和激素活性的变化在肝脏组织中是可以观察到的,尤其是在肝脏组织中胆固醇和甾醇的生物同步过程更为明显。

信号通路富集:使用 FM 和 SM 的 DEG 进行 KEGG 富集分析,共富集了 137 条 KEGG 信号通路。在真核细胞群落,转运和分解代谢以及内分泌系统中有 35 条信号通路发生显著变化(P<0.05)。信号转导途径中的 DEG 的数量特别高。FL 和 SL 的 DEG 的 KEGG 富集分析产生了 148 条 KEGG 信号通路。在运输和分解代谢、脂质代谢、内分泌系统,尤其是信号转导途径方面发生了 32 个重大变化,这可能与生长性状的差异有关(图 1-16A)。此外,富集和分析了前 20 条信号通路。黏着斑激酶和类固醇生物合成分别在 FM 和 SM 与 FL 和 SL 中更为突出(图 1-16B)。分析了 Tier 2 分类的前 10 条途径,以检测 DEG 的主要富集途径,其中与生长相关的途径占很大比例。进一步分析了前 10 个与生长相关的信号通路,发现与生长和发育相关的代谢有 FoxO 信号通路、p53 信号通路、PI3K-Akt 信号通路、细胞凋亡、TGF-β 信号通路和胰岛素相关信号通路。在这些途径的部分基因表达中检测到显著差异(P<0.05)。

qRT-PCR 验证结果:筛选了 9 个差异基因来检验 RNA-seq 数据是否正确,并用 qRT-PCR 分析了它们。这 9 个基因的表达模式与转录组分析得到的结果相似(图 1-17)。

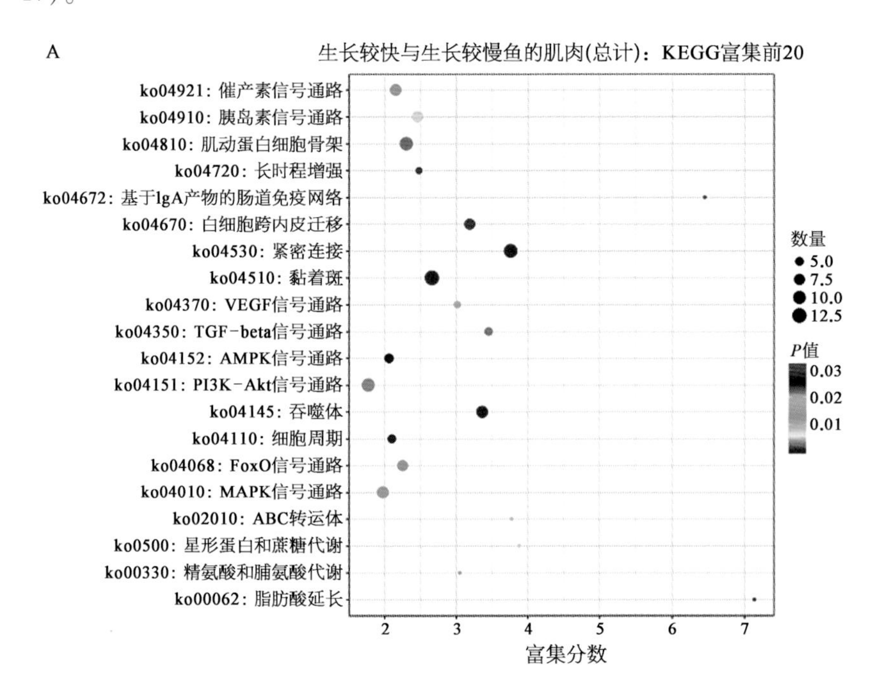

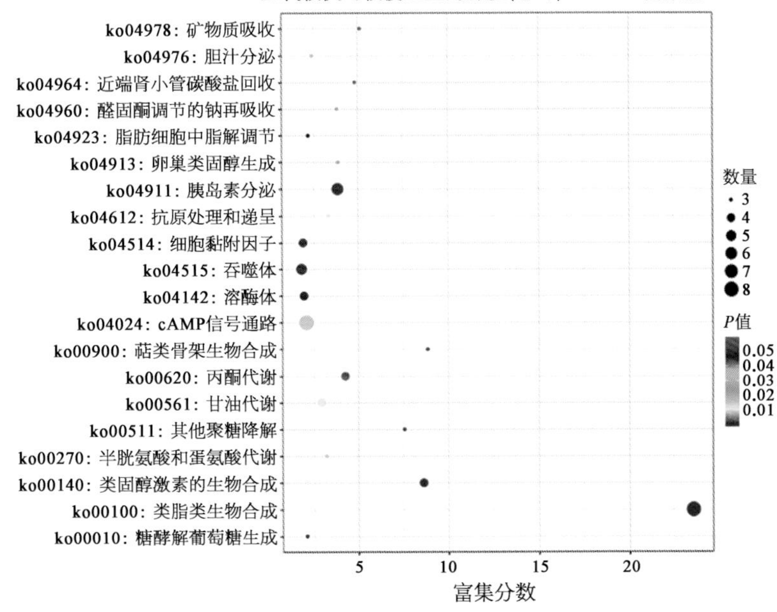

图 1－16 · **KEGG 富集 DEG 的前 20 通路**

A. 快、慢生长青鱼肌肉组织 KEGG 富集 DEG 前 20 通路；B. 快、慢生长青鱼肝脏组织 KEGG 富集 DEG 前 20 通路

② 胰岛素相关基因：将青鱼的胰岛素基因命名为 *Mp－INS*(MW718205)，将胰岛素受体基因命名为 *Mp－IR*，将胰岛素受体底物基因命名为 *Mp－IRS*。*Mp－INS* 的 cDNA 全长为 1 965 bp，其中包括 1 499 bp 的 5′非翻译末端区域(UTR)、139 bp 带有 poly(A)尾的 3′UTR 和 327bpORF。ORF 编码一个带有 IGF 区的、由 108 个氨基酸组成的多肽(残基 27～107)。计算的等电点(pI)为 6.49，预测的分子量为 11.87 kD。*Mp－IR* 的 CDS 区长度为 766 bp，*Mp－IRS* 的 CDS 区长度为 603 bp。*Mp－IR* 的计算等电点(pI)为 4.73，*Mp－IRS* 的计算等电点(pI)为 6.93。

为了研究其他物种相关基因与 *Mp－INS*、*Mp－IR* 和 *Mp－IRS* 之间的同源性，各使用来自脊椎动物的 9 个含 *INS*、*IR* 和 *IRS* 基因结构域的同源物进行了多序列比对和系统发育分析。多序列比对结果显示，与其他脊椎动物的 *INS*、*IR* 和 *IRS* 基因结构域具有较高的序列同一性。构造了一个 NJ 系统发育树，以研究 *Mp－INS* 及其对应物种之间的进化关系(图 1－18)，结果显示，*Mp－INS* 与露斯塔野鲮(*Labeorohita*)的 *INS* 基因同源性最高，*Mp－IR* 与草鱼的 *IR b* 基因同源性最高，*Mp－IRS* 与白鱼(*Anabarilius grahami*)的 *IRS 1－B* 基因同源性最高。

如图 1－19 所示，*Mp－INS* 在心脏、肝脏、脾脏、鳃、肾脏、头肾、肠、肌肉和大脑中均有表达。与其他组织相比，*Mp－INS* 在大脑中表达最高，在心脏和肾脏中也较高，但在肌肉

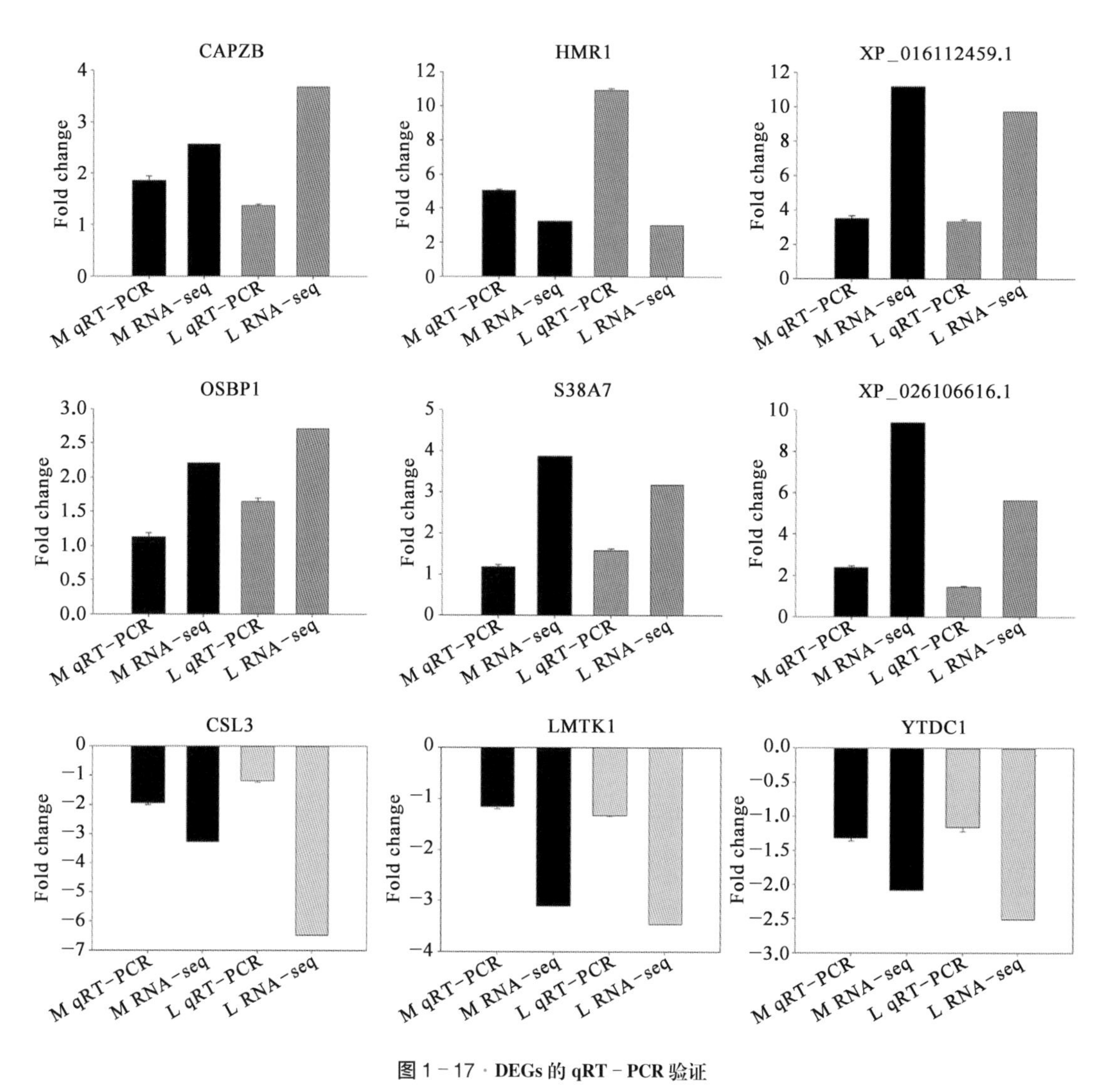

图 1-17 DEGs 的 qRT-PCR 验证

图中黑色部分为基因在肌肉组织(M)中的荧光定量水平和转录组测序水平,灰色部分为基因在肝脏组织(L)中的荧光定量水平和转录组测序水平

中则较低。*Mp-IR* 在大脑中几乎不表达,在肌肉中表达量最高,其次在肝脏中高表达。*Mp-IRS* 在大脑中几乎不表达,在心脏中表达量最高,在脾脏和肌肉中的表达量分列第二、第三位,在其余组织中表达量较低。

成功构建原核表达载体 pET32a-INS、pET32a-IR 和 pET32a-IRS。对比诱导前和诱导后的蛋白条带(图 1-20),在预测蛋白大小处均有明显条带产生,说明经过 37℃、1 mmol/L IPTG、4 h 诱导表达后,成功表达 rMp-INS、rMp-IR 和 rMp-IRS 融合蛋白。

经过蛋白胶验证的超声后细菌上清液和沉淀,发现在沉淀和上清液中都有大量目的蛋白存在,为了方便后续实验,使用存在于上清液中的目的蛋白,经过 Ni2+柱(GE)纯化

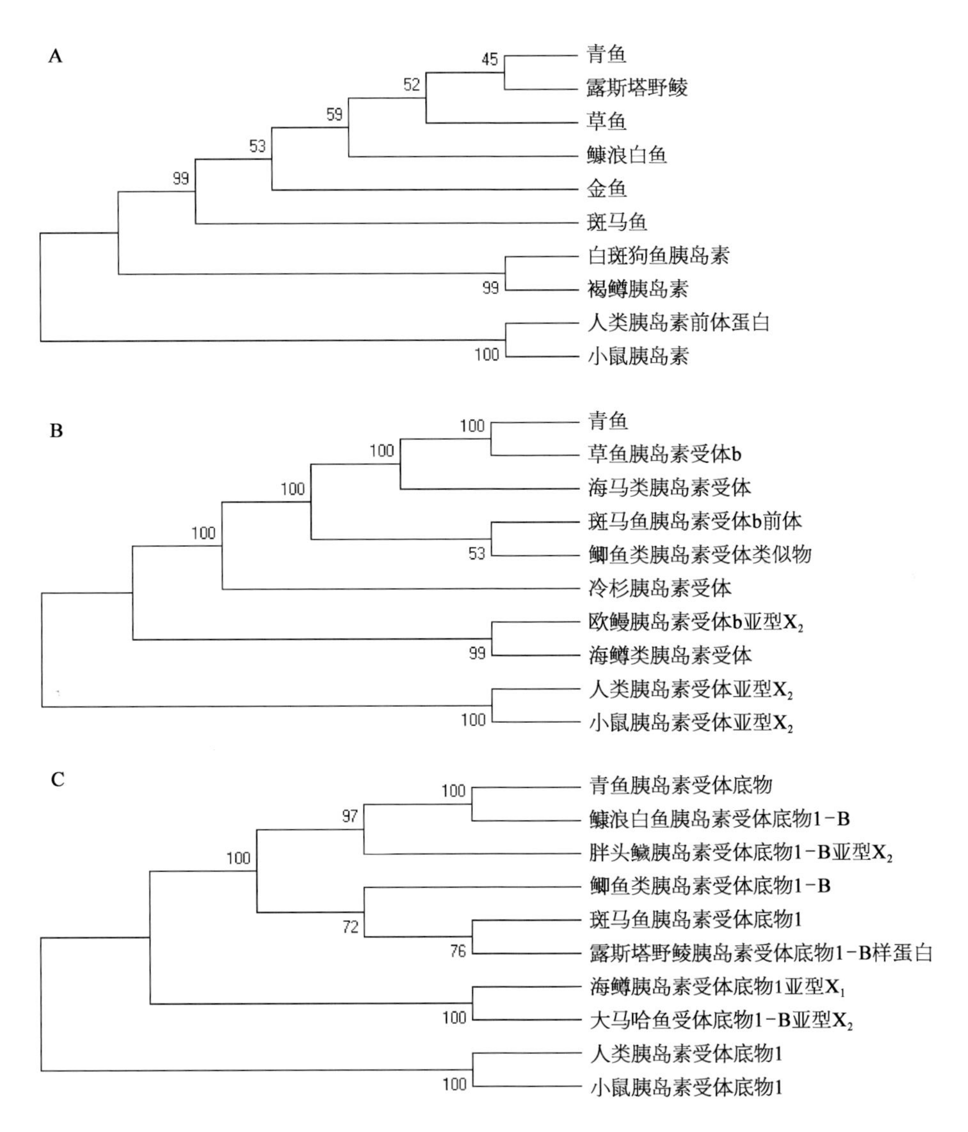

图 1-18 · 青鱼胰岛素相关基因与其他物种的进化树分析

后(图 1-21),获得高纯度且大小与预测相符的目的蛋白。

对青鱼胸鳍下注射 rMp-INS、rMp-IR、rMp-IRS 后,发现在注射 rMp-INS 后 1 h 时血液 GH 浓度较对照组有显著下降趋势($P<0.01$),其余时间点较对照组没有显著变化。注射 rMp-IR 后血液 GH 浓度在 3 h 时被显著抑制($P<0.05$),其余时间点较对照组没有明显变化。注射 rMp-IRS 后,在 1 h、2 h 时有显著下降($P<0.05$)趋势,其余时间与对照组水平相当。总体来说,分别注射 rMp-INS、rMp-IR、rMp-IRS 都能在注射早期对血液 GH 浓度产生显著抑制($P<0.05$),但随着时间的推移影响逐渐消失(图 1-22)。

发现在注射 rMp-INS 后血液 FAS 浓度在 1~3 h 时显著下降($P<0.05$),在 4 h 和 5 h

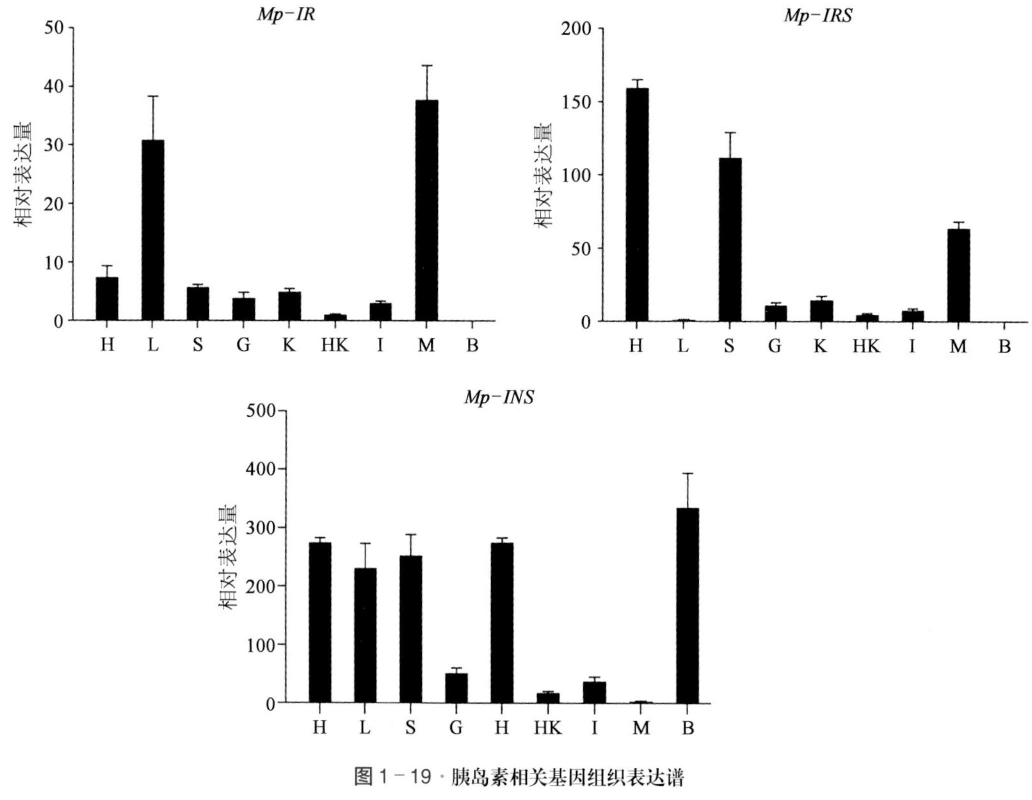

图 1-19 · 胰岛素相关基因组织表达谱

H. 心脏;L. 肝脏;S. 脾脏;G. 鳃;K. 肾脏;HK. 头肾;I. 肠;M. 肌肉;B. 大脑

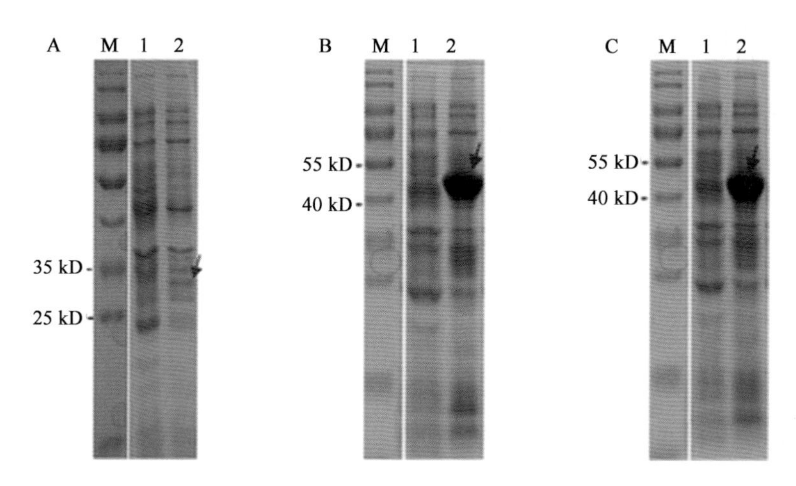

图 1-20 · 青鱼 Mp-INS(A)、Mp-IR(B)、Mp-IRS(C)蛋白诱导表达

时恢复至与对照组相同水平,随后显著下降($P<0.01$)并维持至 12 h 后。注射 rMp-IR 后血液 FAS 浓度在 1~3 h 时显著下降($P<0.05$),在 4 h 时达到与对照组相同水平,随后显著降低($P<0.05$)并维持至 12 h 后。注射 rMp-IRS 后血液 FAS 浓度在 2~4 h 时有显著下降($P<0.05$)的趋势,在 4~5 h 时恢复至对照组水平,随后显著降低($P<0.05$)并维持

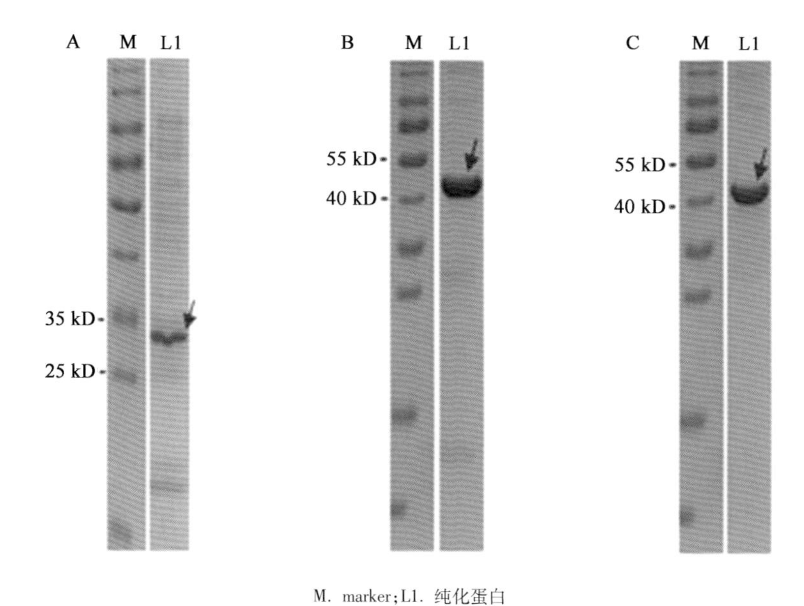

M. marker;L1. 纯化蛋白

图 1－21・青鱼 Mp－INS、Mp－IR、Mp－IRS 蛋白纯化

A. 青鱼 rMp－INS 蛋白;B. 青鱼 rMp－IR 蛋白;C. 青鱼 rMp－IRS 蛋白

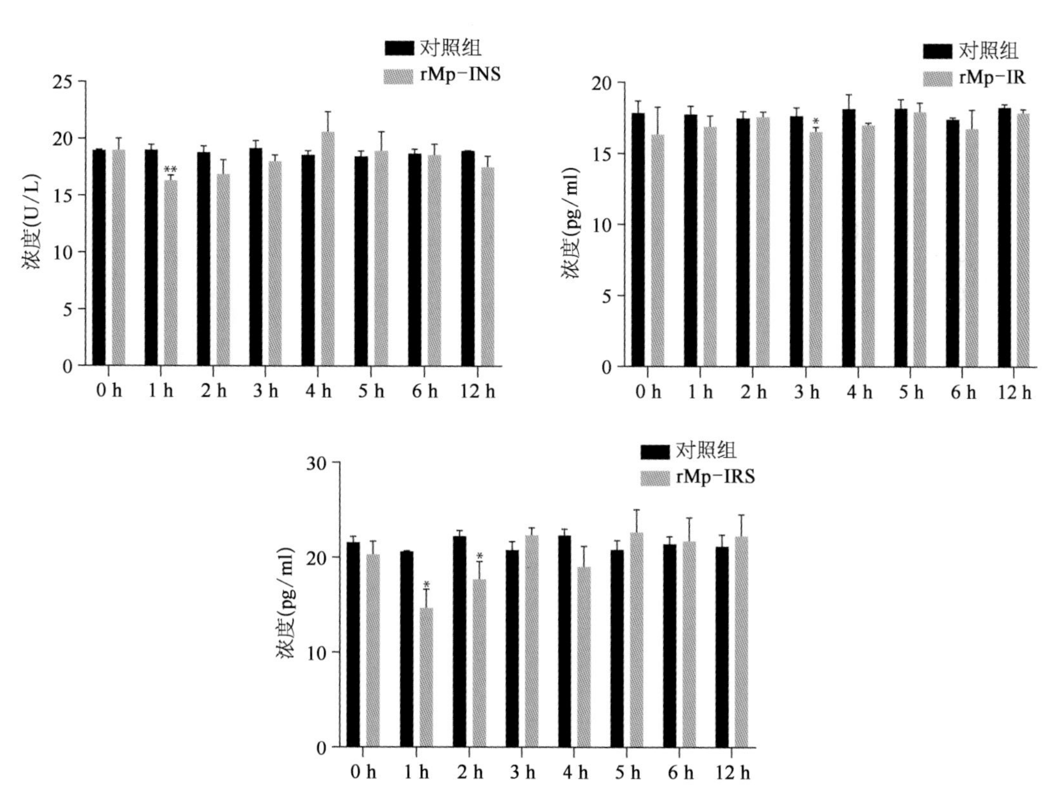

图 1－22・注射 rMp－INS、rMp－IR、rMp－IRS 蛋白后青鱼血液 GH 的变化

* 差异显著;** 差异极显著

至 12 h 后。总体来说,分别注射 rMp - INS、rMp - IR、rMp - IRS 都能显著抑制($P<0.05$)血液 FAS 浓度且变化趋势相似,都能在 1~3 h 和 6 h 后降低 FAS 活性(图 1 - 23)。

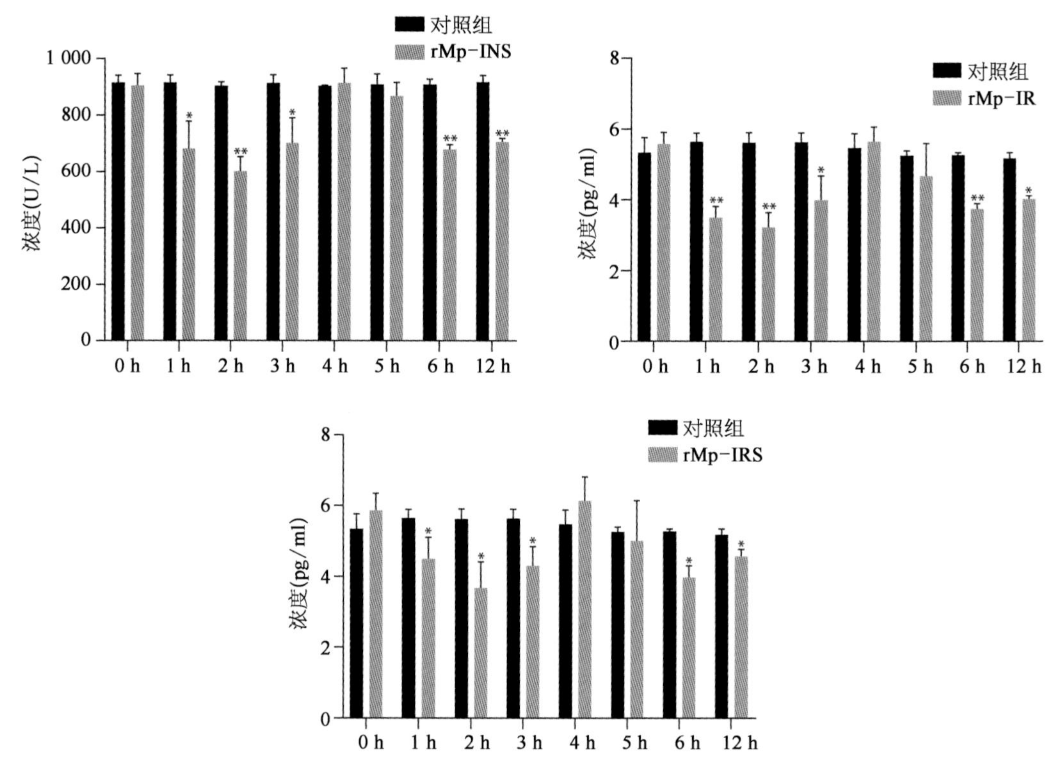

图 1 - 23 · 注射 rMp - INS、rMp - IR、rMp - IRS 蛋白后青鱼血液 FAS 的变化

* 差异显著; ** 差异极显著

发现在注射 rMp - INS 后血液 PI3K 浓度显著上升($P<0.05$),在 12 h 时差异极显著($P<0.01$),且较对照组有显著升高趋势。注射 rMp - IR 后血液 PI3K 浓度在 3 h 时有极显著上升($P<0.01$)的趋势。注射 rMp - IRS 后血液 PI3K 浓度在 1 h 时有显著下降($P<0.05$)趋势,其余时间无显著变化。总体来说,分别注射 rMp - INS、rMp - IR、rMp - IRS 对血液 PI3K 含量的影响并不相同,注射 rMp - INS 和 rMp - IR 可以显著提高其浓度,而注射 rMp - IRS 的效果则相反(图 1 - 24)(Zhang 等,2023)。

注射 rMp - INS 后血液 IGF - 1 浓度显著下降($P<0.05$),在 2 h、3 h、5 h、6 h 和 12 h 时都显著低于($P<0.05$)对照组水平。注射 rMp - IR 后血液 IGF - 1 浓度在 4 h 时有极显著上升($P<0.01$)趋势。注射 rMp - IRS 后血液 IGF - 1 浓度有先高后低的趋势,2 h 时显著高于($P<0.05$)对照组,然后在 12 h 时降低趋势极显著($P<0.01$)。总体来说,注射三种蛋白对血液 IGF - 1 的影响各不相同,注射 rMp - INS 会抑制其浓度,注射 rMp - IR 会提高其浓度,而注射 rMp - IRS 会先提高再降低其浓度(图 1 - 25)。

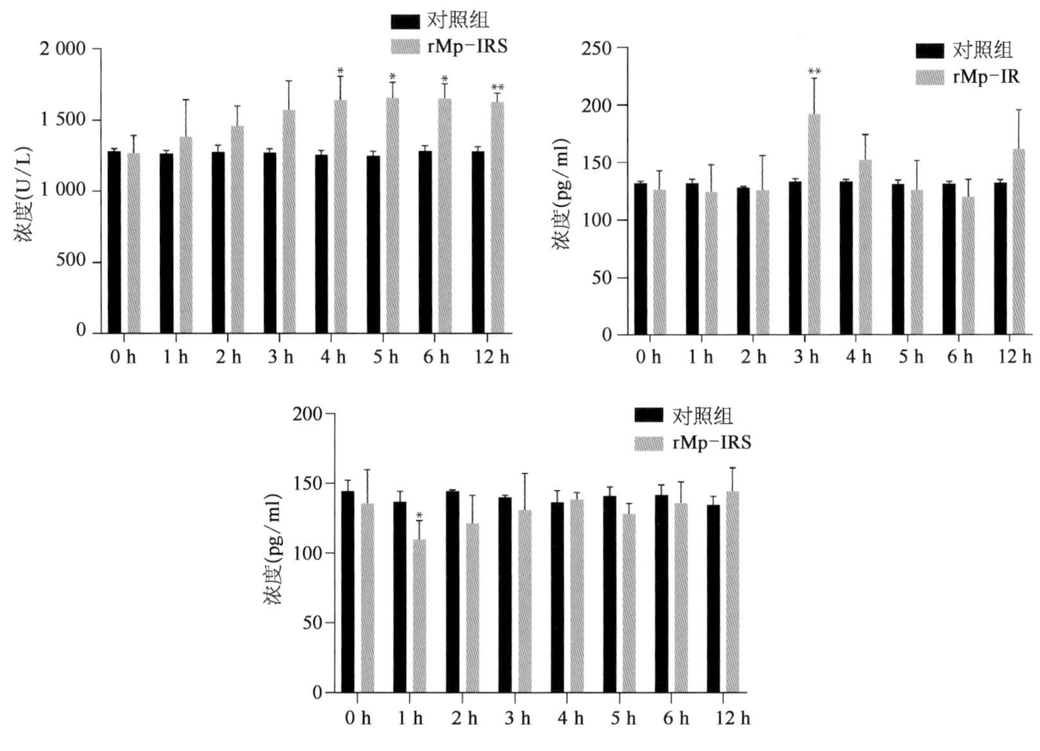

图 1-24 · 注射 rMp-INS、rMp-IR、rMp-IRS 蛋白后青鱼血液 PI3K 的变化

* 差异显著; ** 差异极显著

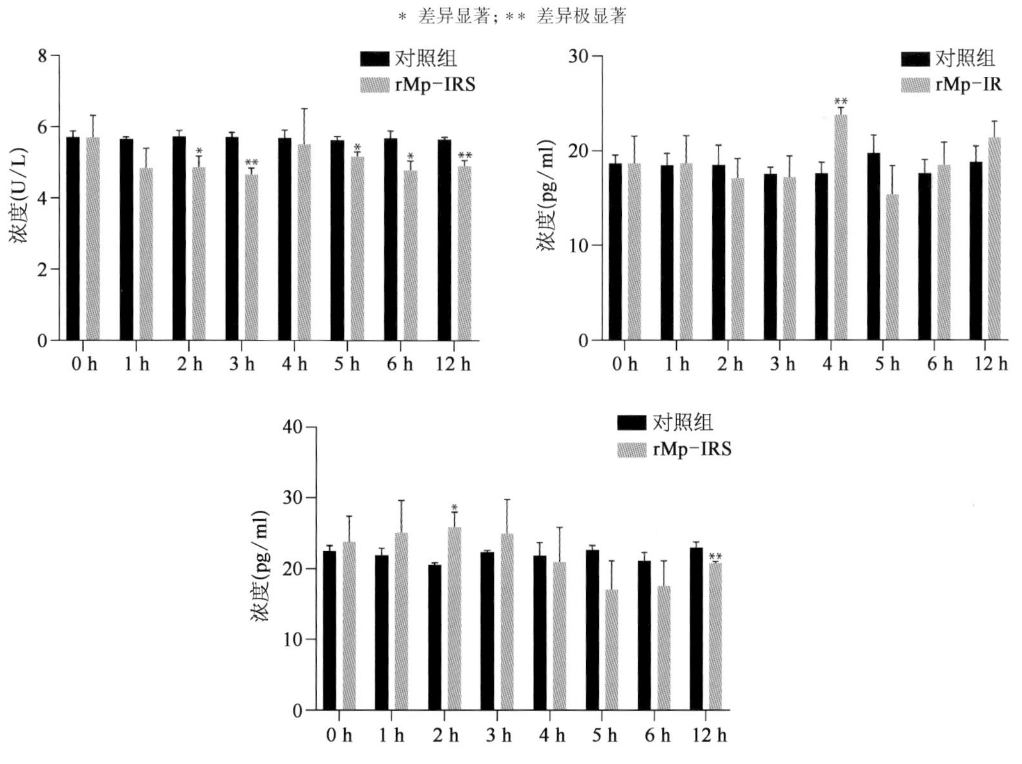

图 1-25 · 注射 rMp-INS、rMp-IR、rMp-IRS 蛋白后青鱼血液 IGF-1 的变化

* 差异显著; ** 差异极显著

注射 rMp－INS 后血液 GP 含量在 2 h、3 h、12 h 时较对照组极显著降低（$P<0.01$），在 5 h、6 h 时呈显著降低（$P<0.05$），其余时间无显著变化。在注射 rMp－IR 后血液 GP 含量没有显著变化。在注射 rMp－IRS 后血液 GP 含量在 1 h、3 h 时显著上升（$P<0.05$），在 5 h 时显著下降（$P<0.05$），其余时间无显著变化。总体来说，注射三种蛋白对血液 GP 的影响各不相同，注射 rMp－INS 会抑制其浓度，注射 rMp－IR 对其浓度无显著影响，而注射 rMp－IRS 会先提高再降低其浓度（图 1－26）。

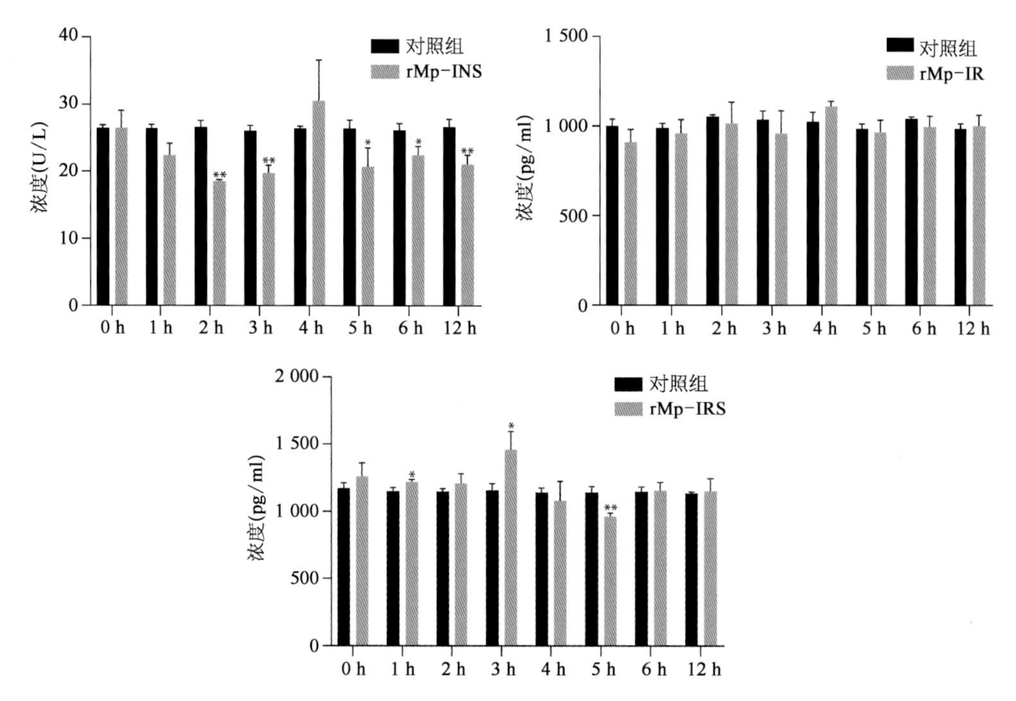

图 1－26 注射 rMp－INS、rMp－IR、rMp－IRS 蛋白后青鱼血液 GP 的变化

* 差异显著；** 差异极显著

注射 rMp－INS 后血液 G6P 含量在全时间点无显著变化。注射 rMp－IR 后血液 G6P 含量在 1~3 h 时有显著上升趋势（$P<0.05$），3 h 时上升趋势极显著（$P<0.01$），4 h 时回到与对照组相同水平。注射 rMp－IRS 后血液 G6P 含量在 1 h、4 h、5 h 时显著降低（$P<0.05$），4 h 时降低趋势极显著（$P<0.01$），3 h 时显著升高（$P<0.01$），其余时间点无显著变化。总体来说，注射三种蛋白对血液 G6P 的影响各不相同，注射 rMp－INS 对其浓度无显著影响，注射 rMp－IR 会在注射前期提高其浓度，而注射 rMp－IRS 会先降低后提高再降低其浓度（图 1－27）。

（2）摄食相关基因

① 青鱼饥饿胁迫下转录组

实验材料：实验青鱼平均体长 30.75 cm±2.49 cm，体重 501.39 g±120.27 g，取自扬州

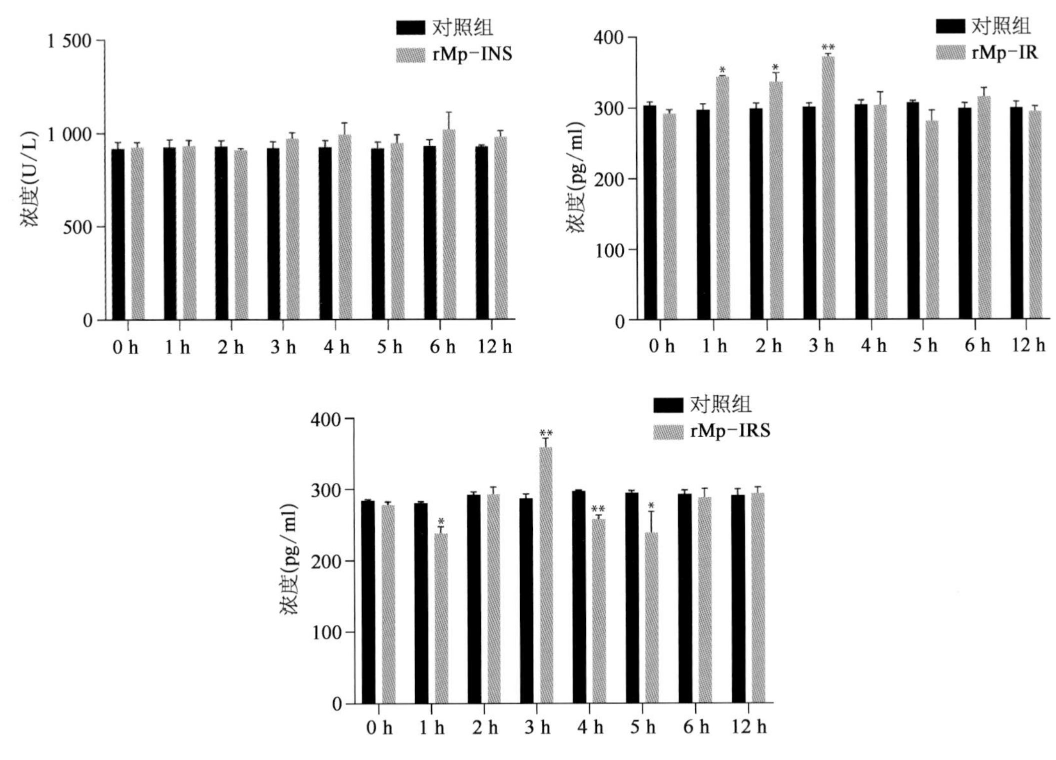

图 1-27 · 注射 rMp-INS、rMp-IR、rMp-IRS 蛋白后青鱼血液 G6P 的变化

* 差异显著; ** 差异极显著

邗江种群。随机选取 40 尾,在室内饲养池中暂养适应 2 周。随机分成两组,每组 20 尾。对照组的鱼按照适应期使用的方案喂养,而实验组的鱼完全饥饿 2 周。2 周后,每组随机抽取 3 尾进行麻醉。将饥饿组肝组织(TL 组)和对照组肝组织(CL)以及饥饿组脑组织(TB)和对照组脑组织(CB)立即冷冻在液氮中。使用 TRIzol 试剂(CA,USA)提取各组织样本的总 RNA。使用磁珠富集法构建高质量 mRNA 文库。

转录组测序数据: 12 个 cDNA 文库从饥饿和正常饲喂青鱼的肝脏和脑组织中构建。经过反复实验并确保质量控制后,使用 Illmina HiSeqTM 2000 进行 cDNA 文库测序。测序后,使用 Trimmomatic 软件处理原始数据(raw data)并在处理后获得干净读数(clean data)。在去除接头和低质量序列后,将干净读数组装成表达的序列标签簇(重叠群),并使用 Trinity 2.4 按照配对末端方法从头组装成转录本。

高通量双端测序从饥饿鱼和正常进食鱼的肝脏中获得 46 483 374 个原始读数,从饥饿鱼和正常进食鱼的脑中获得 46 032 486 个原始读数,过滤后分别获得 43 390 074 和 42 708 500 个干净读数。在所有文库中,Q30 分布>92%,有效碱基>92%(表 1-18)。在组装所有干净读数并去除额外读数后,生成 66 609 个单基因。总长度、平均长度和 N50

长度分别为 87 851 857 bp、1 319 bp 和 2 343 bp(图 1-28)。

表 1-18 · 青鱼转录组基本数据

	原始数据(Mb)	原始碱基(Gb)	干净数据(Mb)	干净碱基(Gb)	有效碱基(%)	Q30分布(%)	平均 GC 含量(%)
TL1	48.58	7.29	47.51	6.78	93.01	93.09	47.42
TL2	48.84	7.33	47.76	6.86	93.61	93.26	47.56
TL3	49.39	7.41	48.44	6.91	93.90	93.63	47.29
TB1	47.53	7.13	46.53	6.62	92.80	92.98	46.65
TB2	51.57	7.73	50.60	7.33	94.73	93.44	46.52
CL1	47.28	7.09	46.27	6.63	93.46	93.33	47.55
CL2	47.56	7.13	46.51	6.61	92.60	93.36	47.40
CL3	50.61	7.59	49.56	7.04	92.71	93.37	47.93
CB1	50.83	7.62	49.70	7.05	92.51	92.98	46.59
CB2	48.88	7.33	47.90	6.75	92.02	93.20	46.43
CB3	47.60	7.14	46.62	6.65	93.21	93.15	46.71

组装统计(来自文库的所有原始数据被组装在一起)	
Term	unigene 数
>300 bp	66 609
≥500 bp	42 850
≥1 000 bp	25 129
N50	2 343
总长度(bp)	87 851 857
最大长度(bp)	27 284
最小长度(bp)	301
平均长度(bp)	1 319

基因的注释和分类：NCBI 分别为 Nr、SwissProt、KEGG、KOG、GO、eggNOG 和 Pfam 数据库鉴定出 30 937(46.45%)、25 099(37.68%)、15 925(23.91%)、18 750(28.15%)、22 841(34.29%)、27 578(41.40%)、21 635(32.48%)个 unigene(表 1-19)。共有 21 293

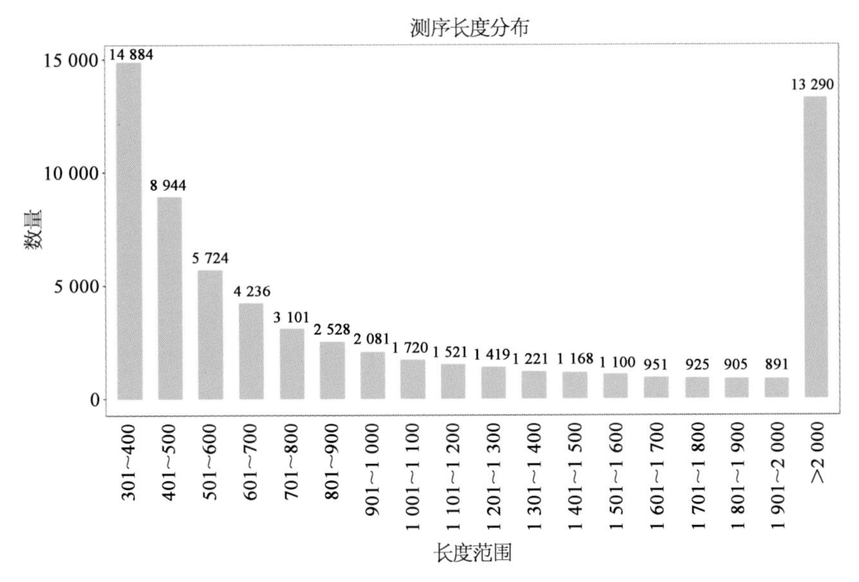

图 1－28 · 青鱼转录组单个基因长度分布图

表 1－19 · 青鱼转录组的注释结果

功能基因	Nr	SwissProt	KEGG	KOG	GO	eggNOG	Pfam
unigene 数	30 937	25 099	15 925	18 750	22 841	27 578	21 635
unigene 占比(%)	46.45	37.68	23.91	28.15	34.29	41.40	32.48

个 unigene 被分类到 26 个真核直系同源组。其中,“Signal transduction mechanisms”中包含最多的 unigene(4 050 个,占 19.02%),其次是“General function prediction only”(3 710 个,占 17.42%)和“Posttranslational modification, protein turnover, chaperones”(1 732 个,占 8.1%)(图 1－29)。

差异表达基因鉴定: DEG 分析确定了 12 480 个在 TL 组和 CL 组之间差异表达的 unigene,其中 6 540 个基因上调、5 940 个基因下调。此外,在 TB 组和 CB 组之间发现了 1 257 个 DEG,其中 630 个基因上调、627 个基因下调(图 1－30a)(Dai 等,2021)。正如预期的那样,许多与代谢相关的基因被鉴定出来,但研究也在 DEG 中发现了许多与免疫反应、遗传信息处理和细胞过程相关的基因(图 1－30b)。

信号通路富集: GO 功能分类一般分为 3 个层次,一级包括生物过程、细胞成分和分子功能 3 个类别,二级包含生物黏附和细胞结合等 64 个项目,三级包含数以万计的类别。结果表明,11 661 个 GO 术语被富集,其中 4 271 个因饥饿而发生显著变化。

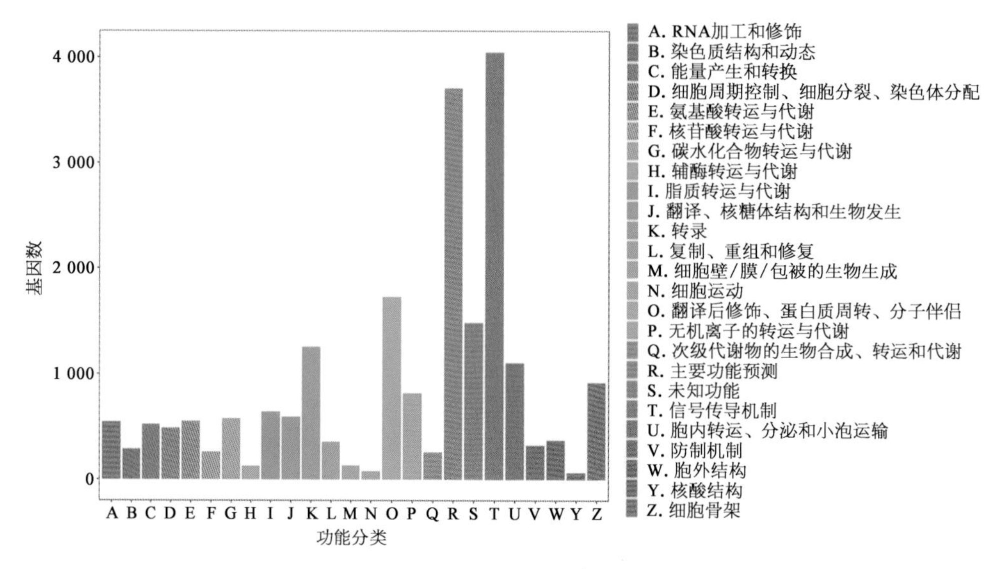

图 1－29 · 青鱼 KOG 功能分类图

图 1－31 比较了 GO 等级二上的上调和下调的 DEG 分布，结果显示，生物调控、细胞过程、代谢过程（生物过程）、大分子复合物、细胞器部分、膜部分（细胞成分）、转运蛋白活性、催化部分、结合活性（分子功能）等在饥饿后的肝组织和脑组织中都发生了显著变化。

对肝脏和脑组织中 DEG 的 KEGG 富集分析分别确定了 312 条和 216 条信号通路，其中 79 条和 52 条分别因饥饿而显著改变。许多 DEG 在传染病、内分泌系统、癌症、脂质代

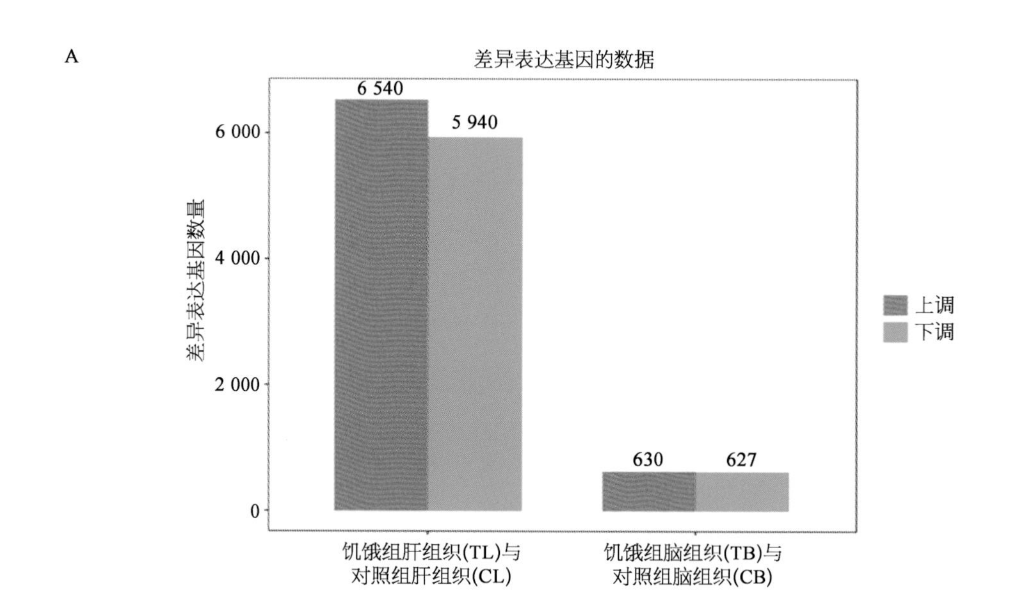

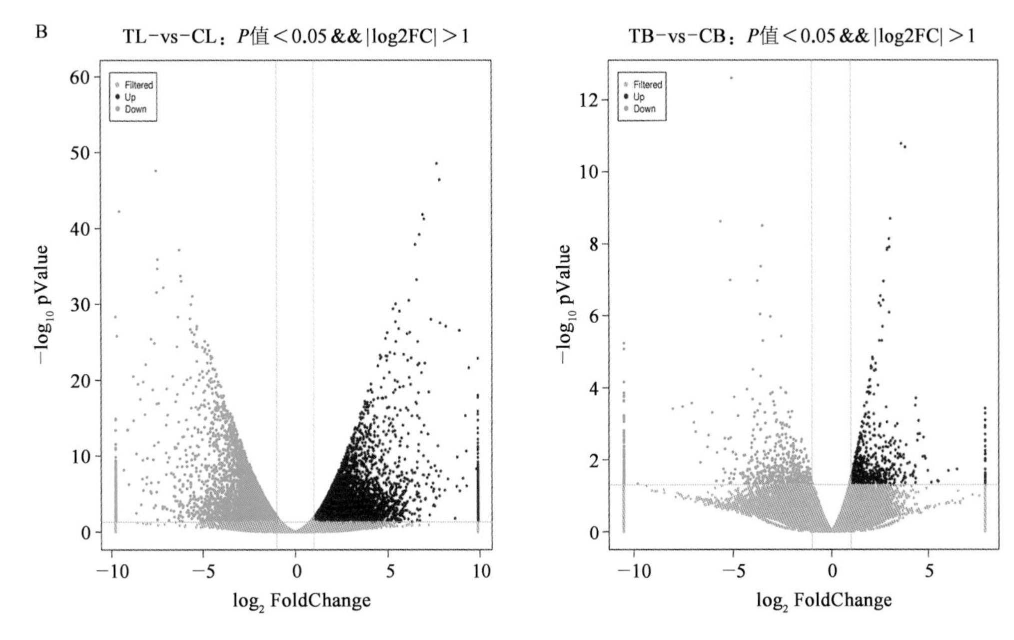

图 1-30 · 饥饿处理后青鱼肝脏和大脑中差异表达基因的综合分析

A. 饥饿组肝脏(TL)和对照组肝脏(CL)之间的 DEG 柱形图,以及饥饿组大脑(TB)和对照组大脑(CB)之间的 DEG 柱形图;
B. TL 和 CL 组之间以及 TB 和 CB 组之间的 DEG 火山图。
在火山图中,灰色表示差异不显著,红色和绿色表示差异显著。X 轴显示 log2 倍数变化,Y 轴显示- log10 *P* 值

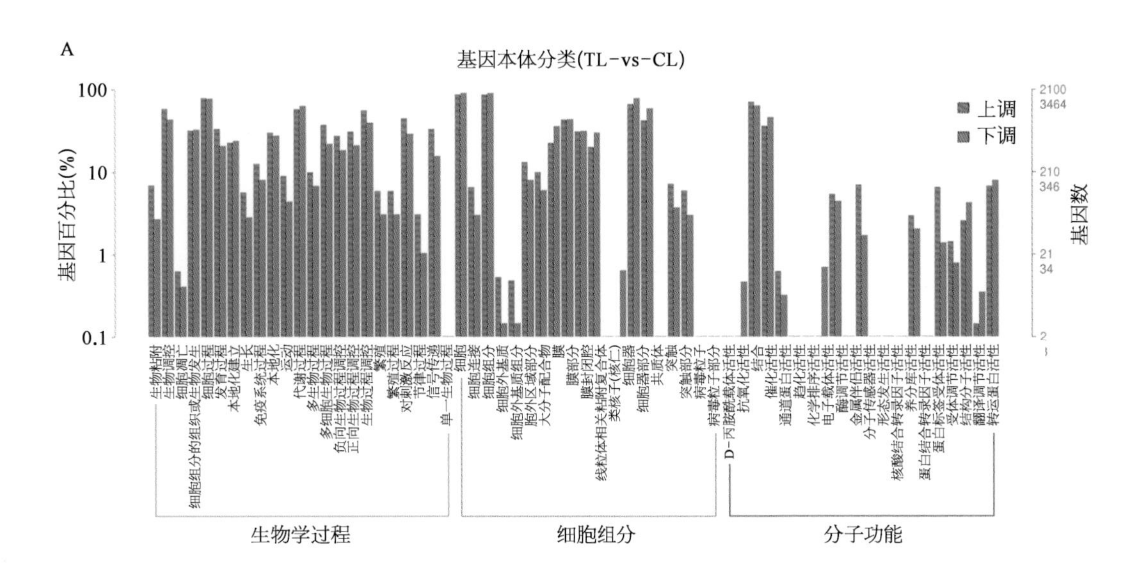

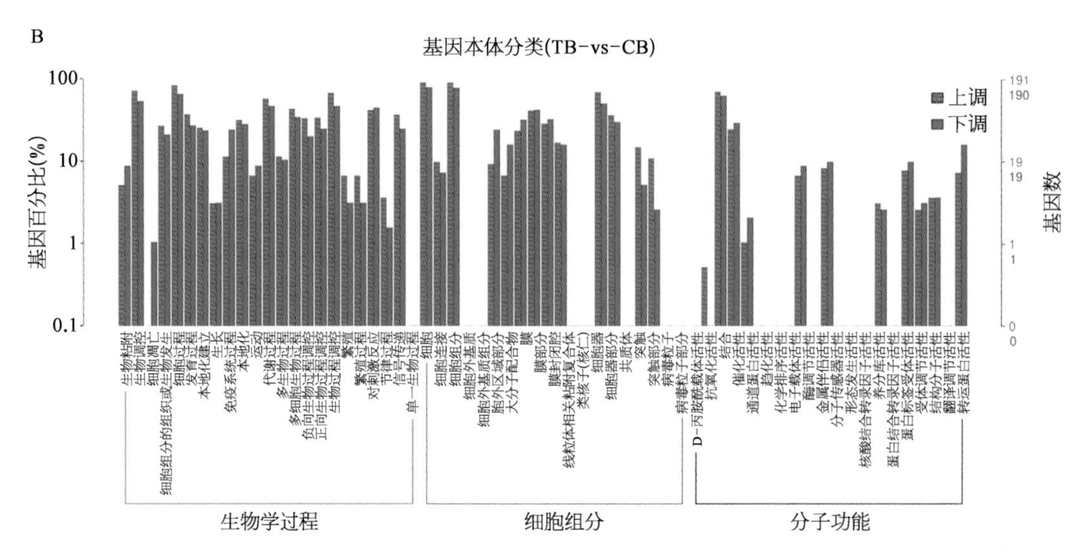

图 1-31 · A. 饥饿组肝脏(TL)与对照组肝脏(CL)二级之间 64 类统计数据的 GO 富集分析;B. 饥饿组肝脏(TB)与对照组肝脏(CB)二级之间 64 类统计数据的 GO 富集分析。

橙色代表富含 DEG 的上调 GO 术语,绿色代表差异下调的 GO 术语 DEG。横轴代表术语名称,纵轴代表 DEG 的数量

谢、碳水化合物代谢和信号转导通路中都存在,表明饥饿对青鱼生理功能的影响是综合性的。在最丰富的信号通路中,帕金森病、非酒精性脂肪肝和内质网中的蛋白质加工在肝组织中更为突出,而 MAPK 信号通路、单纯疱疹感染和细胞黏附分子(CAMS)在脑组织中更为突出(图 1-32)。为了更直观评估 DEG 中的主要富集途径,分析了 TL 和 CL 与 TB 和 CB 比较的分类级别三的前 10 条途径,结果表明与免疫和代谢系统相关的途径占很大比例(表 1-20)。

表 1-20 · 饥饿组与对照组肝脏前 10 个 KEGG 通路分类

三级分类	unigene 数量
非酒精性脂肪肝	104
Epstein-Barr 病毒感染	101
内质网蛋白加工	93
帕金森病	91
氧化磷酸化	87
胰岛素信号通路	87
RNA 转运	86
AMPK 信号通路	82

续 表

三 级 分 类	unigene 数量
剪切体	74
胰高血糖素信号通路	65
饥饿组脑组织和对照组脑组织	
MAPK 信号通路	17
单纯疱疹感染	12
嗜人类 T 淋巴细胞病毒感染	12
细胞黏附分子	11
吞噬体	11
破骨细胞分化	10
黑热病	9
甲型流感病毒	9
补体和凝血级联反应	8
查加斯病(美洲锥虫病)	8

转录组数据验证：为了验证 RNA - Seq 数据的准确性,使用 qRT - PCR 分析了来自青鱼大脑和肝脏组织的共 18 个 DEG,并比较了 qRT - PCR 和 RNA - Seq 中相应基因的表达量变化,结果表明,18 个基因的 qRT - PCR 表达量与在 RNA - Seq 数据库中分析得到的相似(图 1 - 33)。因此,RNA - Seq 数据被认为是可信和准确的。

② 青鱼在饥饿和复投喂期间的糖代谢调控：检测了青鱼糖代谢相关指标在饥饿和复投喂期间的变化。在饥饿第 0 天、1 天、3 天、5 天和 10 天和复投喂第 1 天、3 天和 5 天进行取样。使用来自 Solarbio Science & Technology Co. , Ltd. (中国北京)的商业试剂盒(目录号：BC2490)和紫外分光光度计对青鱼血清葡萄糖含量进行检测,使用来自 Meimian 有限公司(中国江苏)的商业试剂盒和多功能酶标仪(Thermo Scientific)进行直接酶联免疫吸附法测定肝糖原、肌糖原和血清糖代谢相关酶以及糖代谢相关激素的含量。

在上述每个时间点从 5 个肝脏样本中收集总 RNA。使用 gDNA - Eraser (Perfect - Real - time)(Takara, Shiga, Japan)和 Prime - Script™ RT 试剂从 1 000 ng DNase 处理的 RNA 中反转录出 cDNA。内参基因是 β - *actin*。实验所用的所有引物均列于表 1 - 21,并选择扩增效率为 90%~100%的引物进行实验。

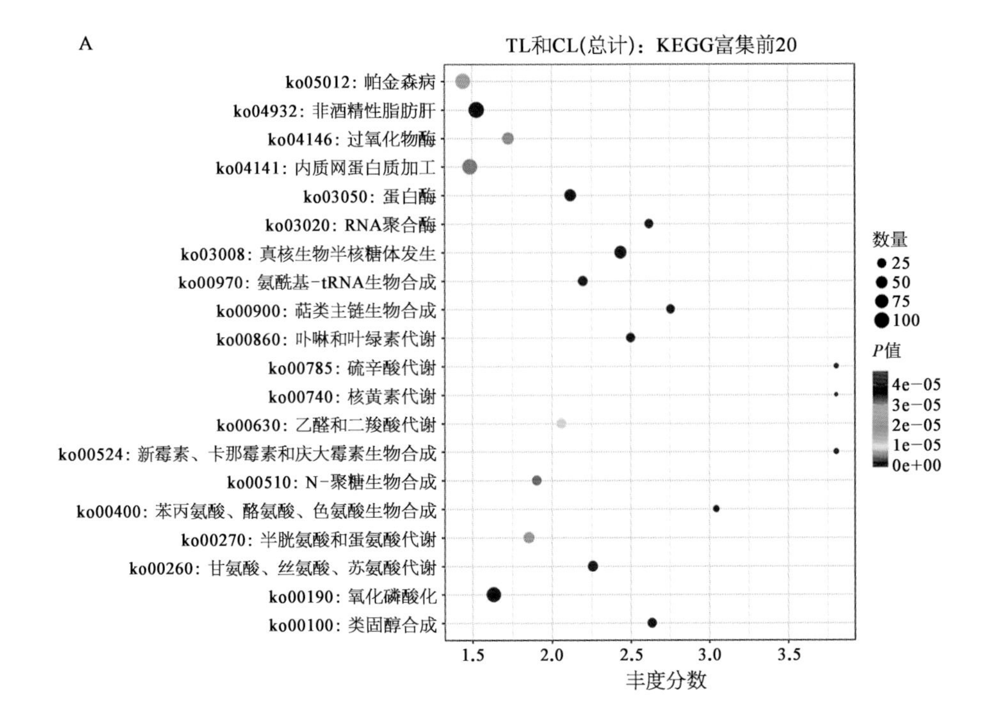

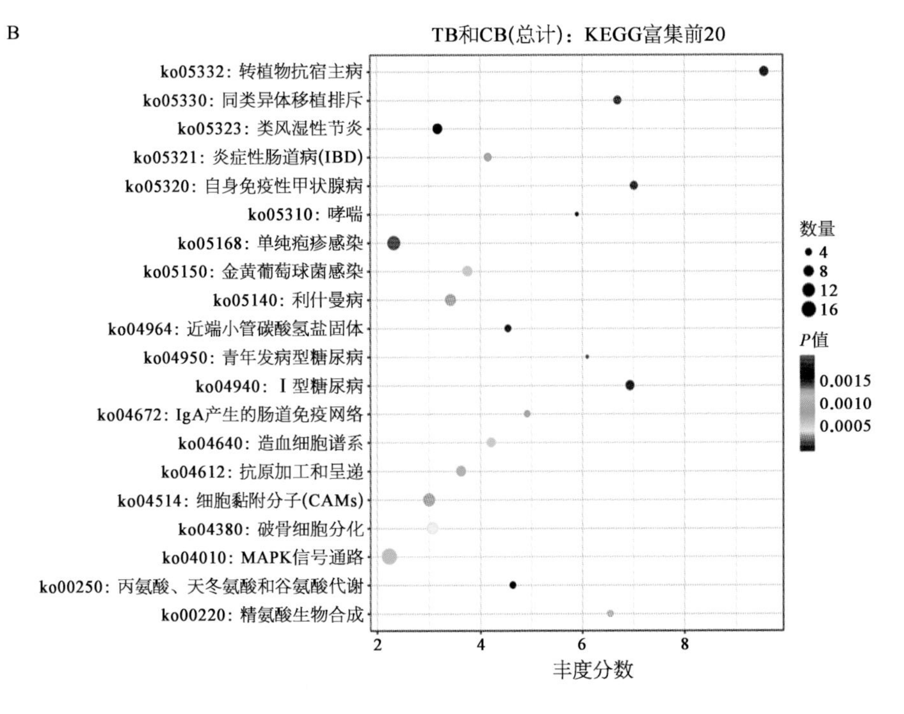

图 1-32 · KEGG 富集 TL 和 CL（A）、TB 和 CB（B）的气泡图

横坐标代表富集分数，DEG 的数量与气泡大小呈正相关。气泡的颜色从紫色到红色表示 P 值越来越小，即意味着显著性越来越大

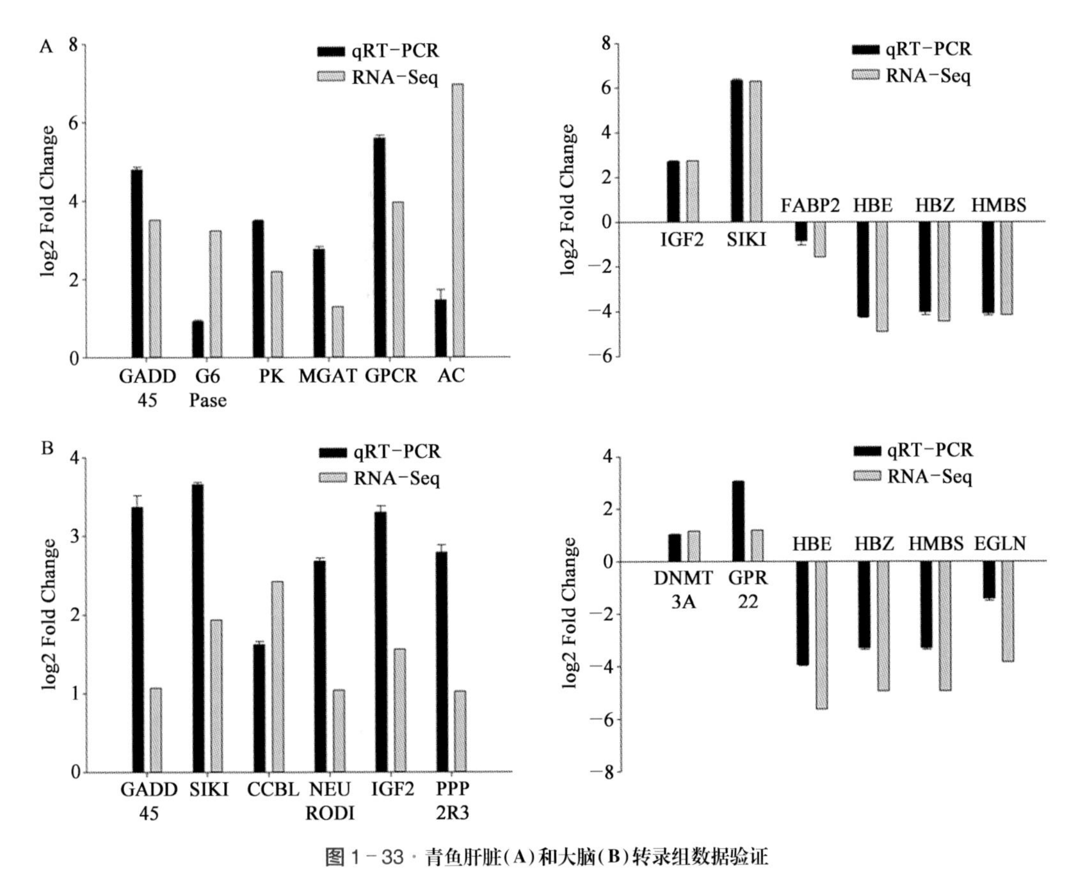

图 1-33 · 青鱼肝脏(A)和大脑(B)转录组数据验证

表 1-21 · 实验所用引物列表

基　因	引　物　序　列	扩增长度(bp)	扩增效率(%)
PEPCK	F：CTGGCCTTGTAACCCAGAGA R：CACCATAACCACTGCCGAAG	132	98.2
GK	F：TGTGGTTGCCATGGTGAATG R：CTCTCCTTCAACCAGCTCCA	127	94.3
GLUT2	F：AGATGGGCACACCTTACCT R：CAGACCACAGTACAGTCCCA	96	92.9
G6PC	F：ATGCTTTCAGCTCACCGTCA R：TGTCGATGGGGACAGTTTGG	125	96.5
β-actin	F：GGCACCGCTGCTTCCTCCTC R：GCCTCTGGGCACCTGAACCT	112	92.4

青鱼血清葡萄糖浓度、肝糖原和肌糖原含量：青鱼在饥饿和复投喂期间血清葡萄糖浓度的变化见表 1-22。分析表明，血清葡萄糖浓度在饥饿 1 天显著下降，并在饥饿期间呈持续下降趋势，在饥饿 10 天时血清葡萄糖浓度表现为最低值($P<0.05$)；恢复投喂显著

增加了血清葡萄糖浓度,在恢复投喂 3 天时恢复到饥饿前水平,并在恢复投喂 5 天时超过饥饿前水平($P<0.05$)(Dai 等,2022)。

青鱼肝糖原和肌糖原含量的变化趋势见表 1-22。分析表明,肝糖原含量在饥饿 1 天时明显降低,在饥饿 3 天时达到最低值,并一直持续到饥饿 10 天时($P<0.05$);在饥饿的早期阶段,肌糖原含量无明显变化,但在饥饿 5 天时明显下降($P<0.05$);复投喂后,肝糖原和肌糖原含量均显著增加,并在复投喂 5 天时恢复到饥饿前水平($P<0.05$)。

表 1-22 血清葡萄糖浓度及肝糖原和肌糖原含量

项　目	葡萄糖浓度(mmol/L)	肝糖原含量(mmol/g)	肌糖原含量(mmol/g)
正常投喂	$5.87±0.11^{a}$	$102.60±1.64^{a}$	$28.75±2.54^{a}$
饥饿 1 天	$5.61±0.05^{b}$	$98.50±2.99^{b}$	$28.82±1.39^{a}$
饥饿 3 天	$4.64±0.15^{c}$	$96.08±2.33^{c}$	$28.17±2.25^{a}$
饥饿 5 天	$4.45±0.06^{d}$	$96.68±2.08^{c}$	$27.08±0.73^{b}$
饥饿 10 天	$3.99±0.07^{e}$	$95.17±0.95^{c}$	$25.87±0.73^{c}$
复投喂 1 天	$4.98±0.08^{f}$	$102.23±1.14^{a}$	$27.28±1.55^{b}$
复投喂 3 天	$6.12±0.16^{g}$	$104.56±2.58^{a}$	$29.13±1.06^{a}$
复投喂 5 天	$6.41±0.08^{h}$	$101.68±1.64^{ab}$	$29.84±0.58^{a}$

青鱼血清糖酵解/糖异生相关酶的浓度:实验结果表明,血清 PK 浓度在饥饿 5 天时显著下降,在饥饿 10 天时达到最低值($P<0.05$)。复投喂前 3 天 PK 浓度没有变化,但在复投喂第 5 天时显著增加($P<0.05$)(图 1-34A)。饥饿前 3 天血清 HK 浓度差异无统计学意义,但在饥饿 5 天和饥饿 10 天时显著下降($P<0.05$)。HK 浓度在复投喂 1 天时显著增加,并在复投喂 3 天时达到最高值,一直保持到复投喂 5 天时($P<0.05$)(图 1-34B)。饥饿期间血清 G6PC 浓度呈明显上升趋势,饥饿 10 天时最高($P<0.05$)。G6PC 浓度在复投喂期间首先显著降低,并在复投喂 5 天时恢复到饥饿前水平($P<0.05$)(图 1-34C)。饥饿引起血清 GCK 浓度有显著下降趋势,在饥饿 10 天时最低($P<0.05$)。GCK 浓度在复投喂 1 天时显著增加,在复投喂 5 天时达到最高值($P<0.05$)(图 1-34D)。

青鱼血清糖酵解/糖异生相关激素浓度:实验结果表明,血清胰岛素浓度在饥饿 1 天时就显著下降,并在饥饿期间保持持续下降趋势($P<0.05$)。复投喂并没有立即增加血清胰岛素的浓度,但在复投喂 3 天时显示出显著增加,并持续增加至复投喂 5 天时($P<$

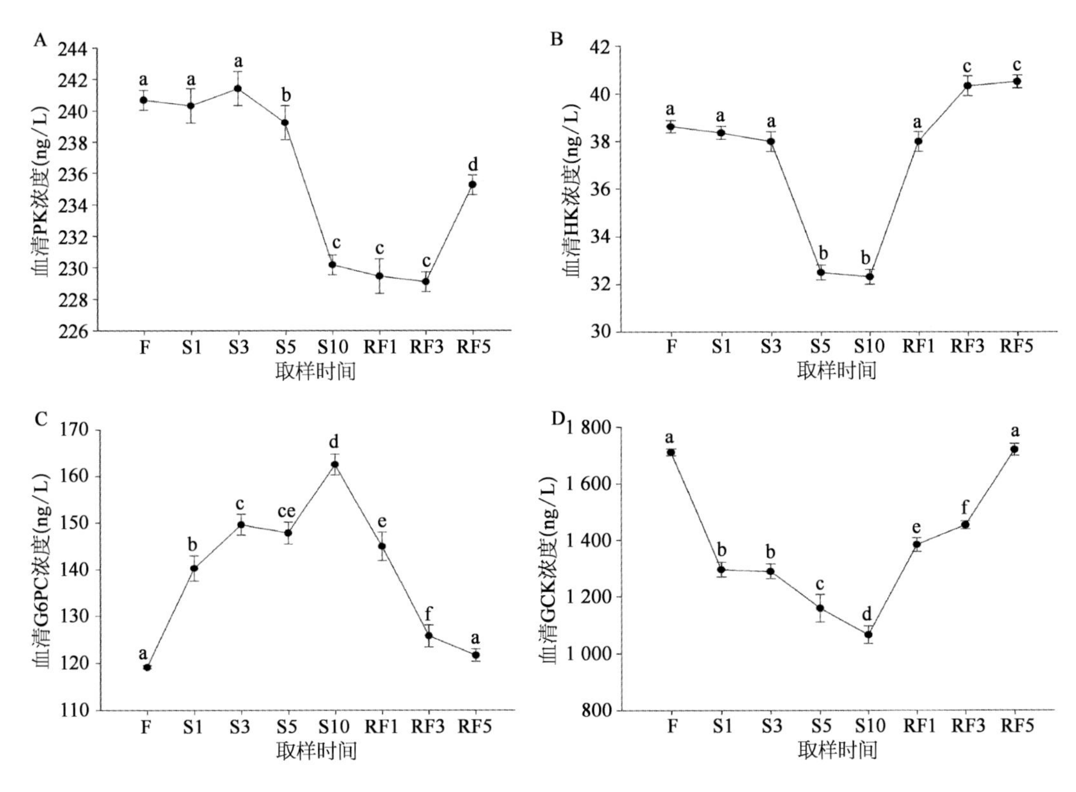

图 1-34 · 青鱼在饥饿和复投喂期间血清糖代谢相关酶[PK(A)、HK(B)、G6PC(C)、GCK(D)]的浓度,不同字母表示组间差异

F. 正常投喂;S1、S3、S5、S10 示饥饿 1 天、3 天、5 天、10 天;RF1、RF3、RF5 示复投喂 1 天、3 天和 5 天

0.05)(图 1-35A)。饥饿早期血清胰高血糖素浓度无明显变化,但在饥饿 3 天时明显升高,在饥饿 10 天时达到最高值(P<0.05)。复投喂引起血清胰高血糖素浓度立即下降,并持续到复投喂 5 天时,但仍高于禁食前水平(P<0.05)(图 1-35B)。血清糖皮质激素(GC)浓度在饥饿开始时没有明显变化,但在饥饿 3 天时显著升高,在饥饿 10 天时达到最高值(P<0.05)。复投喂并没有立即降低 GC 浓度,但在复投喂 3 天时显著下降并持续到复投喂 5 天时(P<0.05)(图 1-35C)。

青鱼肝组织中糖代谢相关基因 mRNA 的相对表达:实验结果表明,G6PC 的 mRNA 表达在饥饿 3 天时显著增加,在饥饿 10 天时最高(P<0.05)。复投喂后 G6PC 表达逐渐下降,并在复投喂 3 天时恢复到饥饿前水平(P<0.05)(图 1-36A)。GCK mRNA 的表达在饥饿 1 天时显著下降,在饥饿 3 天时达到最低值并一直持续到饥饿 10 天时(P<0.05),复投喂后 GCK 表达显著增加(P<0.05)(图 1-36B)。PEPCK mRNA 表达在饥饿 1 天时就显著升高,在饥饿 10 天时达到最高值(P<0.05)。复投喂逐渐降低了 PEPCK 的表达(P<0.05)(图 1-36C)。饥饿期间 GLUT2 mRNA 表达显著降低

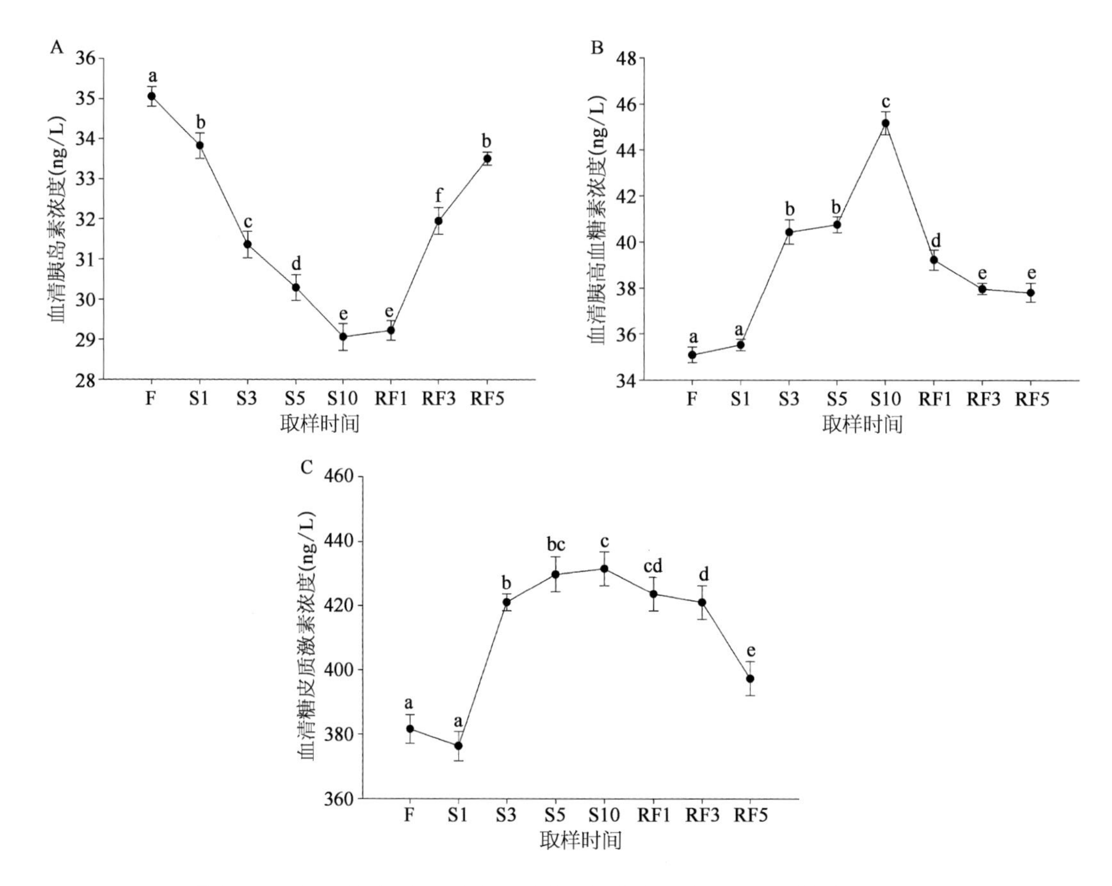

图 1-35 青鱼在饥饿和复投喂期间血清糖代谢相关激素[胰岛素(A)、胰高血糖素(B)、糖皮质激素(C)]浓度,不同字母表示组间差异

F. 正常投喂;S1、S3、S5、S10 示饥饿 1 天、3 天、5 天和 10 天;RF1、RF3、RF5 示复投喂 1 天、3 天和 5 天

($P<0.05$),复投喂并没有立即增加 GLUT2 的表达,但在复投喂 5 天时显著增加($P<0.05$)(图 1-36D)。

③ ghrelin 基因:本实验从青鱼肝脏中鉴定出 ghrelin 基因的部分 mRNA 序列,并通过 RACE 技术克隆得到了青鱼 ghrelin 基因 cDNA 全序列,分析了 ghrelin 在青鱼各组织中的表达情况以及饥饿和复投喂期间肝脏和大脑中 ghrelin 相对表达量的变化趋势,通过原核表达得到了 ghrelin 重组蛋白,并通过腹腔注射(IP)的方式分析了 ghrelin 功能性肽段对青鱼糖代谢功能的影响。

cDNA 序列:青鱼 ghrelin 基因的全长 cDNA 序列包括一个 57 bp 的 5′-非翻译区(5′-UTR)、一个 115 bp 的 3′-UTR 和一个 312 bp 的开放阅读框(ORF),编码一个由 103 个氨基酸组成的 preproghrelin。在 cDNA 的 3′-末端有一个多聚酰胺化信号(AATAAA)和一个 15 bp 的 poly (A)尾。preproghrelin 包括一个预测的由 33 个氨基酸组成的保守结构域,推定的成熟肽长度为 19 个氨基酸残基(图 1-37A)。preproghrelin 的预测分子式为

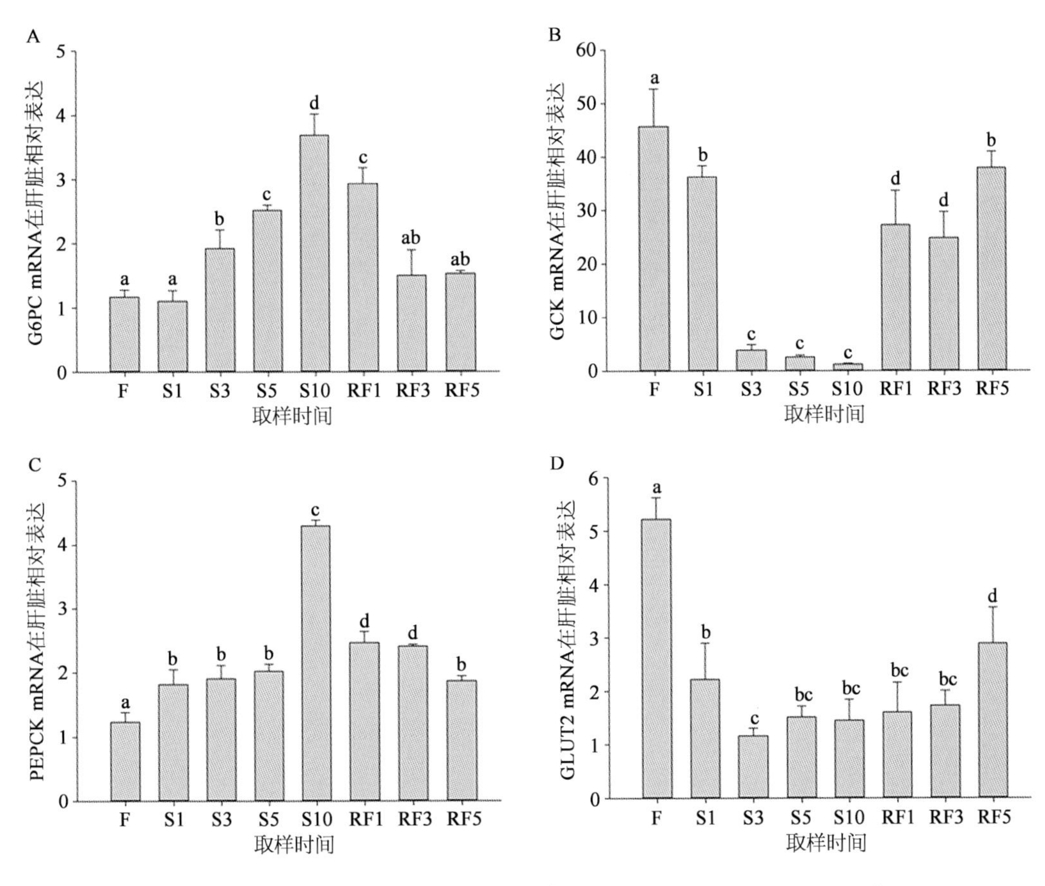

图 1-36 青鱼在饥饿和复投喂期间肝组织中 G6PC (A)、GCK (B)、PEPCK (C)和 GLUT2(D)的相对表达量,不同的字母表示组间的差异

F. 正常投喂;S1、S3、S5、S10 示饥饿 1 天、3 天、5 天和 10 天;RF1、RF3、RF5 示复投喂 1 天、3 天和 5 天

C510H809N137O150S7,其相对分子质量、等电点和不稳定性参数分别为 11 484.28、5.62 和 64.98。氨基酸序列比对和系统发育树结果表明,青鱼 preproghrelin 与鲤科鱼类序列的同一性最高,如草鱼(99.03%)、白鱼(98.02%)、齐口裂腹鱼(93.20%)、重口裂腹鱼(93.20%)、鲤(90.29%)、鲮(89.32%)和鲫(81.73%)等。相比之下,与其他科鱼类的同一性较低,如鲱科(47%)、鲑科(46.73%)、真鲈科(41.03%)、鮨科(40.51%)、合鳃鱼科(38.75%)和丽鱼科(37.36%)等;与哺乳动物的同一性相差较大,如小鼠(27.06%)和人类(47.37%);与两栖动物的同一性较低,如黑斑蛙(28.57%)和蟾蜍(25.25%);与鸟类的同一性也较低,如鸡(32.99%)和绿雉(34.02%)(图 1-37B、C)。

组织表达谱: 利用实时荧光定量 PCR 技术分析青鱼 ghrelin 的组织表达谱,结果表明,ghrelin 在青鱼各组织中广泛表达并表现出显著差异,其中肠道被发现是 ghrelin 表达量最高的组织,其次是大脑和肝脏,而在肾脏和头肾中的表达量较低($P<0.05$)(图 1-38)。

```
1    AGACCTACTGAAGCAGTTTGACCATTACAGAAGAACTAAACCGGCTGATTTCCCAGGATG
                                                               M
61   CCTCTGCACTGTCGTGCCAGCCACATGTTCCTGCTCATTTGTGCTCTTTCCTTATGTCTC
      P  L  H  C  R  A  S  H  M  F  L  L  I  C  A  L  S  L  C  L
121  GAGTCTGTGAGAGGCGGCACCAGCTTCCTCAGTCCTGCTCAGAAACCACAGGGTCGAAGG
      E  S  V  R  G  G  T  S  F  L  S  P  A  Q  K  P  Q  G  R  R
181  CCACCACGGGTGGGCCGAAGAGATGCTGCCGATTCAGAGATCCCAGTGATTAAAGAGGAT
      P  P  R  V  G  R  R  D  A  A  D  S  E  I  P  V  I  K  E  D
241  GATCAGTTCATGATGAGTGCTCCGTTCGAACTGTCCGTGTCTCTGAGTGAAGCAGAGTAT
      D  Q  F  M  M  S  A  P  F  E  L  S  V  S  L  S  E  A  E  Y
301  GAGAAATACGGTCCTGTGCTGCAGAAGGTTCTTGTGAATCTTCTTAGTGATTCTCCTTTT
      E  K  Y  G  P  V  L  Q  K  V  L  V  N  L  L  S  D  S  P  F
361  GAATTCTGACAAGAGCTACCATTCCTCCAAGAATCAACTCCTTATAAATCAAAAATTATT
      E  F  *
421  CAAAATTTAAATCATTTTCTAACAGCGATTTGACAAAATAAAGGATGACAAAAAAAAAAA
481  AAAA
```

图 1－37A · 青鱼 ghrelin 基因 cDNA 全序列

加粗表示启动子及终止子，灰色突出显示的是成熟肽段，下划线表示保守结构域

```
                                      10        20        30        40        50        60        70        80        90        100
                                  ....|....|....|....|....|....|....|....|....|....|....|....|....|....|....|....|....|....|....|....|
[Mylopharyngodon piceus]          -MPLHCRASHMFLLICA-LSLCLESVRGGTSFLSPAQKPQ------GRRPPR--VGRRDAADS-----EIPVIKEDDQFMMSA--PFELSVSLSEAEYEK
[Ctenopharyngodon idella]         -MPLHCRASHMFLLICA-LYLCLESVRGGTSFLSPAQKPQ------GRRPPR--VGRRDAADS-----EIPVIKEDDQFMMSA--PFELSVSLSEAEYEK
[Anabarilius grahami]             -MPLRCRASHMFLLICA-ISLCLESVRGGTSFLSPAQKPQ------GRRPPR--VGRRDAADS-----EIPVIKEDDQFMMSA--PFELSVSLSEAEYEK
[Schizothorax davidi]             -MPLRCRASHMFLLLCA-LSLCVESVRGGTSFLSPAQKPQ------GRRPPR--VGRRDVAEP-----EIPVIKEDDQFMMSA--PFELSVSLSEAEYEK
[Carassius auratus]               -MPLRCCASHMFLFLCA-LSLCVESVRGGTSFLSPAQKPQQ-----GRRPSW--MGRRDAAEP-----EISAIKEDDQFKVSA--PFDLSVSLSEAEYEK
[Cyprinus carpio]                 -MPLHCRASHMFLLLCA-LSLCVESVRGGTSFLSPAQKPQ------GRRPPR--VGRRDVAEP-----EIPVIKENDQFMMSA--PFELSVSLSEAEYEK
[Labeo rohita]                    -MPLRCRASHLFVLLCA-LSLCVESVRGGTSFLSPAQKPQ------GRRPPR--MGRRDFAEP-----EIPVIKEDDQFMMSA--PFELSVSLSEAEYEK
[Danio rerio]                     -MPLRCRASSMFLLLCVSLSLCLESVSGGTSFLSPTQKPQ------GRRPPR--VGRREAADP-----EIPVIKEDDRFMMS--------MSLSEAEYEK
[Mus musculus]                    ---MLSSGTICSLLLLS--MLWMDMAMAGSSFLSPEHQKAQQ--RKESKKPPAKLQPRALEGWLHPEDRGQAEETEEELEIRFNAPFDVGIKLSGAQYQQ
[Homo sapiens]                    ---MPSPGTVCSLLLLG--MLWLDLAMAGSSFLSPEHQRVQV--RPPHKAP--HVVP-ALP--LSNQLCDLEQQRHLWASVFSQSTKDSGSDLTVSGRTW
[Oreochromis mossambicus]         -MLLKRNTCLLAFLLCS-LTLWCKSTSAGSSFLSPSQKP-----QNKVKSSR--IGRQAME-------EPNQANEDKTITLSA--PFEIGVTLRAEDLAD
[Monopterus albus]                -MVLKRNTCLLVSLLCS-LTLWCKTTSAGSSFLSPSQKP-----QNKGKSSR--FGRQVTE-------ESSQLPEDDHITISA--PFEIGITMTERDFEQ
[Bubalus bubalis]                 ---MPAPWTICSLLLLS--VLCMDLAMAGSSFLSPEHQKLQ---RKEPKKPSGRLKPRALEGQFDPEVGSQMEGAEDELEIRFNAPFNIGIKLSGAQSLQ
[Alosa sapidissima]               MFLMGSRASRMIMLVCT-LALLMETVRGGSSFLSPAQKPPG---KGDRKPPR--LGRHVAVQP-----DTP--QEDGHTLVSS--PFQLGLTLTEAEFAE
[Oncorhynchus mykiss]             -MPLKRNTGLMILMLCT-LALWAKSVSAGSSFLSPSQKPQVR--QGKGKPPR--VGRRDIESFAELF-EGPLHQEDKHNTIKA--PFEMGITMSEEEFQE
[Schizothorax richardsonii]       -MPLRCRASHMFLLLCA-LSLCVESVRGGTSFLSPAQKPQ------GRRPPR--VGRRDVAEP-----EIPVIKEDDQFMMSA--PFELSVSLSEAEYEK
[Epinephelus coioides]            -MFLKRSTCLLFFLLCS-LTLWCKSTSAGSSFLSPSQKP-----QNKGKPSR--VGRQVME-------EP----EDNHITISA--PFEIGFTLREEDFEE
[Bufo japonicus]                  -MMLGRVALFGLVLYCL---LWTEDVEGGSSFLSPADMHKNAGKKIPKKLPY-NMNRREAGDPWG---DLVDERSEDPEEIGVTIPLDINLKLTQDQFQR
[Gallus gallus]                   ---MFLRVILLGILLLS--ILGTETALAGSSFLSPTYKNIQQQKDTRKPTAR--LHRRGTESFWDTD-ETEGEDDNNSVDIKFNVPFEIGVKITEREYQE
[Dicentrarchus labrax]            -MFLKKNTCLLVVLLCS-LTLWCKSTSAGSSFLSPSQKP-----QSRGKSSR--VGRQTME-------EPSQPTENNHITISA--PFEIGVTVREEDFEE
[Phasianus versicolor]            ---MFLRVALLGILLLS--ILGTETALAGSSFLSPAYKNIQQQKDTRKPTGR--LHRRGTESFWDTD-ETEGEDDNNSLDIKFNVPFEIGVKITEREYQE
[Pelophylax nigromaculatus]       -MNFGKAAIFGVVLLCL---LWTEEAQAGLTFLSPADMQKIAERQSQNKLRHGNMNRRGVED------DLAEE------EIGVTFPLDMSMKLTQEQFQK

                                       110       120       130
                                  ....|....|....|....|....|....|....|
[Mylopharyngodon piceus]          YGPVLQKVL------VNLLSDSPFEF---------
[Ctenopharyngodon idella]         YGPVLQKVL------VNLLSDSPFEF---------
[Anabarilius grahami]             YGPVLQKVL------VNLLSDSPFGKLNS------
[Schizothorax davidi]             YGPVLQKVL------VNLLSDSPLEF---------
[Carassius auratus]               YGPVLQKVL------VDLLSDFPLEF---------
[Cyprinus carpio]                 YGPVLQNVL------GNLLSDPPLEF---------
[Labeo rohita]                    YGPVLQKVL------VNLLGDSPLEF---------
[Danio rerio]                     YGPVLQNLLSAPFELENLLRDSPFEF---------
[Mus musculus]                    HGRALGKFLQ-----DILWEEVKEAPADK------
[Homo sapiens]                    GLRVLNRLFP-----PSSRERSRRSHQPSCSPEL-
[Oreochromis mossambicus]         YIVELQEIV------QRLLGNTETAERPSPR----
[Monopterus albus]                YSMVLQEII------QHLLGNAGSAERPSRL----
[Bubalus bubalis]                 HGQTLGKFLQ-----DILLEEAEETLADE------
[Alosa sapidissima]               HGSALQRIL------DSILGDTAN-----------
[Oncorhynchus mykiss]             YGAVLQKIL------QDVLGDTATAE---------
[Schizothorax richardsonii]       YGPVLQKVL------VNLLSDSPLEF---------
[Epinephelus coioides]            YGAALQEII------QRLLGNTEPAAERPS-----
[Bufo japonicus]                  QKATIENLLLG----LFTLGSAPDVEEEKA-----
[Gallus gallus]                   YGQALEKML------QDILAENAEETQTKS-----
[Dicentrarchus labrax]            YGVALQEII------QHLLGNGDTAETPPQL----
[Phasianus versicolor]            YGQALEKML------QDILEENAKEILTKD-----
[Pelophylax nigromaculatus]       QRAAVQDFLYS----LLSLGSAQDTEGKNENPQSQ
```

图 1－37B · 不同物种 ghrelin 氨基酸序列比对

方框中显示的是成熟肽段，保守的氨基酸残基以相同颜色显示

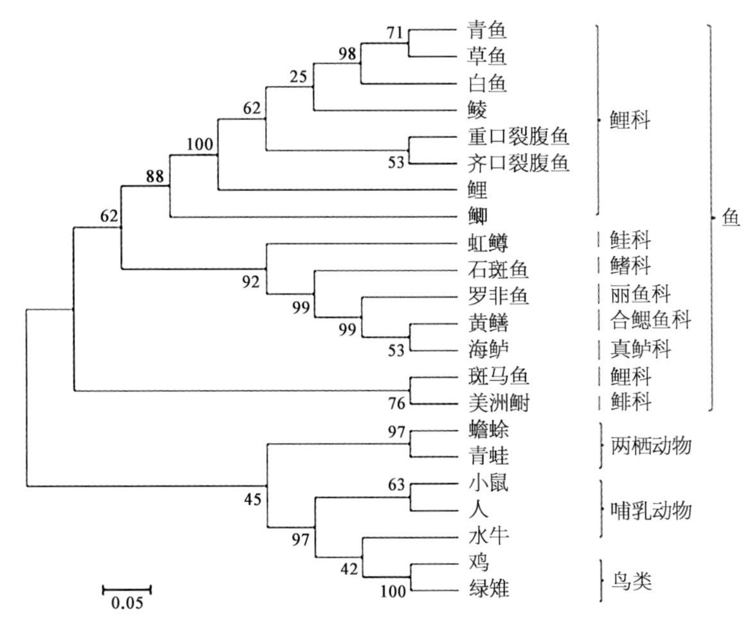

图 1－37C · ghrelin 氨基酸序列的系统发育分析

氨基酸序列来源于 NCBI 数据库[登录号：青鱼(preproghrelin, KP177519)；草鱼(preproghrelin, AFE89417)；白鱼(ghrelin, ROL50687. 1)；重口裂腹鱼(preproghrelin, AEV45801)；鲫(preproghrelin, AAN16216)；鲤(ghrelin, BAF95542. 1)；鲮(preproghrelin, BAX76678)；斑马鱼(ghrelin, ACJ76436. 1)；小鼠(ghrelin, BAB69857)；人(ghrelin, AAQ89412)；罗非鱼(ghrellin, BAC55160. 1)；黄鳝(ghrelin, AGB34167. 1)；水牛(ghrelin, ABU63291)；美洲鲥(preproghrelin, XP_041946270)；虹鳟(ghrelin, NP_001118060. 1)；齐口裂腹鱼(ghrelin, AWB11399. 1)；石斑鱼(ghrelin, AJS13600. 1)；蟾蜍(ghrelin, BAM29298)；鸡(ghrelin, AAP57945)；海鲈(ghrelin, ABG49130. 1)；绿雉(ghrelin, BBI29711)；青蛙(ghrelin, BAM29302)]

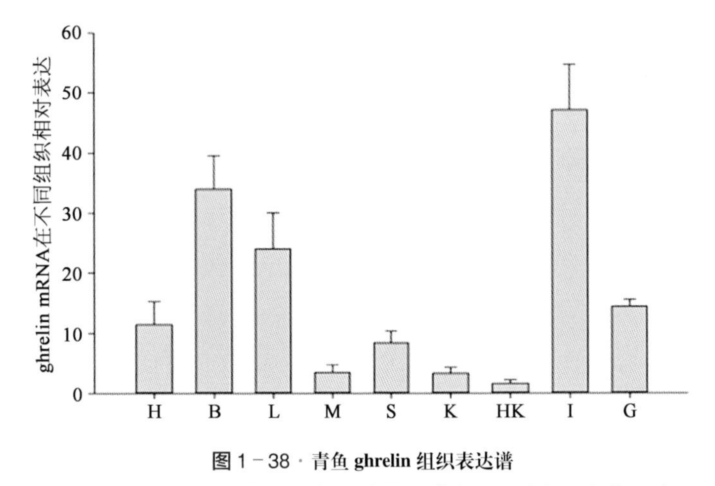

图 1－38 · 青鱼 ghrelin 组织表达谱

H. 心脏；B. 大脑；L. 肝脏；M. 肌肉；S. 脾脏；K. 体肾；HK. 头肾；I. 肠道；G. 鳃

原核表达：通过双酶切使 PCR 产物与载体定向连接后，挑选的阳性单克隆菌落经抽提质粒后测序验证，经序列比对，确定成功构建原核表达载体 pET30a－ghrelin。pET30a 系列的原核表达载体可以在目的蛋白 N 端融合 His 标签，该标签有助于后续融合蛋白的纯化。将构建成功的质粒转化至原核表达菌中,对比细菌诱导前和诱导后,可见经过37℃ IPTG 4 h 诱导表达,成功表达 His - ghrelin 重组蛋白(图 1 - 39A)。对比细菌超声后的上清液和沉淀,发现有许多蛋白以包涵体的形式存在,但在细菌超声裂解后的上清液中也含有足够多的目的蛋白。经过 Ni2+螯合琼脂糖凝胶柱(GE,美国)纯化后,得到纯度较高且蛋白质大小与推断结果相吻合的目的蛋白(包括 41kD 载体和 11kD 目的蛋白)(图 1 - 39B)。

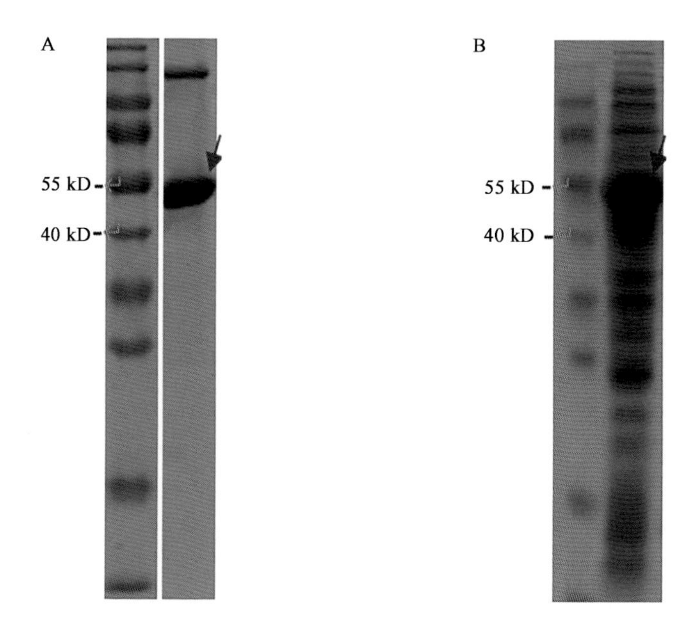

图 1 - 39 ghrelin 重组蛋白胶图(未纯化)(A);ghrelin 重组蛋白胶图(纯化)(B)

饥饿和复投喂期间青鱼 ghrelin 基因表达量变化:利用实时荧光定量 PCR 技术分析饥饿和复投喂期间青鱼 ghrelin 在大脑和肝脏中的表达量变化,结果表明,在饥饿期间大脑和肝脏中 ghrelin 的相对表达量均显著上升,在饥饿 10 天时表达量最高(P<0.05);复投喂会迅速降低 ghrelin 在大脑和肝脏中的表达量,在复投喂 5 天后两个组织中 ghrelin 的表达量与饥饿前水平相当(P<0.05)(图 1 - 40)。

青鱼 ghrelin 对糖代谢功能的影响:以 100 ng/g 浓度将青鱼 ghrelin 功能性肽段进行腹腔(IP)注射后,检测肝脏中糖代谢相关基因的表达量以及血清中糖代谢相关激素的浓度。结果表明,ghrelin 显著提高了肝脏中 G6PC 的表达量,在注射 3 h 时表达量最高(P<0.05)(图 1 - 41A);PEPCK 的表达量在注射 1 h 后就显著升高并一直保持高水平(P<0.05)(图 1 - 41B);肝脏中 GCK 和 PK 的表达量均在注射后显著降低(P<0.05)(图 1 - 41C、D)。血清中胰岛素和瘦素的浓度在注射后均迅速降低,瘦素的浓度在 24 h 时达到最低值(P<0.05)(图 1 - 41E),而胰岛素的浓度在 3 h 时就达到最低值(P<0.05)

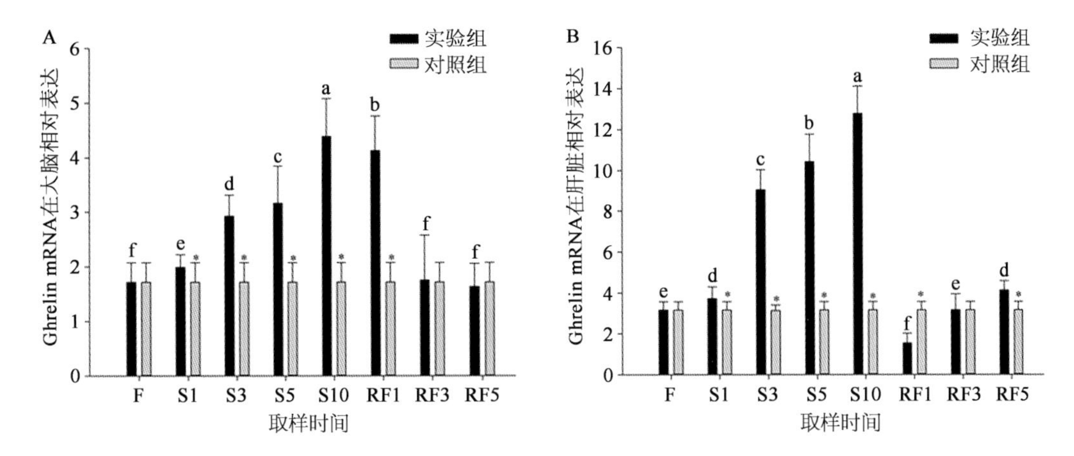

图 1-40 · 饥饿和复投喂期间青鱼大脑(A)和肝脏(B)中 ghrelin 的相对表达量

F. 正常投喂;S1、S3、S5、S10 示饥饿 1 天、3 天、5 天和 10 天;RF1、RF3、RF5 示复投喂 1 天、3 天和 5 天

(图 1-41F);糖皮质激素和胰高血糖素的浓度在注射后均显著上升,两者都是在注射后 1 h 就达到最高值(P<0.05)(图 1-41G、H)。

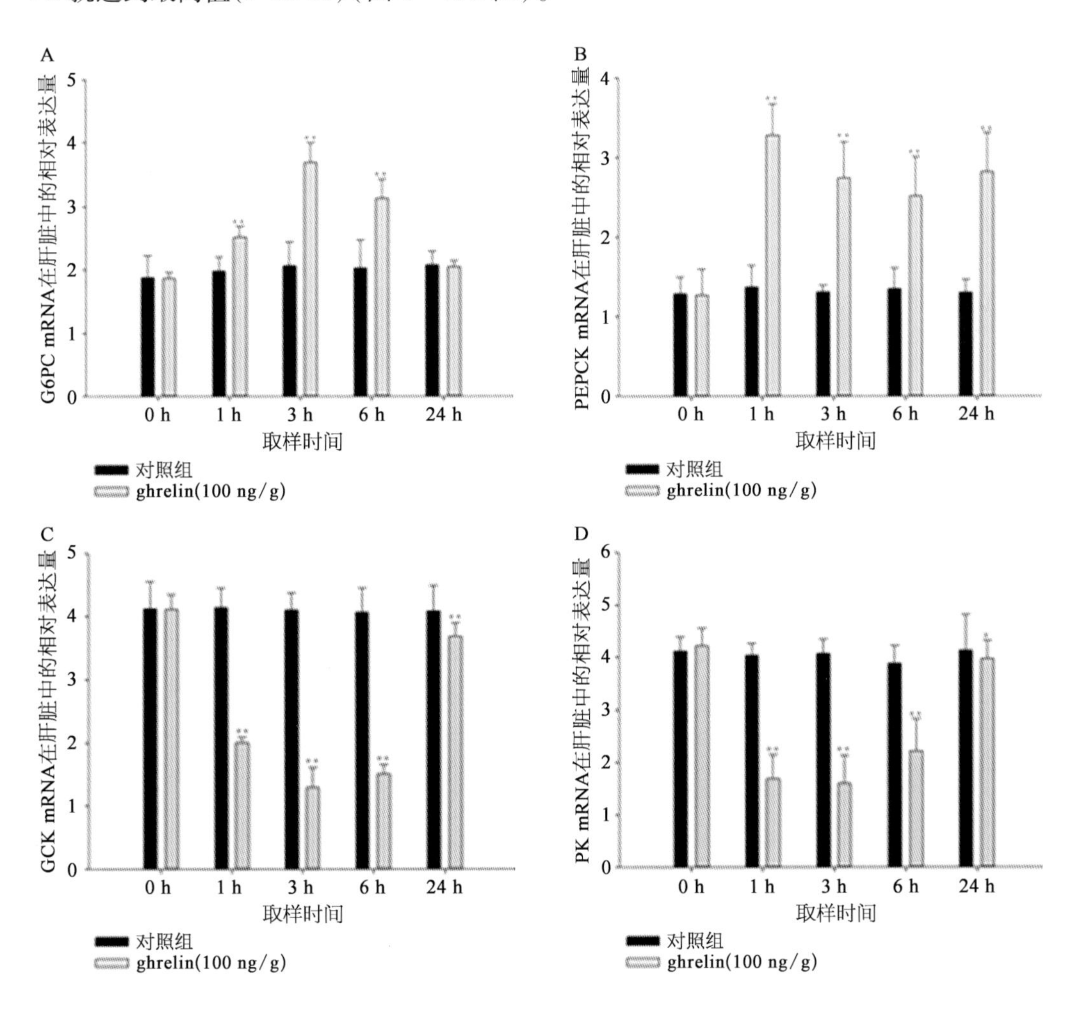

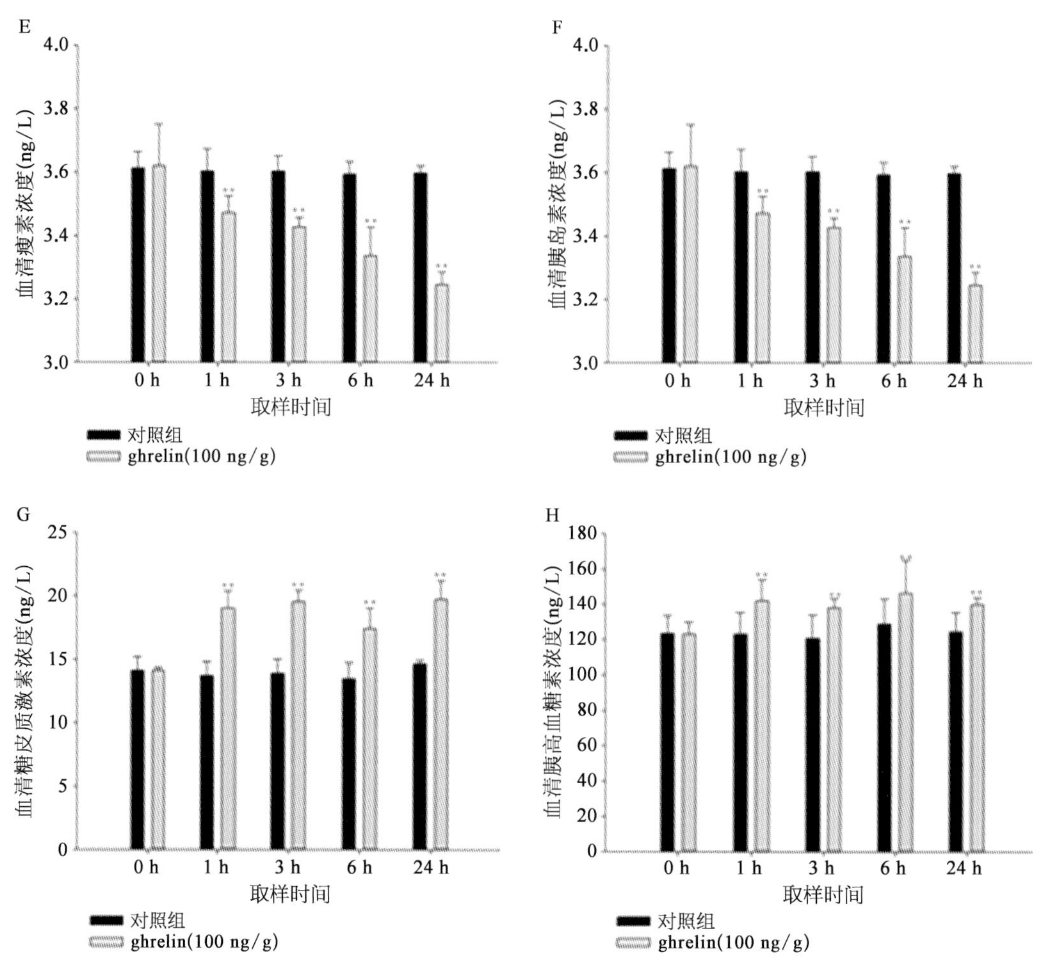

图 1-41 · 注射 ghrelin 后青鱼肝脏中糖代相关基因的相对表达与血清中糖代谢相关激素的浓度

糖异生的促进和糖酵解的抑制是青鱼在饥饿和复投喂期间维持葡萄糖稳态的重要调控方式之一，而 ghrelin 的表达量在饥饿期间上升，复投喂后下降，并且外源性的 ghrelin 能够显著促进糖异生并抑制糖酵解，这些结果表明，ghrelin 可能在青鱼饥饿和复投喂期间的糖代谢调节中起到重要作用。

④ GHSR1a 基因：本实验从青鱼转录组中鉴定出 ghrelin 受体基因 GHSR1a，通过 RACE 技术克隆得到了青鱼 GHSR1a 基因的 cDNA 全序列，分析了 GHSR1a 在青鱼各组织中的分布情况以及饥饿和复投喂期间肝脏和大脑中 GHSR1a 相对表达量的变化趋势，探究了青鱼 GHSR1a 对 ghrelin 功能的影响以及功能途径。

cDNA 序列：青鱼 GHSR1a 的全长 cDNA 序列包含一个 891 bp 的 5′-UTR、一个 657 bp 的 3′-UTR 和一个 1 032 bp 的 ORF，编码由 343 个氨基酸组成的 GHSR1a 蛋白。在 cDNA 的 3′末端还有一个聚酰胺化信号和一个 24 bp 的 poly (A)尾(图 1-42A)。

GHSR1a 蛋白包括 7 个假定的跨膜结构域(图 1－42B)。GHSR1a 蛋白的预测分子式为 C1745H2776N468O465S22,其相对分子质量、等电点和不稳定性参数分别为 38 457.41、9.18 和 45.62。氨基酸序列比对和系统发育树结果表明,青鱼 GHSR1a 与鲤科鱼类的同一性最高,如白鱼(98.83%)、鲫(91.79%)、金钱鲃(90.41%)、鲦(90%)和虎皮鱼(87.39%)等;与其他科的硬骨鱼同一性较低,如大西洋鲱(74.08%)、黄颡鱼(68.54%)和斑马鱼(50.79%)等;与哺乳动物的同一性相差较大,如小鼠(53.42%)和人类(51.57%);与贝类的同一性相差非常大,如紫贻贝(19.10%)和厚壳贻贝(20.43%)(图 1－42C)。

组织表达谱:使用实时荧光定量 PCR 检测 GHSR1a 在青鱼各个组织中的分布情况,结果表明,GHSR1a 广泛分布于青鱼各个组织中,其中大脑中 GHSR1a 的表达量显著高于其他组织,肠道、肝脏和肌肉中也发现了 GHSR1a 的较高表达,而心脏和脾脏中 GHSR1a 的表达量相对较低(图 1－43)。

饥饿和复投喂期间青鱼 GHSR1a 基因表达变化:利用实时荧光定量 PCR 分析饥饿和复投喂期间 GHSR1a 在青鱼大脑和肝脏中的表达量变化,结果表明,饥饿期间大脑中 GHSR1a 的表达量呈持续上升趋势,在饥饿 10 天时表达量最高,复投喂会显著降低大脑中 GHSR1a 的表达($P<0.05$)。相较于大脑,肝脏中 GHSR1a 的表达量在饥饿 3 天时出现上升趋势,在饥饿 10 天时达到最高;复投喂会显著降低肝脏中 GHSR1a 的表达,在复投喂 3 天后表达量甚至低于饥饿前($P<0.05$)(图 1－44)。

青鱼 ghrelin 肽段对大脑中 GHSR1a 表达量的影响:利用实时荧光定量 PCR 分析腹腔(IP)注射 ghrelin 肽段对青鱼大脑组织中 GHSR1a 表达量的影响,结果表明,在注射 100 ng/g ghrelin 肽段后,青鱼大脑中 GHSR1a 的表达量显著上升,在注射 3 h 后表达量达到最高,在注射 6 h 和 24 h 后表达量略有下降,但是仍然显著高于对照组($P<0.05$)(图 1－45)。

青鱼 GHSR1a 特异性拮抗剂对 ghrelin 功能的影响:进行腹腔(IP)注射后,检测肝脏中相关基因的 mRNA 表达量以及血清中相关激素的浓度,结果表明,GHSR1a 拮抗剂能够不同程度地抑制 ghrelin 的功能。在注射 1 h 和 6 h 后,T2 组和 T3 组 G6PC 表达量显著低于 T1 组,T2 组的表达量仍然高于 C 组,但是 T3 组的表达量与 C 组相同,这表明在这个时间点低浓度 GHSR1a 拮抗剂部分抑制了 ghrelin 的功能,而高浓度 GHSR1a 拮抗剂将 ghrelin 功能完全抵消;而在注射 3 h 后,低浓度和高浓度 GHSR1a 拮抗剂都能够完全抵消 ghrelin 对肝脏中 G6PC 表达量的促进作用($P<0.05$)(图 1－46A)。ghrelin 在各个时间点都抑制了肝脏中 GCK 的表达量,在注射后 0 h、1 h、3 h 和 6 h,低浓度和高浓度 GHSR1a 拮抗剂均部分抑制了 ghrelin 的作用,而在注射后 24 h,T1、T2 和 T3 组的表达量相同,说明

```
1       CACACCAAATCAAAGAAAACAGGAACGATATTTGCATAAAAATTTTTTTTGCATCGTGA
61      CATTTCGCTGTAATTAAGCTCATTACATGAATACAAATACTAATATTGTTTAACTGCTGT
121     ATTCACATGCAAATTTACTTCACAATTTAATCACTTTTTTACTAATACTAAAAAATGATA
181     ATACTAAAAAATGAGATTTGTAAGATTAAGAGGGTTTAATTATCATAAAAACAATGCAAA
241     AAATCAAAATGACAAAGTTATATAGTTTTTACTCTTTCAGTTTTAGTATTTAGTACATAA
301     ATGAAAAATGAAAAGTGGCTTGGCAACTAGTTTAATTTCAGTACATTTATTTACATACTA
361     AGTAATTTTTTAGTAATTATAATAAGTAAATTGAGTACTACAAATACTACTATAGTTTAT
421     ACTTACTGTATTTTACATATACTCTATTTTTATGTGATGTGTAATAAAAATTAGATTGTA
481     TCATTAGGAGGGGTTTAAATGTGCTCAGTTGTCTTGAAAACAATGCAAAAAAAGTTTCTT
541     TTCATGCTGCATGTACTATATATTTTTGATTTTGGTGTGAATATTACGAATATTGTTCGC
601     TCTTTGATGAATTGCTTTTACATGCATGTAAAAGTTACAAATCCGGTCTGTATCATGAAG
661     AGATCGGCGTCTTGTGTTCATCTCTGAATGTACAAACACCTGTGTGTGTGTGTGTGTGTG
721     TGTGTGATTGAGTGAATTCGATCTCTTCCTTTGGTCTTGGAGGTGGCACTGATCTCCAGC
781     AGTGGGCGTCACAGAGAGACAGAAGAGGAGCGGAGATCCAGCCGTACATTCAATAACCGT
841     CCTGCAGCTCTGTACTGAACTCAGTGATGATGAAGGCACCGCTCCAGTGACATGGATGGG
                                                          M  D  G
901     CTGGAAGGTTCTGGATCTGGATCTGGTTGGTGCGTGAACTGTGGGAACAGATCGGAATGG
         L  E  G  S  G  S  G  S  G  W  C  V  N  C  G  N  R  S  E  W
961     GAAGACCTGTCGCTCTTCGACGACACCGTGCTTGTGGTCGTTACGACTGTGTGCGTTCCA
         E  D  L  S  L  F  D  D  T  V  L  V  V  V  T  T  V  C  V  P
1021    CTGCTGCTGCTTGGCCTGCTGGGAAACGCCCTAACAATTCTGGTGGTGTGGCGACGCCCA
         L  L  L  L  G  L  L  G  N  A  L  T  I  L  V  V  W  R  R  P
1081    CAGATGAGAAGCACCACCTACCTGTACCTGAGCAGTATGGCCGTATCAGACGTCCTGATT
         Q  M  R  S  T  T  Y  L  Y  L  S  S  M  A  V  S  D  V  L  I
1141    TTGCTGTTGATGCCTCTGGATCTCTATAAGCTGTGGCGGTATCGTCCGTGGTTGCTGGGG
         L  L  L  M  P  L  D  L  Y  K  L  W  R  Y  R  P  W  L  L  G
1201    GACGCCGTGTGCAAGCTGTCTGTGTTTGTGGGAGAATGCTGCACCTTCTCATCCATCCTG
         D  A  V  C  K  L  S  V  F  V  G  E  C  C  T  F  S  S  I  L
1261    CACATGACTGCACTGGGGGCGGAGCGATACCTGGCCGTATGCTTCCCTCTCCGCGCACGC
         H  M  T  A  L  G  A  E  R  Y  L  A  V  C  F  P  L  R  A  R
1321    TTGCTCGTGACGAGGAGGCGTGTCCGCGTGCTGATCGCAGGGCTGTGGGGCGTGGCCATG
         L  L  V  T  R  R  R  V  R  V  L  I  A  G  L  W  G  V  A  M
1381    CTCAGTGCGGGACCTGCATTGGCTTTGGTAGGGGTGGAGCAATTAGAGGGCGGAGCCAGT
         L  S  A  G  P  A  L  A  L  V  G  V  E  Q  L  E  G  G  A  S
1441    GAATGCCGCTGCACGCAGTACGCTCAGACCTCCGGCCTTCTGAAAGCCATGCTGTGGCTC
         E  C  R  C  T  Q  Y  A  Q  T  S  G  L  L  K  A  M  L  W  L
1501    TCCAACCTCTATTTCATTTGCCCTCTCACAATTCTGACCCTCCTCTACGGCCTGATCGCC
         S  N  L  Y  F  I  C  P  L  T  I  L  T  L  L  Y  G  L  I  A
1561    CGCCGCCTGCACCTGCGCGCGCACACGCATCGAGACAAAACACACCACCAGACCCTCCGG
         R  R  L  H  L  R  A  H  T  H  R  D  K  T  H  H  Q  T  L  R
1621    ATGATGGTGGTAATCGTGCTGGTGTTCATCTTGTGTTGGCTGCCGTTCCATGTGAGTCGG
         M  M  V  V  I  V  L  V  F  I  L  C  W  L  P  F  H  V  S  R
1681    ACGCTGTTTTCGGTGTCGGACTCCAGTGATTTGTATTACATCAGTCAGTATTTTAATCTG
         T  L  F  S  V  S  D  S  S  D  L  Y  Y  I  S  Q  Y  F  N  L
1741    GTGTCTTTAGTGCTGTTTTATGTCAGTGCTGCGGTGAATCCTCTGCTGTACAACATCATG
         V  S  L  V  L  F  Y  V  S  A  A  V  N  P  L  L  Y  N  I  M
1801    TCCGCTCGCTACCGCGCCAATGTCCTCGCCATGCTGCGGTCAATAGTGGGCTCCACGGAC
         S  A  R  Y  R  A  N  V  L  A  M  L  R  S  I  V  G  S  T  D
1861    GAACAGCGCCACAGGGCCCGTACCTCCCCGCTCACCGCCTCTCACTCCAGCACACACTTC
         E  Q  R  H  R  A  R  T  S  P  L  T  A  S  H  S  S  T  H  F
1921    TGACCTGTGTGTGTTAGGCTTGAAACAAACTGTACACAAATAAGACTTTGGGAGGGAACT
         *
1981    AATACTGAGGTTTATTACCACCACAGTAACACAAGATTGCACTGTAACTGTGTTCAATGG
2041    GGCCACTGGCCAAGCATTTGTGTGCATCCGTTCAGGTTTACTTTTTGCATCTATGTACTT
2101    TCGTACTTTTGCATTTGTTTACATTTGCTTTTGCGTACTTTTGTATTTGTTTACGTTTAC
2161    GCTTTGTATTACGTACTTTCGTACTTTCGTATTCATTTACGTTTTGCATTTGCGTACTTT
2221    TGTATTTTTGCATTCGTTTACGTTTTGCATTTATGTACTTTAGCGTTCGTTTACATTAAA
2281    TTTTTGCATTTACGTACTTTTGTACTTTTGCATTTGTTCACTTTTACTTTTTTGCATTTA
2341    TGTACTTGCCCTGCAGATGGACACATTCGACATAAAGGAACAAGAGTCATTGTGACTGTT
2401    CTGATGAACGACAAAATATCTACAAATGGACAGAGCATCATTGAGCCTTTTAGCAACACT
2461    ATACATATATTTAATGTGTGTTTTAAATTGTATTTATTTATTGTGTTTGATGGGGCTTAT
2521    TTCATGGATATCAAATAAAAGGCAGTTCTTTGTGAGAAAAAAAAAAAAAAAAAAAAAAAA
```

图 1-42A · 青鱼 GHSR1a cDNA 全序列

加粗表示的是启动子和终止子,红色标注的是多聚酰胺化信号,不同颜色的方框内表示的是跨膜结构域

```
                                 10        20        30        40        50        60        70        80        90       100
                        ....|....|....|....|....|....|....|....|....|....|....|....|....|....|....|....|....|....|....|....|....|
[Mylopharyngodon peceus]  -----------MD-GLEGSGSGSG----------WCVNCGNRS---------EWEDL----SLFDDTVLVVVTTVCVPLLLLGLLGNALTILVVWRRPQM
[Anabarilius grahami]     -----------MD-GLEGSGSGSG----------WCVNCGNRS---------EWEDW----SLFGDTVLVVVTTVCVPLLLLGLLGNALTILVVWRRPQM
[Sinocyclocheilus grahami]-----------MD-VLEGSGS---------------GCCGNRS---------DWEDQ----SLFTDTELVVLTTLCVPLLLLGLLGNALTILVVWRRPQM
[Pimephales promelas]     -----------MD-ELED-ASGSG----------WCLNCGNRSD---WEEWEDWEDL----SLFDDTVLVVVTALCVPLLLLGLLGNALTILVVWRRPQM
[Carassius auratus]       -----------MD-VLEASGAGSGAGSGSGSGSGWCGSCGNRSD---W---EEWEDQ----SLFTDTELAVLTTLCVPLLLLGLLGNALTILVVWRRPQM
[Puntigrus tetrazona]     -----------MD-VSEGSGSG-------------WCCGNRSD---W---DVWDER----ALFSDAELLALTALCVPLLLLGLLGNALTVLVVWRRPQM
[Tachysurus fulvidraco]   -----------MDLTQEGSGSG------------WCADCQNENGSNYWDYSDYWAEMS---SAFSHSELVAVTTLCVPLLVLGLMGNILTILVVWLRPQM
[Clupea harengus]         -MHTYTGRHPEMDVVLEGNGSGSD-----------CVDCWNGSD---W---DYWEDWGLSQSLFSDTELVVVTTLCIPLLLFGLMGNMLTILVVWRCPQM
[Mus musculus]            MWNATPSEEPEPNVTLDLDWDASP---------------GNDSLS---------DEL---LPLFPAPLLAGVTATCVALFVVGISGNLLTMLVVSRFREL
[Homo sapiens]            MWNATPSEEPGFNLTLDLDWDASP---------------GNDSLG---------DEL---LQLFPAPLLAGVTATCVALFVVGIAGNLLTMLVVSRFREL
[Mytilus edulis]          ----------MSNITIQNVELTIN-------------DFNHR--------------------VSDKLIAPLVFIILMLIIGIPGNAVVLIIYWRKYTK
[Mytilus coruscus]        ----------MSNITVLDGQLTID-------------DFNHR--------------------VSDKLIAPLVFIILMLIIGIPGNAVVLIIYWRKYTK
[Bufo gargarizans]        ---MVRTSHNFIYGQVRTMPSETFSDNV------TKDYYNNYTWP---------EDP---LYLFPVPVLTGITVVCVLLFIIGIFGNIMTMLVVSKYKDM
[Dryophytes japonicus]    ---MVRTSQDFIYGQVRIMSSKIDSDNI------TKDYYYNFTSQ---------EEP---IYLFPLPVLTGITVVCVLLFIIGIFGNIMTMLVVSKYKDM
[Gallus gallus]           ---------------MREGSSE------------------NRTGG---------ESP---LRLFPAPVLTGITVACVLLFVVGVLGNLMTMLVVSRFRDM
[Phasianus colchicus]     ---------------MREGSAE------------------NRTGG---------ESP---LHLFPAPVLTGITVACVLLFVVGVLGNLMTMLVVSRFRDM
[Danio rerio]             ----MPTWTNRSNCSFNCSWDDN----------------ATYWGI---------EQP---VNIFPIPVLTGVTVTCVLFFFVGVTGNLMTILVVTKYKDM

                                110       120       130       140       150       160       170       180       190       200
                        ....|....|....|....|....|....|....|....|....|....|....|....|....|....|....|....|....|....|....|....|
[Mylopharyngodon peceus]  RSTTYLYLSSMAVSDVLILLLMPLDLYKLWRYRPWLLGDAVCKLSVFVGECCTFSSILHMTALGAERYLAVCFPLRARLLVTRRRVRVLIAGLWGVAMLS
[Anabarilius grahami]     RSTTYLYLSSMAVSDVLILLLMPLDLYKLWRYRPWLLGDAVCKLSVFVGECCTFSSILHMTALGAERYLAVCFPLRARLLVTRRRVRVLIAGLWGVAMLS
[Sinocyclocheilus grahami]RSTTYLYLSSMALSDILILLLMPLDLYKLWRFRPWLLGDAVCKLSMFVGECCTFSSILHMTALGAERYLAVCFPLRARLLVTRGRVRALIAGLWGVAMLS
[Pimephales promelas]     RSTTYLYLSSMALSDVLILLLMPLDLYKLWRFRPWLLGDAVCKLSVFVGECCTFSSILHMTALGAERYLAVCFPLRARMLVTRGRVRVLIAGLWAVASLS
[Carassius auratus]       RSTTYLYLSSMAISDILILLLMPLDLYKLWRFRPWLLGDAVCKLSMFVGECCTFSSILHMTALGAERYLAVCFPLRARLLVTRGRVRALIAGLWGVAMLS
[Puntigrus tetrazona]     RSTTYLYLSSMAVSDVLILLLMPLDLYKLWRFRPWLLGDAVCKLSMFVGECCTFSSILHMTALGAERYLAVCFPLRARSLVTRGRVRALIAGLWGVAMLS
[Tachysurus fulvidraco]   RSTTYLYLSSMAVSDILMLVLMPLDLYKLWWYRPWFLGDAVCKLSQFVSECCTFSSILHMTALGAERYVGVCFPLRARLLVTRGRVRVLIGALWGVSVLS
[Clupea harengus]         RSTTYLYLSSMAVSDILILLLMPLDLYKLWRYRPWLLGEVVCKLSMFASECCTFSSILHMTALGAERYLAVCFPLRARLLVTRGRVRVLLAGLWGVAFLS
[Mus musculus]            RTTTNLYLSSMAFSDLLIFLCMPLDLVRLWQYRPWNFGDLLCKLFQFVSESCTYATVLTITALSVERYFAICFPLRAKVVVTKGRVKLVILVIWAVAFCS
[Homo sapiens]            RTTTNLYLSSMAFSDLLIFLCMPLDLVRLWQYRPWNFGDLLCKLFQFVSESCTYATVLTITALSVERYFAICFPLRAKVVVTKGRVKLVIFVIWAVAFCS
[Mytilus edulis]          SVYRTIVWNLAVVDFSFCMIGIPFNINRVTQYYSFP-AEWICVMFIVVTMTFLAYSSNLILLLSVCRFRKICMPLKSQFTNKN--IKYWVLVCFVIGFGC
[Mytilus coruscus]        SVYRTIVWNLAVVDFSFCMIGIPFNINRVTQYYSFP-AEWICVMFIVVTMTFLAYSSNLILLLSICRFRKICMPLKSQFTNKN--IKYWVLVCFVIGFGC
[Bufo gargarizans]        KTTTNLYLSSMAFSDLLIFLCMPLDLYKLWQYRPWNFGSLLCKLFQFISESCTYSTILNITALSVERYFAICFPLKAKVVITKGRVRFVIFVLWAVSFVS
[Dryophytes japonicus]    RTTTNLYLSSMAFSDLLIFLCMPLDLYKLWQYRPWNFGSLLCKLFQFVSESCTYSTILNITALSVERYFAICFPLKAKVVITKGRVKLVIFVLWTLSFVS
[Gallus gallus]           RTTTNFYLSSMAFSDLLIFLCMPLDLFRLWQYRPWNFGDLLCKLFQFISESCTYSTILNITALSVERYVAICFPLRAKVIITKRKVKLVILILWAVSFIS
[Phasianus colchicus]     RTTTNFYLSSMAFSDLLIFLCMPLDLFRLWQYRPWNFGDLLCKLFQFISESCTYSTILNITALSVERYVAICFPLRAKVIITKRKVKLVIFILWAVSFIS
[Danio rerio]             RTTTNLYLSSMAFSDLLIFLCMPLDLYRIWRYRPWNFGNILCKLFQFVSECCTYSTILNITALSVERYFAICFPLRAKVVVTKGRVRGVILVLWIVSFFS

                                210       220       230       240       250       260       270       280       290       300
                        ....|....|....|....|....|....|....|....|....|....|....|....|....|....|....|....|....|....|....|....|
[Mylopharyngodon peceus]  AGPALALVGVEQL-----EGGASECRCTQYAQTSGLLKAMLWLSNLYFICPLTILTLLYGLIARRLHLRA-------HTHRDKTHHQTLRMMVVIVLVFI
[Anabarilius grahami]     AGPALALVGVEQF-----EDGASECRCTQYAQTSGLLKAMLWLSNLYFICPLTILTLLYGLIARRLHLRA-------HTHRDKTHHQTLRMMVVIVLVFI
[Sinocyclocheilus grahami]AGPVFALVGVEQF-----EGGASECRCTQYAQTSGLLKAMLWLSNLYFICPLTVLSLLYGLIARRLHLRS-------HTHRDQTHRQTLRMMVVIVLVFI
[Pimephales promelas]     AGPALALVGVEQL-----EGGASECRCTQFAQTSGLLKAMLWLSNLYFICPLAVLSLLYGLIARRLHLRA-------HLHRDKTHRQTLRMMVVIVLVFI
[Carassius auratus]       AGPVFALVGVEQF-----EGGASECRCTQYALTSGLLKAMLWLSNLYFICPLTILSLLYGLIARRLHLRA-------HTHRDKTHRQTLRMMVVIVLVFI
[Puntigrus tetrazona]     AGPVFALVGVERF-----EGGASECRCTQFALTSGLLKAMLWLSNLYFICPLAVLSLLYGLIARRLHLRS-------HTHRDKTHRQTLRMMVVIVLVFI
[Tachysurus fulvidraco]   AGPVLVLVGAEPV-----EGNLTECRVTQWAESSGLMVAMLWLSNLYFIIPLMTLTMLYTLIARRLRQRR-------HVHRDQTHRQTLRMMVVIVCVFV
[Clupea harengus]         AAPVLALVGVEQLDVGGVEGGIAECRCTQYALSSGLLVAMLWLSNLYFLVPLGLLSLLYGLIARKLFIRR-------RTHRDRGHRQTLRMMVVIVVAFI
[Mus musculus]            AGPIFVLVGVEHEN-GTDPRDTNECRATEFAVRSGLLTVMVWVSSVFFFLPVFCLTVLYSLIGRKLWRRR-GDAAVGSSLRDQNHKQTVKMLAVVVFAFI
[Homo sapiens]            AGPIFVLVGVEHEN-GTDPWDTNECRPTEFAVRSGLLTVMVWVSSIFFFLPVFCLTVLYSLIGRKLWRRRRGDAVVGASLRDQNHKQTVKMLAVVVFAFI
[Mytilus edulis]          AAPQIFIPKFEAID--LGHNLTGHTCAISLRNPSIYSVAYTYCAVTLFSSYTLALIIILYSLIGWKVYRQSRKQMGESTSPHNAISSKATKVALTISIVFA
[Mytilus coruscus]        AAPQIFIPKFEAIN--LGHNLTGHTCAISLRNPSIYSVAYTYCAVTVFSSYTLALTILYSLIGWKVYRQRRKQVRESTSLQNAISSKATKVALTISIVFA
[Bufo gargarizans]        AGPIFVLVGVEHEN-GTNPLETNECKATEYAVKSGLLTIMVWTSSVFFFLPVFCLTVLYSLIGRKLWRRKTDSLGPSISHRDKNNKQTVKMLAVVVFAFI
[Dryophytes japonicus]    AGPIFVLVGVEHEN-GTNPLVTNECKATKYAVKSGLLTIMAWTSSVFFFLPVFCLTVLYSLIGRKLWRRKMDSIGPSISHRDKNNKQTVKMLAVVVFAFI
[Gallus gallus]           AGPIFVLVGVEHEN-GTNPLSTNECRATEYAIRSGLLTIMVWISSIFFFLPVFCLTVLYSLIGRKLWRRKRKNIGPSTIIRDKNNKQTVKMLVVVVFAFI
[Phasianus colchicus]     AGPIFVLVGVEHEN-GTNPLSTNECRATEYAIRSGLLTIMVWISSIFFFLPVFCLTVLYSLIGRKLWRRKRKNIGPSTVIRDKNNKQTVKMLVVVVFAFI
[Danio rerio]             AGPVFVLVGVEHEN-GTNSWDTNECKATEYAIRSGLLTIMVWVSSIFFFLPVFCLTVLYSLIGRKLWKRKRETIGENASSRDKSNRQTVKMLAVVVFAFV

                                310       320       330       340       350       360       370       380       390       400
                        ....|....|....|....|....|....|....|....|....|....|....|....|....|....|....|....|....|....|....|....|
[Mylopharyngodon peceus]  LCWLPFH----VSRTLFSVS--DS------------------------SD-LYYISQYFNLVSLVLFYVSAAVNPLLYNIMSARYRANVLAMLRSIVGST
[Anabarilius grahami]     LCWLPFH----VSRTLFSVS--DS------------------------SD-LYYISQYFNLVSLVLFYVSAAVNPLLYNIMSARYRANVLAMLRSIVGST
[Sinocyclocheilus grahami]LCWLPFH----VSRTLFSVS--HS------------------------SDQLYYISQYFNLVSLVLFYVSAAVNPLLYNIMSARYRANVLAMLRLTVGSM
[Pimephales promelas]     SCWLPFH----VSRTLFSVS--DS------------------------SVSLYYISQYFNLVSLVLFYVSAAVNPLLYNIMSARYRANVLAMLRLTVGPT
[Carassius auratus]       LCWLPFH----VSRTLFSVS--DS------------------------SDQLYYISQYFNLVSLVLFYVSAAVNPLLYNIMSARYRANVLAMLRLTVGST
[Puntigrus tetrazona]     LCWLPFH----VSRTLFSVS--DS------------------------SAQLYYISQYFNLVSLVLFYVSAAVNPLLYNIMSARYRSNVLAMLRLSTGST
[Tachysurus fulvidraco]   VCWLPFH----VARTLFCLSL-TS------------------------SVQVYFLSQYLNLVSFVLFYCSAAINPLLYNIMSSRYRDNVRALLR------
[Clupea harengus]         LCWLPFH----VGRTLFSVSA-DS------------------------SPDLYTVSQYLNLVSFVLFYLSAAINPLLYNTMSARYRACVRGLLRLANSPT
[Mus musculus]            LCWLPFH----VGRYLFSKSFEPG------------------------SLEIAQISQYCNLVSFVLFYLSAAINPILYNIMSKKYRVAVFKLLGFESFSQ
[Homo sapiens]            LCWLPFH----VGRYLFSKSFEPG------------------------SLEIAQISQYCNLVSFVLFYLSAAINPILYNIMSKKYRVAVFRLLGFEPFSQ
[Mytilus edulis]          ISYLPVWSIESVGKHLHEEKLDIATFSFLKIVERLFIVNHVANPFIYAIFDYRFRQHFKRLVSFKWKPSESSGGETSGASLPMDSVCR---TTKGSIDTL
[Mytilus coruscus]        ISYLPVWSIESVGKHLHEEKLDIV------------------------FDNRFRQHIKRLVSFKWKPSESSGGETSGTSLPMDSVGRGIRSIKGSIDTL
[Bufo gargarizans]        LCWLPFH----VARYLFSKSFEAG------------------------SWEIALISQYCNLVSFVLFYLSAAINPILYNIMSKKYRAAACRLFRLKKVHR
[Dryophytes japonicus]    LCWLPFH----VARYLFSKSFEAG------------------------SWEIALISQYCNLVSFVLFYLSAAINPILYNIMSKKYRVAACRLFRLKKACR
[Gallus gallus]           LCWLPFH----VGRYLFSKSFEAG------------------------SLEIAVISQYCNLVSFVLFYLSAAINPILYNIMSKKYRVAACRLFGLKALPK
[Phasianus colchicus]     LCWLPFH----VGRYLFSKSFEAG------------------------SLEIAVISQYCNLVSFVLFYLSAAINPILYNIMSKKYRVAAWRLFGLKTLPK
[Danio rerio]             LCWLPFH----VGRYLISKSTEMG------------------------SPVMSIISHYCNLISFVLFYLSAAINPILYNIMSKKYRMAACKLFGLRNIPR

                                410       420       430       440       450
                        ....|....|....|....|....|....|....|....|....|....|....|..
[Mylopharyngodon peceus]  DEQRHRARTSPLT--ASHSSTHF---------------------------------
[Anabarilius grahami]     DEQRHRARTSPLT--ASHSSTHF---------------------------------
[Sinocyclocheilus grahami]DELRHRARTSPLT--ASHSSTHF---------------------------------
[Pimephales promelas]     DELRHRARSSPLT--ASHSSTHF---------------------------------
[Carassius auratus]       DELRHRARTSPLT--ASHSSTHF---------------------------------
[Puntigrus tetrazona]     DELRHRARTSPLT--ASHSSTHF---------------------------------
[Tachysurus fulvidraco]   ------PRTRPLP-APSPSSTHF---------------------------------
[Clupea harengus]         SELHHGAHRAQLTPQHSHSSSHI---------------------------------
[Mus musculus]            RKLSTLKDESSRAWTKSSINT-----------------------------------
[Homo sapiens]            RKLSTLKDESSRAWTESSINT-----------------------------------
[Mytilus edulis]          DSMSTLDDLRNNSDLNERNDKNLEPSEESTKEPMNTEDQDETKPEMIEMKQL
[Mytilus coruscus]        DSVSTLDDLRKVPDLKER--INLNEHQTNPDLKLSAESIK------------
[Bufo gargarizans]        KAPYAMNDESSPAWTESYVSS-----------------------------------
[Dryophytes japonicus]    RAPYTTNDESSPAWTESYVSS-----------------------------------
[Gallus gallus]           KRLSSTKQDSSRVWTEPTVAT-----------------------------------
[Phasianus colchicus]     KRLSSTKQDSSRAWTEPTVAT-----------------------------------
[Danio rerio]             RSTSVAKGESSPCWTESTASL-----------------------------------
```

图 1－42B · **GHSR1a 氨基酸序列比对**

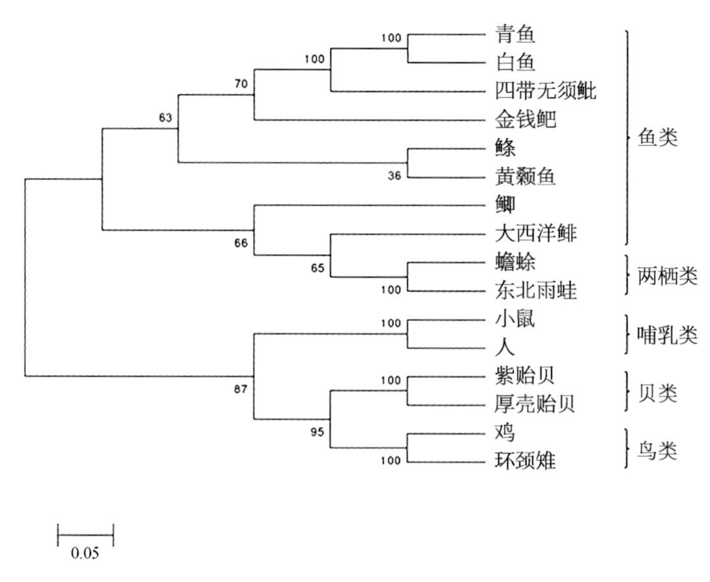

图 1－42C · GHSR1a 氨基酸序列的系统发育分析

氨基酸序列来源于 NCBI 数据库[登录号：白鱼(GHSR1a，ROL01448)；金钱鲃(GHSR1a，XP_016114896)；鲦(GHSR1a，XP_039516772)；鲫(GHSR1a，BAJ22789)；四带无须鲃(GHSR1a，XP_043082743)；黄颡鱼(GHSR1a，XP_027029613)；大西洋鲱(GHSR1a，XP_012676703)；小鼠(GHSR1a，NP_796304)；人(GHSR1a，NP_940799)；紫贻贝(GHSR1a，CAG2190364)；厚壳贻贝(GHSR1a，CAC5382780)；蟾蜍(GHSR1a，XP_044147844)；东北雨蛙(GHSR1a，BAM11344)；鸡(GHSR1a，NP_989725)；环颈雉(GHSR1a，XP_031470439)]

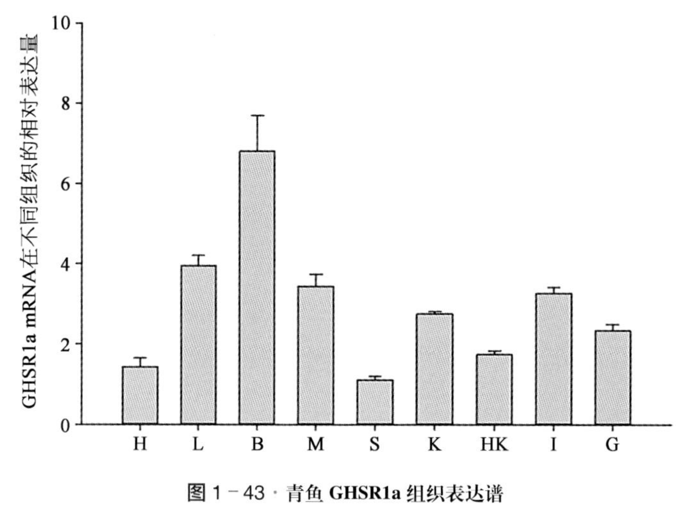

图 1－43 · 青鱼 GHSR1a 组织表达谱

H. 心脏；B. 大脑；L. 肝脏；M. 肌肉；S. 脾脏；K. 体肾；HK. 头肾；I. 肠道；G. 鳃

两种浓度的拮抗剂在这个时间点都已经失效($P<0.05$)(图 1－46B)。ghrelin 对肝脏中 PEPCK 的表达量有促进作用，在注射后 1 h 和 3 h，T2 组和 T3 组的表达量均低于 T1 组且高于 C 组，表明在这两个时间点低浓度和高浓度 GHSR1a 拮抗剂均部分抑制了 ghrelin 对 PEPCK 表达量的促进作用；而在注射后 6 h，ghrelin 的作用被两种浓度的 GHSR1a 拮抗剂完全抵消；在注射后 24 h，T2 组的表达量低于 T1 组且高于 C 组，而 T3 组的表达量低于

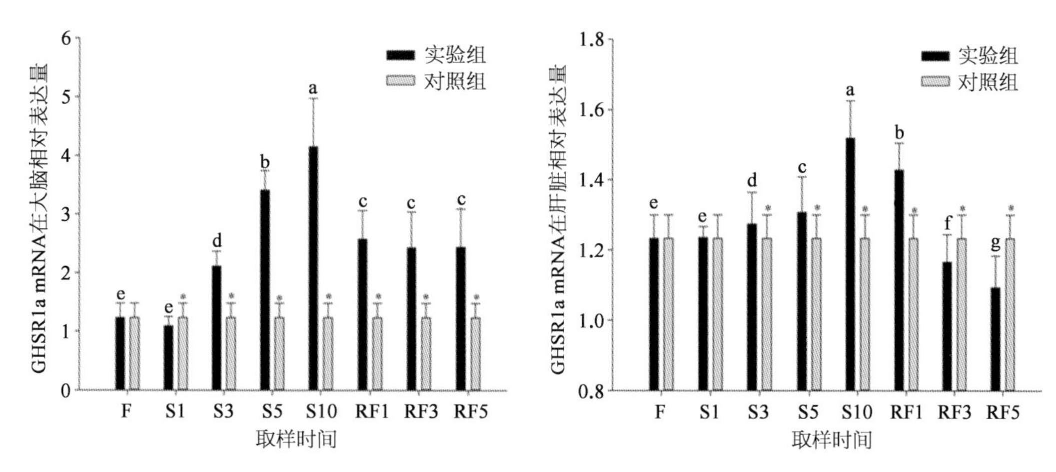

图 1-44 · 饥饿和复投喂期间青鱼大脑(左)和肝脏(右)中 GHSR1a 表达量变化

F. 正常投喂;S1、S3、S5、S10 示饥饿 1 天、3 天、5 天和 10 天;RF1、RF3、RF5 示复投喂 1 天、3 天和 5 天

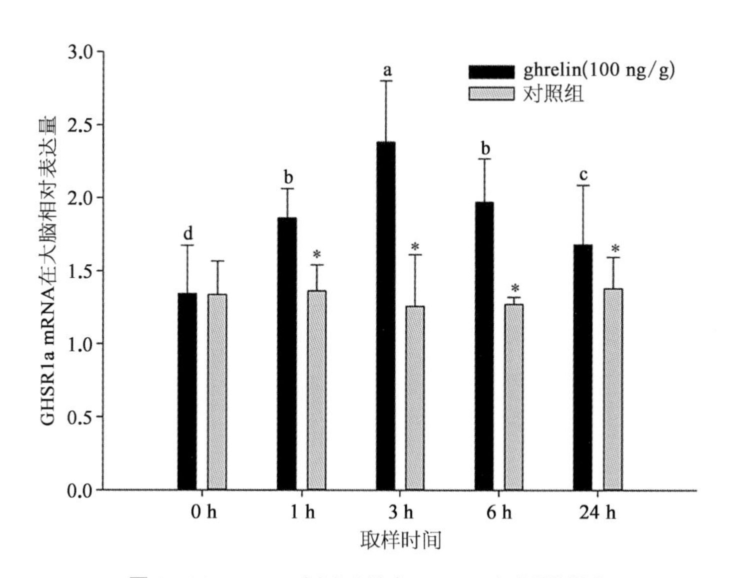

图 1-45 · ghrelin 对青鱼大脑中 GHSR1a 表达量的影响

T1 组且与 C 组相同,表明在这个时间点低浓度 GHSR1a 拮抗剂部分抑制了 ghrelin 的作用,而高浓度 GHSR1a 拮抗剂完全抵消了 ghrelin 的作用($P<0.05$)(图 1-46C)。ghrelin 能够显著降低肝脏中 PK 的表达量,在每个时间点高浓度 GHSR1a 拮抗剂都能完全抵消 ghrelin 的作用,而低浓度 GHSR1a 拮抗剂则是部分抑制了 ghrelin 的作用($P<0.05$)(图 1-46D)。

对血清中激素浓度来说,ghrelin 降低了血清中瘦素的浓度,在注射后 1 h 和 3 h,两种浓度的 GHSR1a 拮抗剂均部分抑制了 ghrelin 的作用,而在注射后 6 h,高浓度 GHSR1a 拮抗剂将 ghrelin 的作用完全抵消,在注射后 24 h,两种浓度的 GHSR1a 拮抗剂均完全消除了 ghrelin 的作用($P<0.05$)(图 1－46E)。与瘦素类似,ghrelin 降低了血清中胰岛素的浓度,在注射后 1 h,低浓度 GHSR1a 对 ghrelin 的作用没有影响,而高浓度 GHSR1a 拮抗剂则完全抵消了 ghrelin 的作用;在其他时间点,低浓度 GHSR1a 拮抗剂仅在注射后 6 h 时完全抵消了 ghrelin 的作用,而高浓度 GHSR1a 拮抗剂则在各个时间点均能完全抵消 ghrelin 的作用($P<0.05$)(图 1－46F)。ghrelin 在各个时间点都能提高血清中糖皮质激素的浓度,但仅有高浓度 GHSR1a 拮抗剂在注射后 6 h 完全消除了 ghrelin 的作用,在其他时间点两种浓度的 GHSR1a 拮抗剂都只是部分抑制 ghrelin 的作用($P<0.05$)(图 1－46G)。ghrelin 显著促进了血清中胰高血糖素的浓度,在注射后 1 h 和 24 h,两种浓度的 GHSR1a 拮抗剂均没有影响 ghrelin 的作用;而在注射后 3 h,高浓度 GHSR1a 拮抗剂完全消除了 ghrelin 的作用,而低浓度 GHSR1a 拮抗剂仅仅是部分抑制 ghrelin 的作用;在注射后的 6 h,两种浓度的 GHSR1a 拮抗剂都只是部分抑制 ghrelin 的作用($P<0.05$)(图 1－46H)。

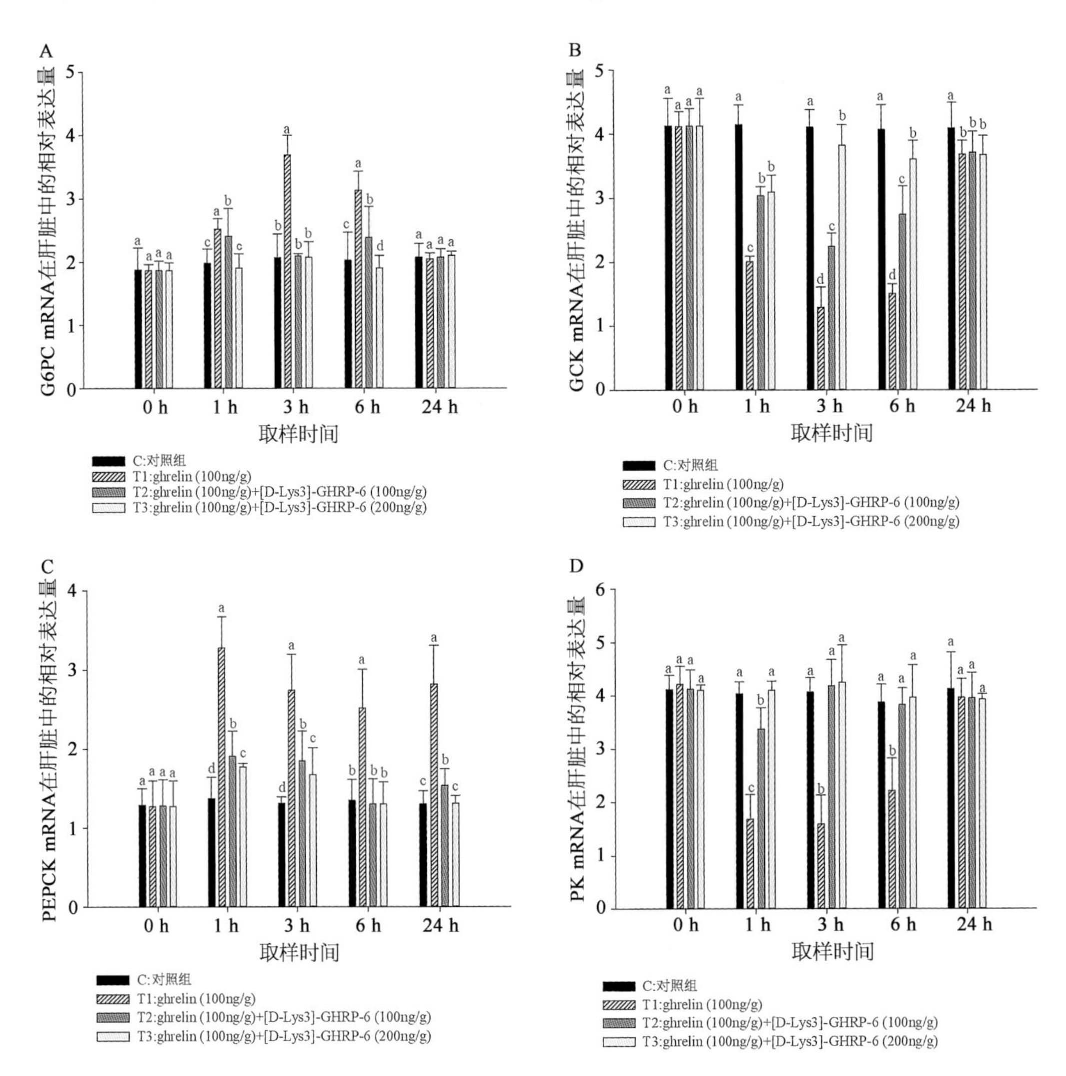

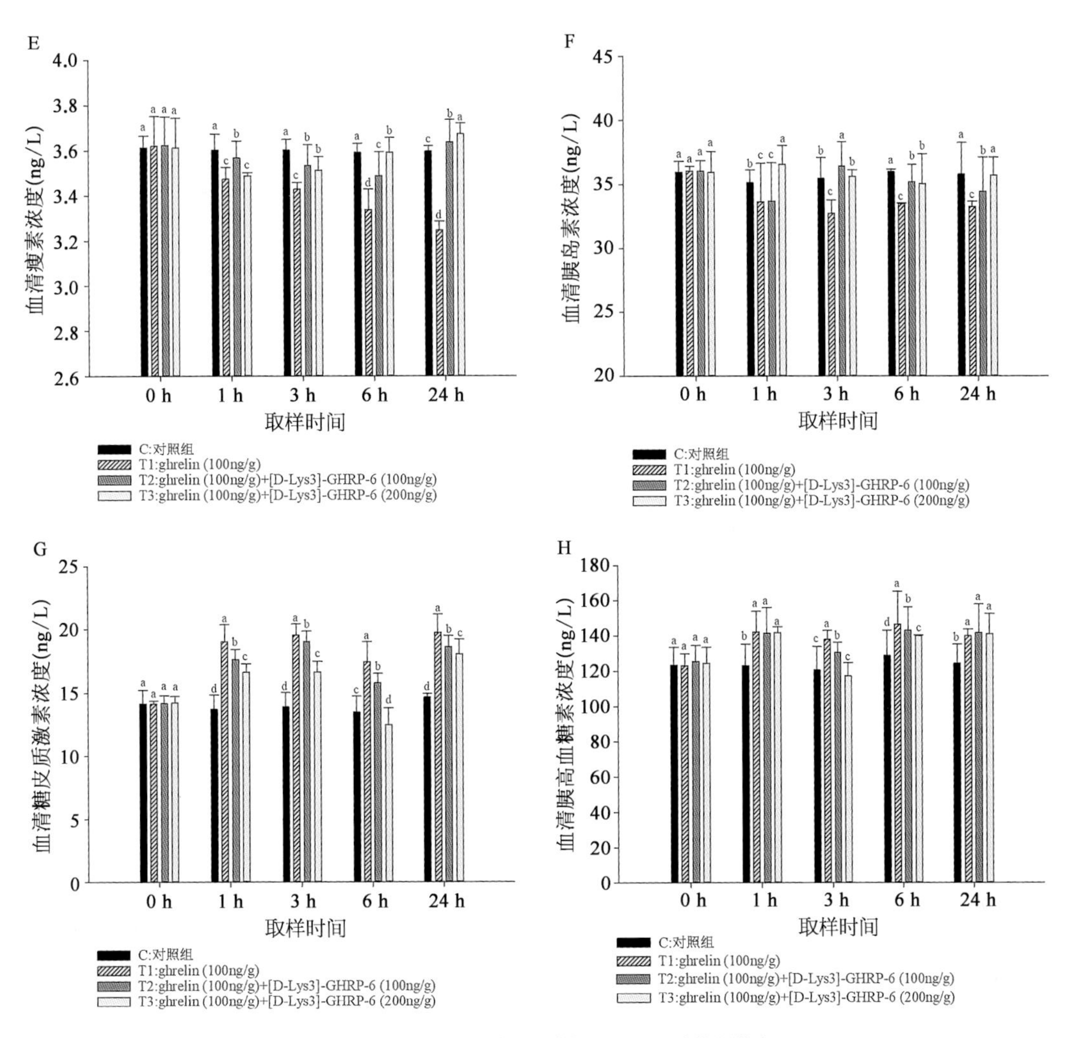

图 1-46 · **GHSR1a 拮抗剂对青鱼 ghrelin 功能的影响**

双荧光素酶报告实验：为研究 ghrelin/GHSR1a 作用的信号通路，本研究采用报告基因检测法检测下游信号通路，即 CRE（pGL4.29，cAMP 通路）和 SRE（pGL4.33，PLC 通路）信号通路。如图 1-47 所示，在没有 ghrelin 刺激的条件下，转染 pEGFP-N1-GHSR1a 会显著增加细胞 CRE 荧光素酶和 SRE 荧光素酶的活性（$P<0.05$，图 1-47）。

ghrelin 刺激转染了 pEGFP-N1-GHSR1a 载体的细胞会促进 CRE 荧光素酶活性，且促进的程度与 ghrelin 的浓度呈正相关（$P<0.05$）（图 1-48A）。另一方面，转染了 pEGFP-N1-GHSR1a 载体的细胞内 SRE 荧光素酶活性会在 ghrelin 刺激后升高，且 5 nmol/ml 的 ghrelin 对 SRE 荧光素酶活性的促进作用最强（$P<0.05$）（图 1-48B）。

用 Gαi/o 蛋白抑制剂（PTX）和 AC 抑制剂（SQ22536）预处理转染 pEGFP-N1-GHSR1a 载体的细胞后，ghrelin 对 CRE 荧光素酶活性的促进作用被显著抑制，处理后的

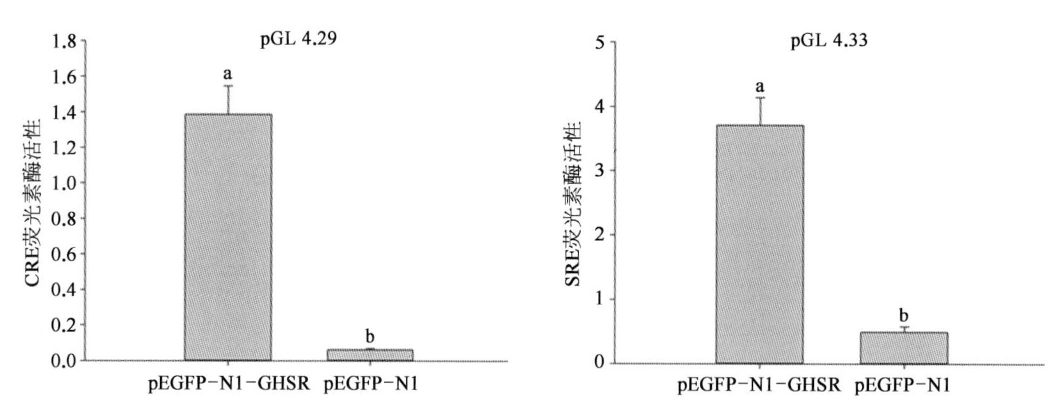

图 1-47 GHSR1a 基因的基础荧光素酶活性

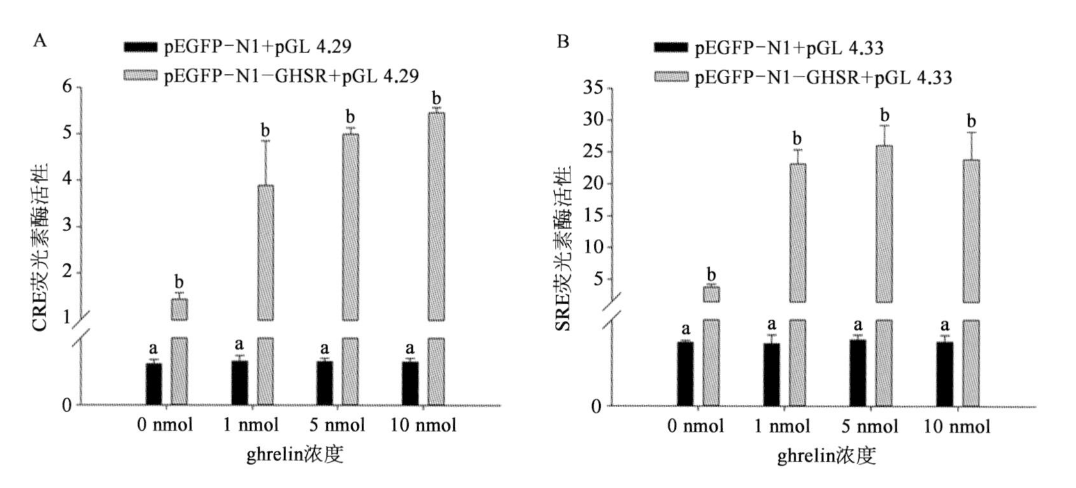

图 1-48 梯度浓度 ghrelin 刺激下 GHSR1a 基因的双荧光酶活性

CRE 荧光素酶活性甚至低于正常水平($P<0.05$)(图 1-49A)。另一方面,用 PLC 抑制剂(U73122)预处理后,转染了 pEGFP-N1-GHSR1a 载体的细胞内 ghrelin 对 SRE 荧光素酶活性的促进作用被显著抑制,但是处理后 SRE 荧光素酶活性仍然高于正常水平(图 1-49B)。用 LVSCC 抑制剂(Cilnidipine)预处理转染 pEGFP-N1-GHSR1a 载体的细胞会显著抑制 ghrelin 对 CRE 荧光素酶和 SRE 荧光素酶活性的促进作用,不同的是,CRE 荧光素酶的活性在处理后恢复到正常水平($P<0.05$)(图 1-49C),而 SRE 荧光素酶的活性仍然高于正常水平($P<0.05$)(图 1-49D)。

青鱼 ghrelin 功能性肽段能显著提高大脑中 GHSR1a 的表达,而 GHSR1a 特异性拮抗剂能够显著抑制甚至完全消除青鱼 ghrelin 功能性肽段对糖代谢的调节作用($P<0.05$)。ghrelin 通过 GHSR1a 激活 Gαi/o-AC-cAMP 通路以及 PLC/PKC 通路,并在 L 型电压敏感 Ca^{2+}通道的协同作用下发挥功能($P<0.05$)。

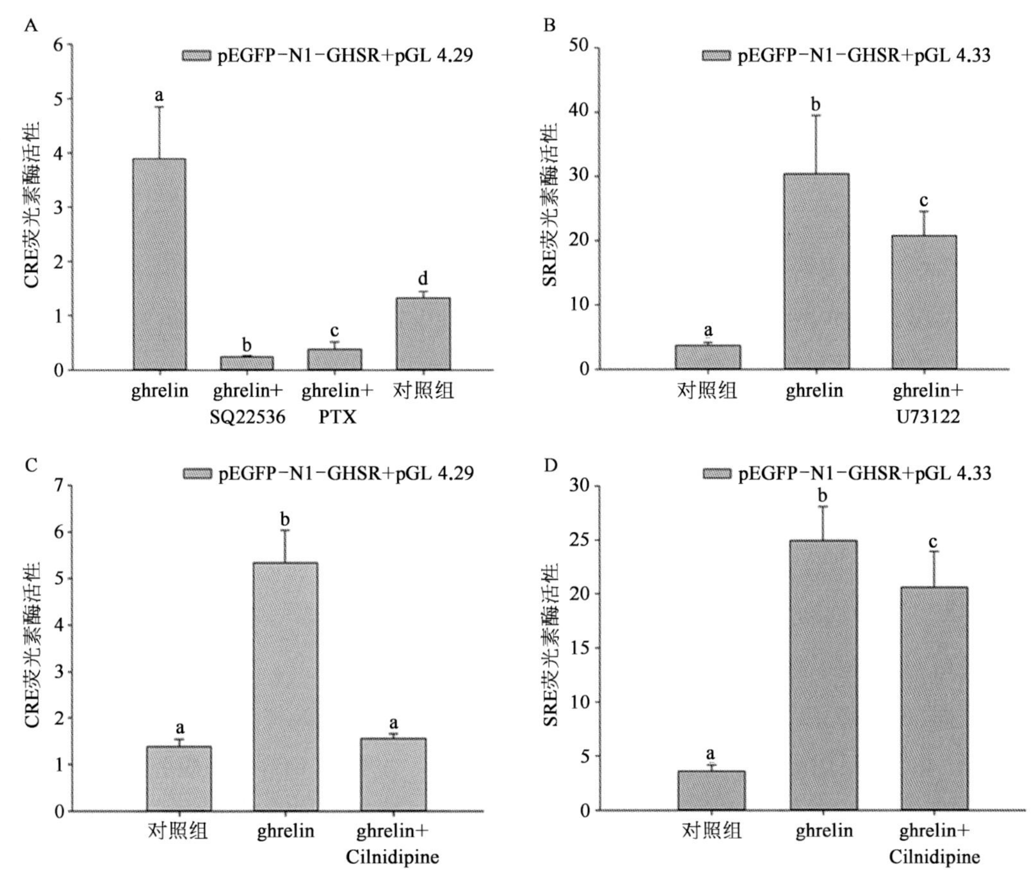

图 1-49 · ghrelin 和各种抑制剂刺激下 GHSR1a 基因的双荧光酶活性

(3) 免疫相关基因

鱼类的免疫防御机制与高等脊椎动物相似,是淋巴组织中的免疫细胞对抗原的识别和反应过程,包括先天性免疫和获得性免疫。先天性免疫也称天然免疫,是鱼类健康的第一道保护屏障。水环境中存在高浓度的细菌和病毒,因此先天性免疫防御对鱼类的生存至关重要。干扰素(IFN)是一类能够诱导脊椎动物细胞产生抗病毒蛋白的分泌型细胞因子。

屈宜笑等(2016)克隆得到青鱼 *IRF3* 基因 cDNA 全长为 1 579 bp,开放阅读框长度为 1 344 bp,预测可编码 448 个氨基酸;青鱼 *IRF7* 基因 cDNA 全长为 1 901 bp,开放阅读框长度为 1 275 bp,预测可编码 425 个氨基酸。以上两个氨基酸序列都在鲤科鱼类中高度保守,具有相似的结构域,即具有 N 端 DNA 结合结构域(DBD)、中间 IAD 结构域和尾端 SRD 结构域,并且 N 端 DBD 结构域中都富含脯氨酸。bcIRF3 与 bcIRF7 都可以对草鱼呼肠孤病毒(GCRV)和鲤春病毒(SVCV)刺激做出应答,提高内皮祖细胞(endothelial progenitor cell, EPC)的抗感染能力。

李俊(2019)通过构建 *IRF3* 与 *IRF7* 结构突变体发现 DBD 和 SRD 结构域缺失会影响青鱼 *IRF3* 及 *IRF7* 的正常功能,bcIRF3 的 IAD 结构域同样必需,但是 bcIRF7 的 IAD 结构域却导致了其功能受抑制。TBK1 及 IKKε 均能够增强青鱼 *IRF3* 及 *IRF7* 上调干扰素的能力。

阳灿(2020)克隆得到青鱼 *IRF5* 基因 cDNA 全长为 1 560 bp,预测编码 519 个氨基酸。进化分析显示,bcIRF5 在 DBD 和 IAD 结构域高度保守,其他序列相对保守。bcIRF5 可以响应 GRCV 和 SVCV 刺激,干扰素调节能力较弱。青鱼 *IRF5* 会抑制 TBK1 对 bcIFNa 启动子活性的上调。但是,bcIRF5 与 bcTBK1 两因子在 EPC 细胞中共转染,加以 GCRV 刺激时,bcIRF5 与 bcTBK1 相互作用,诱导已感染细胞死亡,从而抑制病毒的复制。

① 抗嗜水气单胞菌感染转录组

实验材料: 本研究采取嗜水气单胞菌感染健康青鱼,并通过高通量测序技术在转录组水平上研究致病和感染机制。通过感染嗜水气单胞菌的典型症状筛选出抗病组和易感组青鱼,并构建了脾脏的 cDNA 文库,使用 Illumina HiSeq X Ten 平台获取了高质量的读取数据、表达谱,以及抗病组、易感组的 DEG 等。攻毒实验中,将健康青鱼随机分为两组,每组 40 尾,采用腹腔注射 AH10 的方法感染青鱼。对照组(CO)青鱼腹腔注射 100 μl PBS,感染组青鱼注射 100 μl AH10 菌液(嗜水气单胞菌悬浮在 1×PBS 中,用 6.2×10^7 CFU/ml)。当鱼鳍发黑、腹部肿胀、体表出血、身体失去平衡时,及时采集脾脏组织,并记录时间。初步实验中发现感染后 48 h,感染 AH10 青鱼的死亡率很低,因此将 48 h 内死亡的青鱼定义为易感群体(SP),存活时间超过 48 h 的定义为抗性群体(RP)。

使用 TRIzol Reagent(Invitrogen, Carlsbad, CA, USA)提取总 RNA,磁珠富集 mRNA,接着逆转录得到 cDNA,合成双链 DNA,随后纯化,PCR 扩增构建文库并使用 Illumina HiSeq X Ten 测序仪进行测序。使用 NGS QCToolkit 过滤得到干净读数,使用 Trinity 进行拼接处理,得到一套最终的 unigene。

基于 Blastx 算法将 unigene 与 NCBI nonredundant (Nr)、Clusters of Orthologous Groups for eukaryotic complete genomes (KOG)、eggNOG 等数据库逐一比对,得到与给定 unigene 具有最高序列相似性的蛋白进行分配功能注释。基于 SwissProt 注释,通过映射 SwissProt 和 GO 术语之间的关系进行基因本体(GO)分类。将 unigene 映射到 KEGG 数据库中,以注释其潜在的代谢途径。

使用拼接得到的文库,利用 Bowtie2 通过序列相似性比较得到每个样本中每个 unigene 的表达丰度。使用 DESeq 软件中的负二项分布检验测量差异基因表达,并且"padj value<0.005"和"$|\log_2\text{Fold}-\text{Change}|>2$"被用作检测转录表达显著差异的阈值,负

二项分布检验用于分析读取数的差异。使用基础平均值估计基因表达。在分析出差异表达基因之后，进行 GO 富集分析并描述了 unigene 功能（结合 GO 注释结果）。统计每个 GO 条目中包含的差异 mRNA 数量，并使用超几何分布检验计算每个 GO 条目中差异 unigene 富集的显著性。获得了富集的 *P* 值，低 *P* 值表明给定的 unigene 在 GO 条目中富集。可以在 GO 分析的基础上结合生物学意义选择这些 unigene 进行后续实验。

选用了 16 个 DEG 通过 qRT－PCR 来验证。用扩增效率为 90%～110%的引物进行 qRT－PCR 分析，引物见表 1－23。提取抗病、易感和对照样品的总 RNA，并使用具有 gDNA Eraser（Takara，Shanghai，China）的 PrimeScript TM RT 试剂盒根据制造商的说明书进行 cDNA 合成。

表 1－23 · 引物序列

引 物	序列（5′—3′）
Kan－F	CTTTTCGGGGAAATGTGGAAGATCCTTTGATCTTTTC
Kan－R	GTAAACTTGGTCTGACAGTTAGAAAAACTCATCGAG
GFPuv－F	CACATTTCCCCGAAAAGTGCC
GFPuv－R	GTATATATGAGTAAACTTGGTCTGACAG

转录组数据：cDNA 文库共由 6 尾 1 龄青鱼（易感组和抗病组各 3 尾）构建。Illumina HiSeq X Ten 平台上的测序产生 298 626 286 个原始读数，在修剪 287 504 828 个清洁读数后，产生总共 96.44 Gb 的数据；在所有文库中，Q30≥92%，有效碱基≥95%（表 1－24）。得到的原始数据存储在 NCBI SRA 数据库中，SRA 登记号为 SRP133863。所有的干净读数经装配和冗余后，共产生了 43 768 个 unigene，其总长度、平均长度和 N50 长度分别为 63 006 322 bp、1 439 bp 和 2 207 bp。

表 1－24 · 转录组数据的初步分析

测序数据汇总							
样本	原始读数	原始碱基	干净读数	干净碱基	有效碱基（%）	Q30 分布（%）	平均 GC 含量（%）
SS	49 322 934	7 398 440 100	47 006 358	7 046 577 846	95.24	92.86	46.00
SS	50 035 086	7 505 262 900	48 562 794	7 280 243 455	97.00	94.34	44.00
SS	49 225 014	7 383 752 100	47 604 846	7 136 824 795	96.66	94.04	45.00

续 表

测序数据汇总							
样本	原始读数	原始碱基	干净读数	干净碱基	有效碱基(%)	Q30 分布(%)	平均 GC 含量(%)
SR	49 734 218	7 460 132 700	48 109 936	7 212 343 243	96.68	94.05	46.00
SR	50 612 904	7 591 935 600	48 548 028	7 277 901 683	95.86	93.36	45.00
SR	49 696 130	7 454 419 500	47 672 866	7 146 812 465	95.87	93.39	46.00

组装统计(来自文库的所有干净数据都汇集在一起)	
Term	unigene 数
>300 bp	43 768
≥500 bp	34 878
≥1 000 bp	19 661
N50	2 207
最大长度(bp)	20 756
最小长度(bp)	301
平均长度(bp)	1 439
总长度(bp)	63 006 322

基因注释和分类：共有 18 974(43.4%)、15 967(36.5%)、12 233(27.9%)、14 422(33.0%)和 7 037(16.1%)unigene 分别与 NCBI Nr、Swiss－Prot、KOG、GO 和 KEGG 数据库相同(表 1－25)。共有 12 233 个 unigene 被分配到 26 个真核直系同源组(图 1－50)。其中,“通用功能预测”类别最多,包括 2 685 个 unigene(21.9%),其他依次为“信号转导机制”(2 442 个,19.9%)、“翻译后修饰,蛋白质周转”(1 105 个,9.0%)、“转录”(882 个,7.2%)和“细胞骨架”(633 个,5.2%)。

表 1－25 · 青鱼注释结果统计

数 据 库	总 数	Nr	SWISSPROT	KOG	GO	KEGG
unigene 数量	43 768	18 974	15 967	12 233	14 422	7 037
unigene 占比(%)	100	43.40	36.50	27.90	33.00	16.10

注：Nr. NCBI 非冗余蛋白质序列；KOG. 直系同源蛋白质群集；SWISSPROT. 手动注释和评论的蛋白质序列数据库；KEGG. 京都基因和基因组百科全书；GO. 基因本体论。

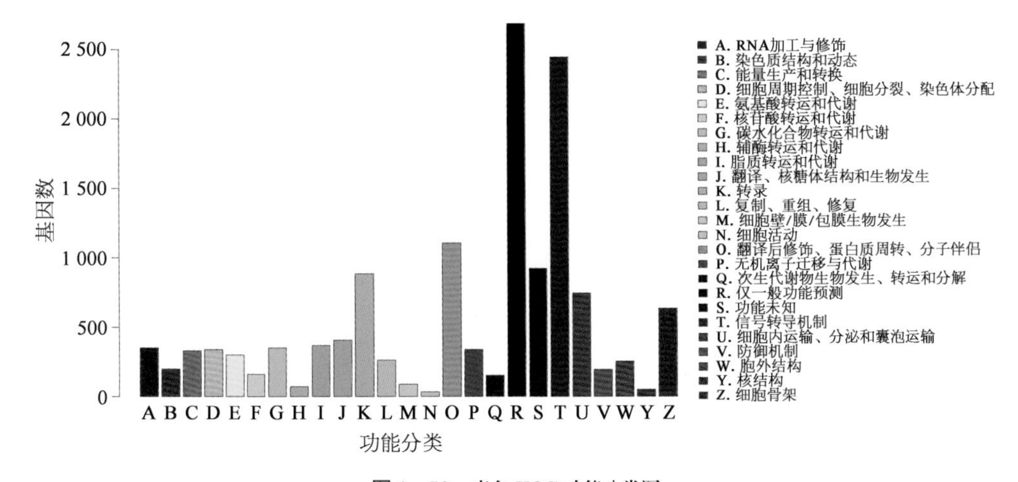

图 1－50 · 青鱼 KOG 功能分类图

差异表达基因鉴定：结果显示 SP 和 RP 组之间的比较有 1 935 个 DEG（图 1－51A），其中 1 312 个基因上调、623 个基因下调（图 1－51B）（Zhang 等，2018）。有趣的是，除了在差异表达的那些基因中发现许多免疫相关基因之外，研究还发现了许多与细胞骨架、代谢、酶活性和铁转运相关的基因。

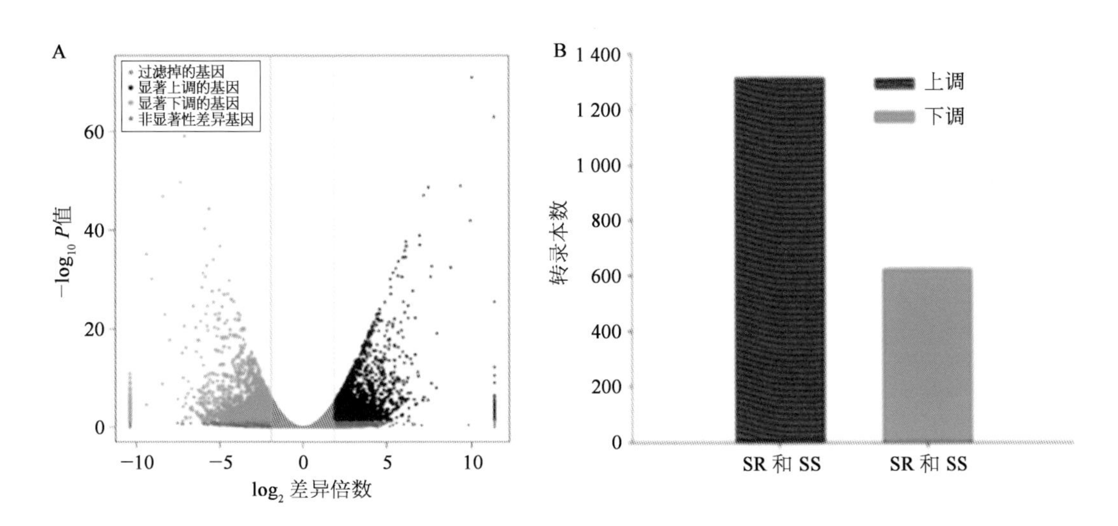

图 1－51 · 青鱼被嗜水气单胞菌感染后差异基因表达的综合分析

A. 抗病组（SR）和易感组（SS）之间差异表达基因的比较；B. 具有差异表达基因的直方图

差异表达基因 GO 和信号通路途径富集：GO 注释后，DEG 分为三类，即生物过程、细胞成分和分子功能。共有 5 243 个 GO 术语得到丰富，其中 1 576 个被显著改变。图 1－52 显示了前 30 种 GO 分类和所涉及的 DEG 三类的统计分析。GO 分析结果显示，在 AH10 感染后，细胞黏附、免疫系统(生物过程)和细胞内(细胞成分)ATP(腺嘌呤核苷三磷酸)结合和受体结合(分子功能)均发生显著变化。

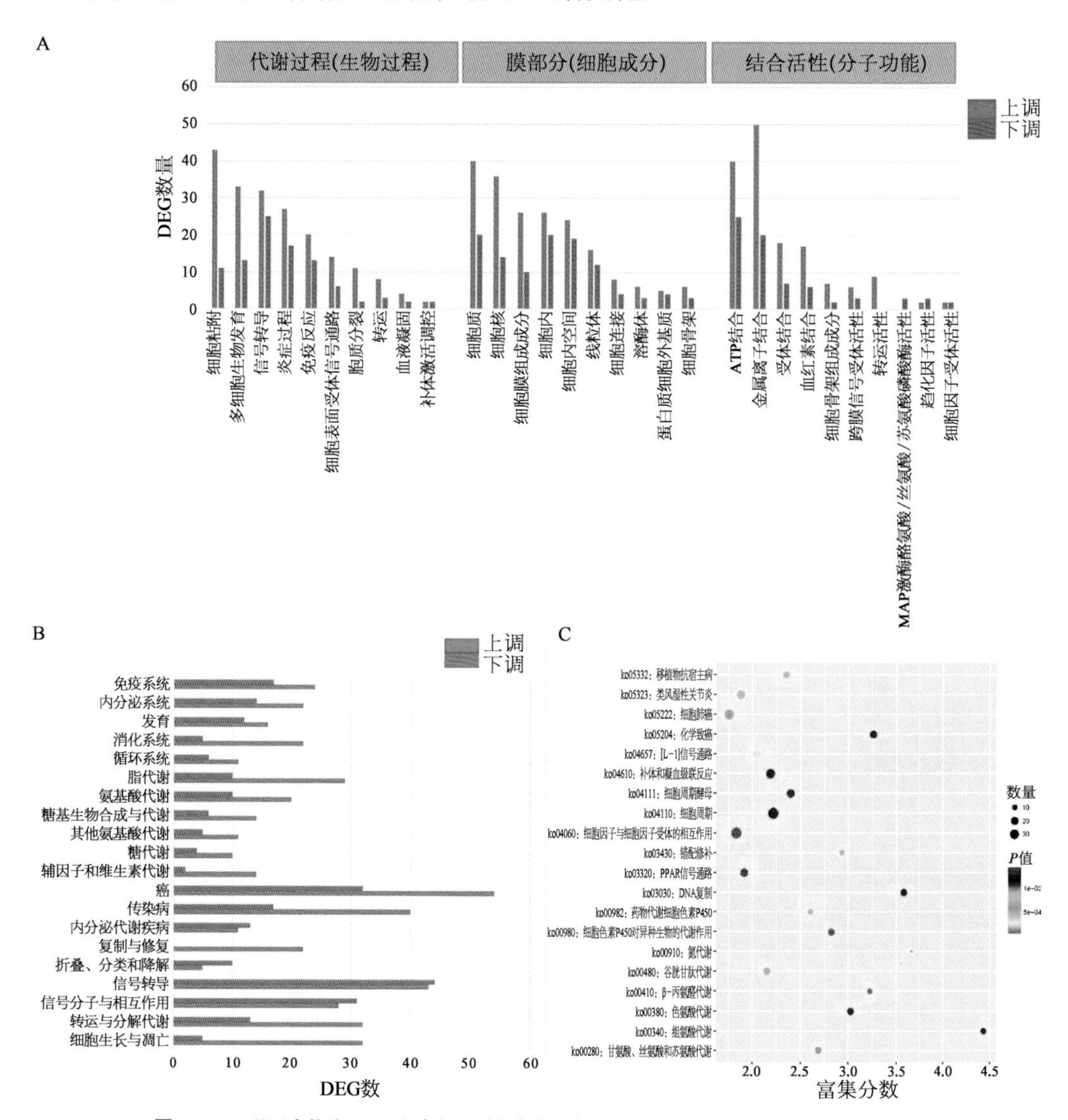

图 1-52 基因本体论(GO)和京都百科全书基因和基因组(KEGG)富集嗜水气单胞菌感染后的差异表达基因(DEG)

A. 抗病组(SR)和易感组(SS)差异表达基因 GO 分析的前 30：蓝色表示表达差异基因富集的上调 GO 术语，橙色表示下调。横轴表示术语名称，纵轴表示差异表达基因的数量。B. SR 对 SS 与 SS 的 KEGG 2 级分类结果：横轴表示 2 级路径的子路径。纵轴表示差异表达基因的数量。C. KEGG 富集分析中 SR 与 SS 的前 20 个气泡图：横轴表示富集分数，气泡越大富集的基因数量越多；气泡的颜色从紫蓝绿红色变化，其富集 P 值越小显著性越大

变异表达基因验证：从 DEG 中选择了 16 个免疫相关基因，通过 qRT-PCR 进行分析，验证 RNA-seq 数据的准确性。将 qRT-PCR 中获得的每种基因的表达差异与 RNA-seq 表达差异进行比较。如图 1-53 所示，通过 qRT-PCR 鉴定的 16 个基因的表达模式与 RNA-seq 分析中获得的表达模式有相似的趋势，但是转录组分析的结果与测量

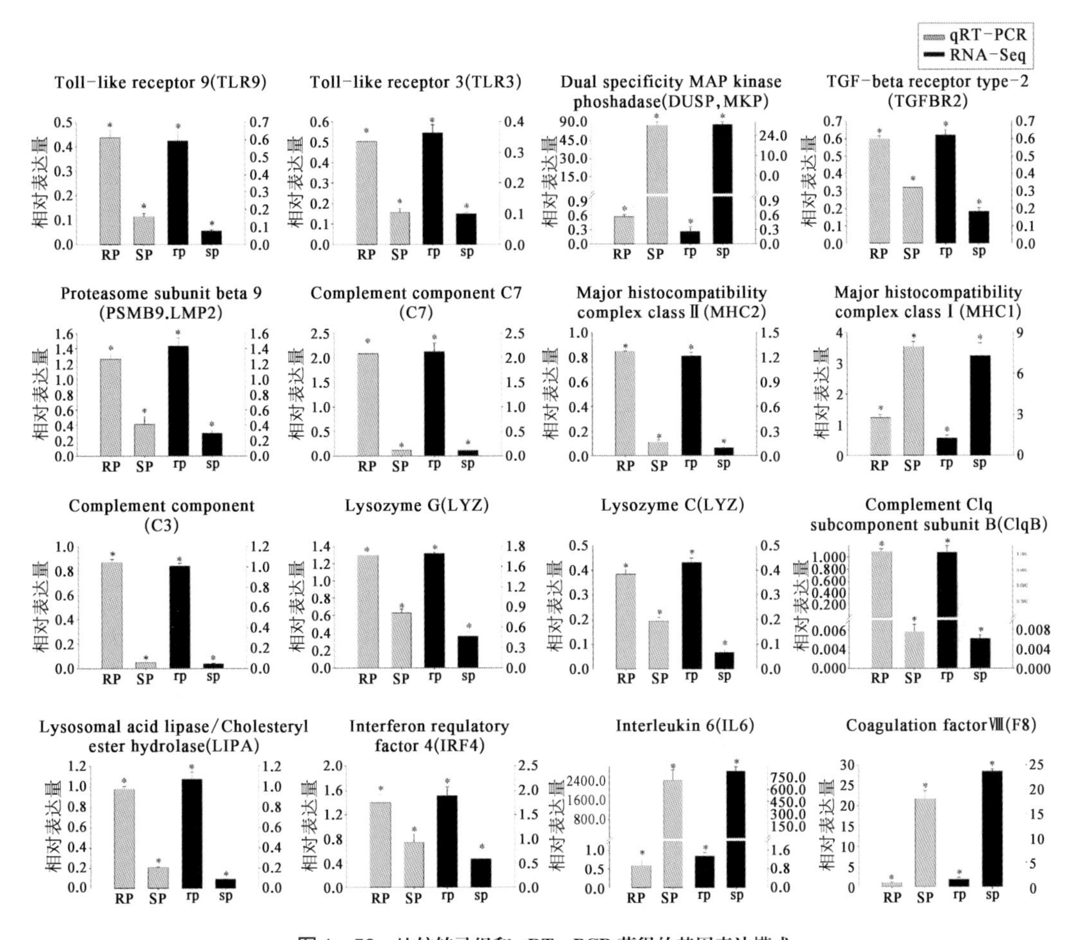

图 1-53 · 比较转录组和 qRT-PCR 获得的基因表达模式

所选基因的转录物表达水平各自标准化为 β-actin 的表达水平；SP 或 sp 是易感组，RP 或 rp 是抗病组；$P<0.05$ 用 * 表示

的基因不完全一致，因此，qRT-PCR 的结果证实了 RNA-seq 数据的可靠性和准确性。

② 髓样分化因子 88(MpMyD88)基因：随机选取 120 尾青鱼，均分为对照组和实验组。对照组腹腔注射 100 μl 的 PBS，实验组腹腔注射 100 μl 浓度为 4.2×10^7 CFU/ml 的 AH10 菌液。为了 MpMyD88 基因的荧光定量表达谱分析，在冰上收集感染后 0 h、4 h、8 h、12 h、24 h、48 h、72 h 和第 7 天的鲜活免疫组织(鳃、肝脏、脾脏、肠、中肾、头肾)，每组设置 4 个重复。提取 RNA 并利用 RACE 技术克隆得到 MpMyD88 基因 cDNA 全长序列，引物见表 1-26。

表 1-26 · 引物列表

引　物	序列(5′—3′)	扩　增
MpMyD88-F1	GCCGAAATGATGGACTTTACCT	Partial fragment amplification of MpMyD88

续 表

引　物	序列(5′—3′)	扩　增
MpMyD88－R1	AATGTTCAGGGGAGTGCGAG	
MpMyD88－R2	CCGCAGCTGTCCACCACTGGAACCTG	5′RACE of MpMyD88
UPM	CTAATACGACTCACTATAGGGCAAGCAGTGGTATCAACGCAGAGT	
MpMyD88－R3	TCCATCATTTCGGCGACAGTCCTCCA	5′RACE of MpMyD88
UPM	CTAATACGACTCACTATAGGGCAAGCAGTGGTATCAACGCAGAGT	
MpMyD88－F2	GATGTAAGAGGATGGTGGTGGTC	3′RACE of MpMyD88
OUTER	TACCGTCGTTCCACTAGTGATTT	
MpMyD88－F3	CGCTCTAAACGCCTAATCCCTG	3′RACE of MpMyD88
INNER	CGCGGATCCTCCACTAGTGATTTCACTATAGG	
MpMyD88－F4	CCAGGCACGTGTGTGTGGAC	RT－PCR of MpMyD88
MpMyD88－R4	CGAGCTCCTGGGCAAAGGCT	
TNFα－F	ACGCTGCCCTTACCGAGGGT	RT－PCR of MpMyD88
TNFα－R	AGGGCCACAGCCAGAAGAGC	
IFNα－F	ATGGCTCGGCCGATACAGGA	RT－PCR of MpMyD88
IFNα－R	TGGCATCCATGAGGCGGATGA	
IL6－F	TGCCGGTCAAATCCGCATGGA	RT－PCR of MpMyD88
IL6－R	CCCGGTGTCCACCCTTCCTCT	
IL8－F	CCTCACGGCGCGGGTTACAA	RT－PCR of MpMyD88
IL8－R	CCGCCGCAGGTTGTCAGGTG	
β－actinF	GGCACCGCTGCTTCCTCCTC	RT－PCR of MpMyD88
β－actinR	GCCTCTGGGCACCTGAACCT	
MpMyD88F－EcoR Ⅰ	CCGGAATTCATGGCATCAAAGTCAAGTATAG	Recombinant plasmid
MpMyD88R－BamH Ⅰ	CGCGGATCCCGGGGAGTGCGAGCGCC	

通过在线软件 BLAST 分析 MpMyD88 基因的核苷酸序列的同源性,并使用 NCBI ORF Finder 预测氨基酸序列。使用 Web-based CDD software 预测蛋白结构域,信号肽则通过 SignalP 进行分析。MpMyD88 的分子量和理论等电点通过 ExPASy Compute pI/Mw tool 进行预测，三维结构使用 SWISS - MODEL 进行分析。使用 BioEdit Sequence Alignment Editor 与其他物种 MyD88 的氨基酸序列进行多重序列比对。使用 MEGA 6.0 软件和邻接法(NJ)，基于推导的 MpMyD88 蛋白氨基酸序列构建系统发育树。

将 RNA 逆转录后的 cDNA 样品进行 qRT - PCR 分析。使用青鱼的 β-actin 基因(GenBank ID：AY289135)作为标准内部参考基因。

扩增 MpMyD88 的开放阅读框(ORF)，并用对应的限制性内切酶对 pEGFP - N1 质粒(Colntech，USA)和 PCR 产物进行酶切处理，将酶切产物进行纯化并连接，最终得到 pEGFP - N1 - MpMyD88 重组质粒。

对于体外实验研究，将 MPK 细胞($4×10^6$ cell/ml final concentration)(Xue 等，2018)在 6 孔板中孵育 24 h，之后用浓度为 10 ng/ml 的 FLA - ST (Sigma - Aldrich, purified flagellin from Salmo typhimurium)、10 μg/ml 的 LPS (Sigma - Aldrich, purified from Escherichia coli)和 5 μg/ml polyinosinic-polycytidylic acid [poly(I：C)](Sigma-Aldrich)分别刺激 MPK 细胞。对照组为 PBS 刺激。为了研究在不同时间的相关表达谱，分别在 0 h、4 h、8 h、12 h、16 h、24 h、30 h、36 h 将细胞用 500 μl 的 TRlzol 处理 5 min 后平行收获样品。

将 pEGFP - N1 - MpMyD88 和 pEGFP - N1 分别转染到 MPK 细胞中，作为实验组和对照组，研究 MpMyD88 基因的过表达/敲降对嗜水气单胞菌感染和促炎细胞因子的影响。

为了检测 MpMyD88 对 NF - κB 途径的影响，使用 100 ng NF - κB 荧光质粒(Promega, USA)、10 ng pRL - TK 载体(Promega, USA)和 100 ng pEGFP - N1 - MpMyD88 或 100 ng pEGFP - N1 共转染到 MPK 细胞($3×10^5$)。转染 24 h 后，使用 PBS 洗涤和 lysed with lysis buffer (Promega, USA)细胞。使用 Dual - Luciferase Reporter Assay System (Promega, USA)根据制造商的说明对萤火虫荧光素酶和紫苏荧光素酶的活性进行标准化。

cDNA 序列：通过 RACE 技术成功克隆了 1 658 bp 的 MpMyD88(GenBank ID：MH898877)cDNA 全长，其中 5′- UTR(非编码区)为 110 bp、3′- UTR 为 693 bp、开放阅读框(ORF)为 855 bp，编码的蛋白质由 284 个氨基酸组成，未发现 N 末端信号肽和 N 连接的糖基化位点，其理论等电点和分子质量分别为 5.66 和 33.02 kDa(Zhang 等，2019)。Death(Phe21 - Lys98)和 TIR(Thr148 - Pro284)结构域分别用图 1 - 54 中的箭头标记。在 TIR 结构域中发现了 3 个高度保守的 Box 区(Box1：149FDAFICYCQ157；Box2：179LCVFDRDVLPGTC191；Box3：273FWTRL277)(图 1 - 54A)。通过对 MpMyD88 的氨基酸多重序列比对发现，青鱼与其他硬骨鱼类的 MyD88 的相似度为 60%～99%，其中与赤眼鳟相似度最高(99%)，与斑马鱼的相似度也达到了 90%(图 1 - 54A)。使用 GenBank 数据库下载的 19 种代表性 MyD88 蛋白构建 MyD88 家族的 NJ 系统发育树(图 1 - 54B)，

数据表明，*Squaliobarbus curriculus* 与青鱼优先聚为一支，且甲壳类和软体动物的 MyD88 与青鱼的 MpMyD88 在进化程度上差异较大。由 SWISS－MODEL 预测的三维模型显示，MpMyD88 的 TIR 结构域由 5 个平行的 β－壳组成，并由 6 个 α－螺旋环绕，形成一个整体折叠（图 1－54C），与人类 MyD88 的结构相似（图 1－54D）。

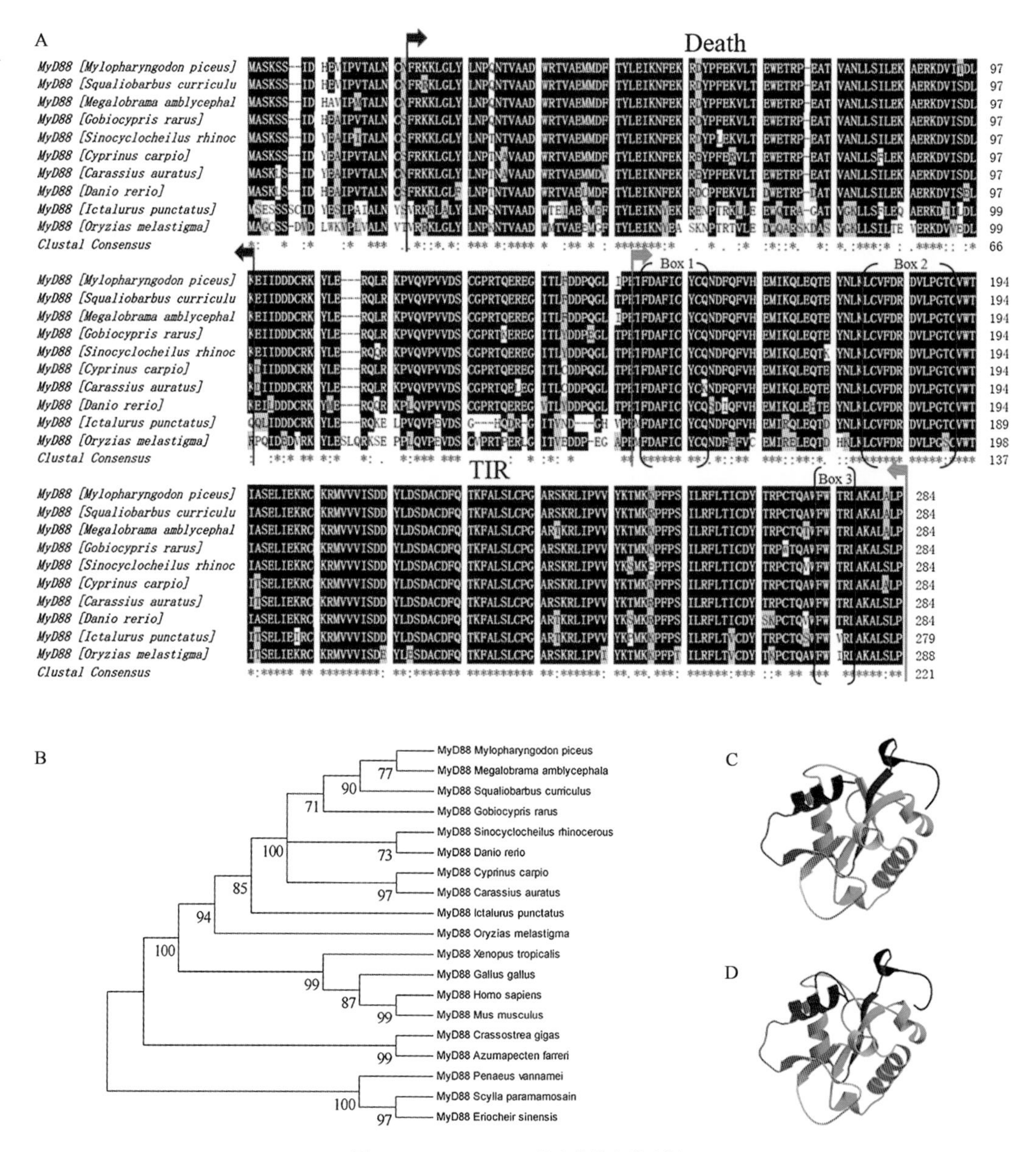

图 1－54 · MpMyD88 的生物信息学分析

A. MpMyD88 和其他物种已知 MyD88 蛋白的多重比序列对分析。红色箭头包围的区域是 N 末端 Death 结构域，蓝色箭头包围的区域是 C 末端 TIR 结构域。3 个保守区域 Box1、Box2 和 Box3 用红色括号标出。完全相同和相似分别用（＊）和（. and :）标记。B. 系统发育树显示来自其他物种的 MpMyD88 和 MyD88 基因之间的同源性。通过 BioEdit 使用 MEGA 5 中的邻接方法生成氨基酸序列的多序列比对来构建发育树。通过 10 000 次自举复制评估邻接树的拓扑稳定性。分支上数值表示引导值（%）。C. 预测的 MpMyD88 的 TIR 结构域的三维结构（134aa～284aa）。D. 人的 MyD88 的 TIR 结构域的三维结构

健康组织和嗜水气单胞菌感染后免疫组织的表达：用嗜水气单胞菌感染后，青鱼免疫组织（鳃、肝脏、脾脏、肠、肾脏、头肾）中的 MpMyD88 的变化过程如图 1－55 所示。MpMyD88 在 6 个免疫组织中表达倾向于先降低后升高，在感染后的 4 h 表达水平明显下降，在感染后 8 h（脾脏、肠、中肾）或者 12 h（鳃、肝脏、头肾）表达水平达到峰值，在第 7 天表达水平达到正常值。

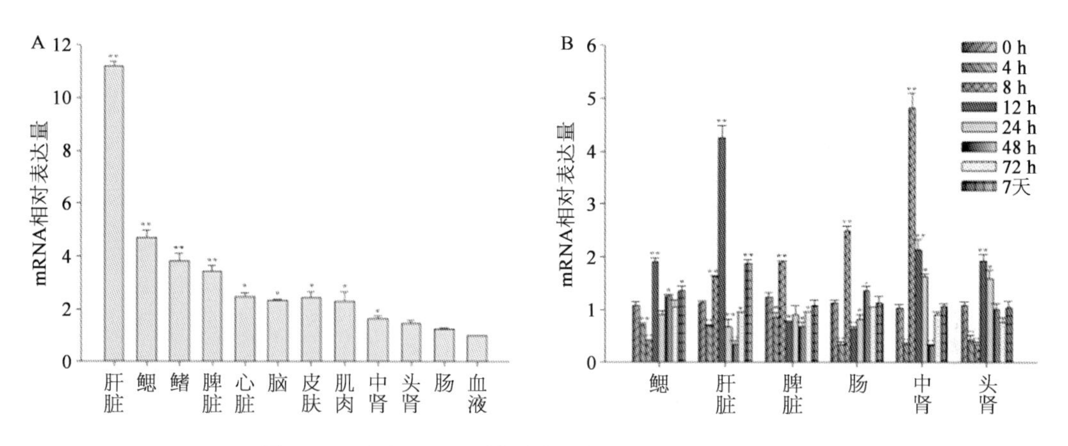

图 1－55 · 健康组织和嗜水气单胞菌感染后 MpMyD88 基因表达

A. 通过 RT－PCR 测定的 12 个青鱼健康组织中 MpMyD88 基因的组织表达；B. 嗜水气单胞菌感染后免疫组织中 MpMyD88 基因的表达

数据使用 β－actin 基因 mRNA 水平计算并标准化相对表达；数据代表 4 条鱼（$n=4$）的单个 RNA 样品的平均值±SE；

* 表示与对照相比具有统计学显著性差异：* 表示 $P<0.05$、** 表示 $P<0.01$

FLA－ST、LPS 和 poly（I：C）体外刺激后 MpMyD88 的表达：MPK 细胞在被 FLA－ST、LPS 和 poly（I：C）刺激后，通过 qRT－PCR 分析 MpMyD88 mRNA 的表达情况如图 1－56。3 种刺激均导致 MpMyD88 表达显著上调，并且都在 24 h 达到表达峰值，分别为 120.1 倍、45.96 倍和 36.78 倍。MpMyD88 在 3 种刺激下的表达趋势基本遵循先下降后上升的趋势。

MpMyD88 基因的过表达/敲降对促炎细胞因子的影响：为了进一步研究 MpMyD88 在青鱼免疫系统中的作用，通过 pEGFP 和 siRNA 技术过表达并抑制 MPK 中 MpMyD88 基因的表达。图 1－57A、B 显示的是 MpMyD88 过表达和敲降效率，分别为上调 358.11 倍和下降 2.12 倍。之后通过 qRT－PCR 分析 TNF－α、IFN－α、IL－6、IL－8 基因的表达谱。MpMyD88 过表达后，除 IL－8 外，TNF－α、IFN－α、IL－6 都显著上升，但 IL－8 也有所上升，如图 1－57C 所示。对于干扰，TNF－α、IFN－α、IL－6 显著降低，同时 IL－8 也被成功抑制（图 1－57D）。

MpMyD88 的过表达/敲降对嗜水气单胞菌感染的影响：图 1－58A 数据显示，用 pEGFP－N1－MpMyD88 转染的细胞中的嗜水气单胞菌显著低于对照组（减少 90.4%）。

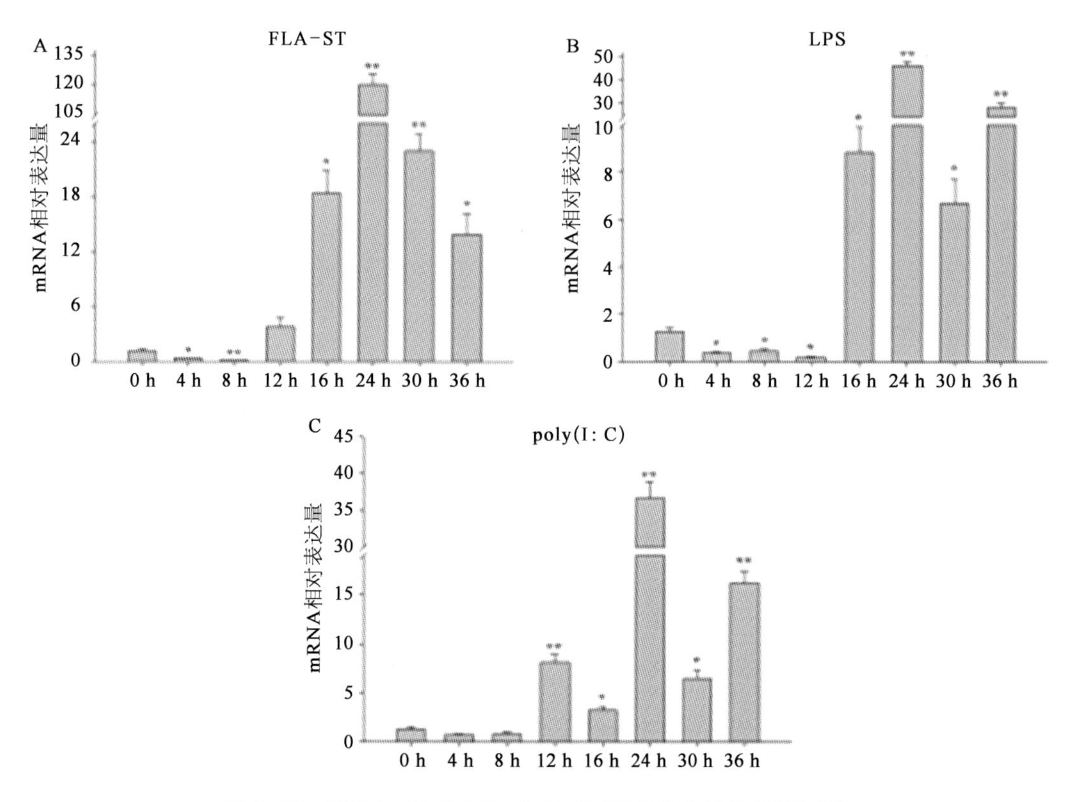

图 1-56 · 用 FLA-ST、LPS 和 poly(I: C)刺激后 MpMyD88 基因的表达

数据使用 β-actin mRNA 水平计算并标准化相对表达;数据代表平均值±SE; * 表示与对照相比具有统计学显著性差异: * 表示 $P<0.05$、** 表示 $P<0.01$

图 1-58B 数据显示,用 si-MpMyD88 转染的细胞中的嗜水气单胞菌显著高于对照组(减少 175.46%)。

在 pEGFP-N1-MpMyD88 共转染的 MKP 细胞中 NF-κB 的活化: 用 NF-κB 荧光素酶质粒、pRL-TK 载体和 pEGFP-N1-MpMyD88 或 pEGFP-N1 共转染 MPK 细胞。如图 1-59 所示,MpMyD88 基因的过表达显著提高了 NF-κB 的活性。

研究显示,MpMyD88 参与青鱼抵御病原体的先天免疫。MpMyD88 在健康鱼的各个组织中广泛表达,其中在肝脏、鳃、鳍、脾脏中检测到高水平表达,在血液和肠中表达水平较低。此外,在体内通过嗜水气单胞菌感染青鱼后,发现 MpMyD88 在检测的免疫组织中均出现显著上升现象,在体外通过 3 种 PAMP[鞭毛蛋白、LPS 和 poly (I: C)]刺激 MPK 细胞,并发现 MpMyD88 出现极为显著的上调现象,表明 MpMyD88 的转录表达在青鱼抵御病原体过程中的免疫应答具有十分重要的作用。MpMyD88 的过表达抑制了 MPK 细胞中的嗜水气单胞菌,并且检测到 NF-κB 信号通路被显著激活,以及 TNF-α、IFN-α 和 IL-6 显著上调。此外,敲降 MpMyD88 后,MPK 细胞抑制嗜水气单胞菌的能力明显下

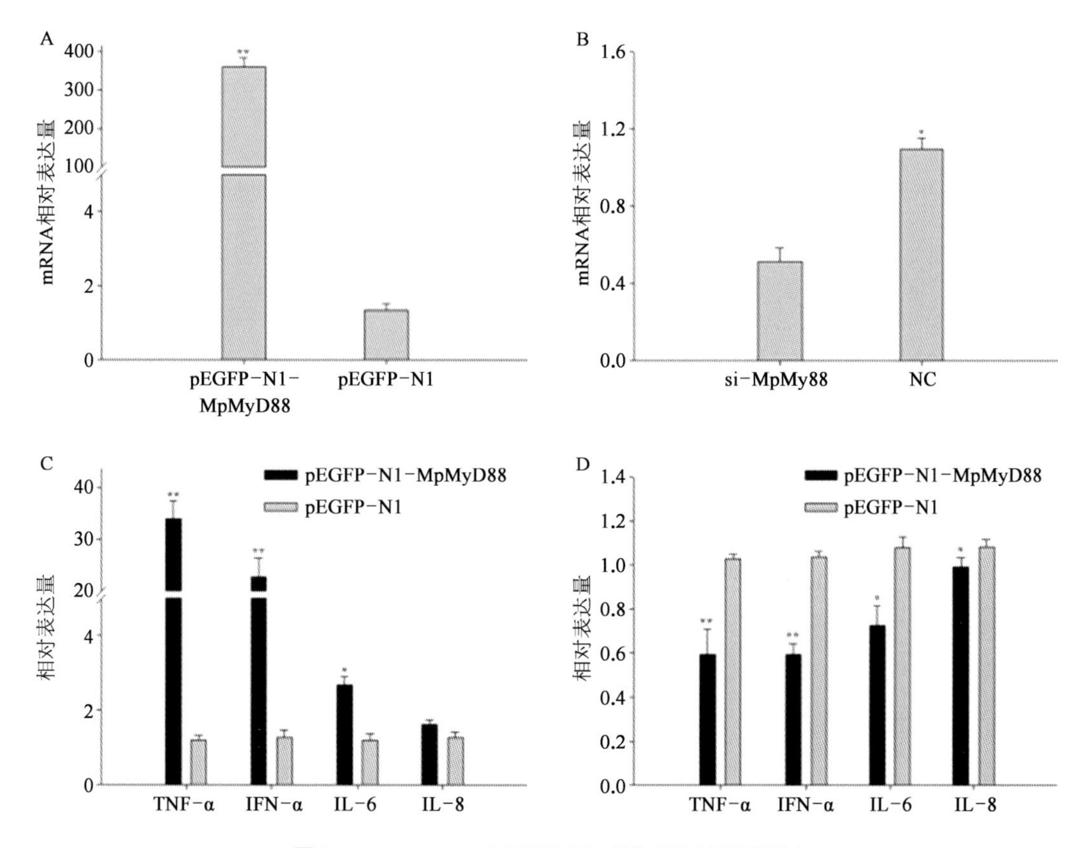

图 1-57 · MpMyD88 基因的过表达/敲降对促炎因子的影响

A. 转染 MPK 细胞 24 h 后 pEGFP-N1-MpMyD88 质粒的过效率;pEGFP-N1 是对照组。B. 转染 MPK 细胞 24 h 后质粒的沉默效率;NC 是对照组。C. 用 MpMyD88 转染的 MPK 细胞中免疫相关分子表达的概况;用 pEGFP-N1-MpMyD88 或 pEGFP-N1 载体转染 MPK 细胞并表达免疫相关分子(TNF-α、IFN-α、IL-6、IL-8)与对照组比较。D. 转染 si-MpMyD88 的 MPK 细胞中免疫相关分子表达谱;用 si-MpMyD88 或 NC 转染 MPK 细胞,免疫相关分子(TNF-α、IFN-α、IL-6、IL-8)表达与对照组进行比较。数据代表平均值±SE;* 表示与对照组相比具有统计学显著性差异:* 表示 $P<0.05$、** 表示 $P<0.01$

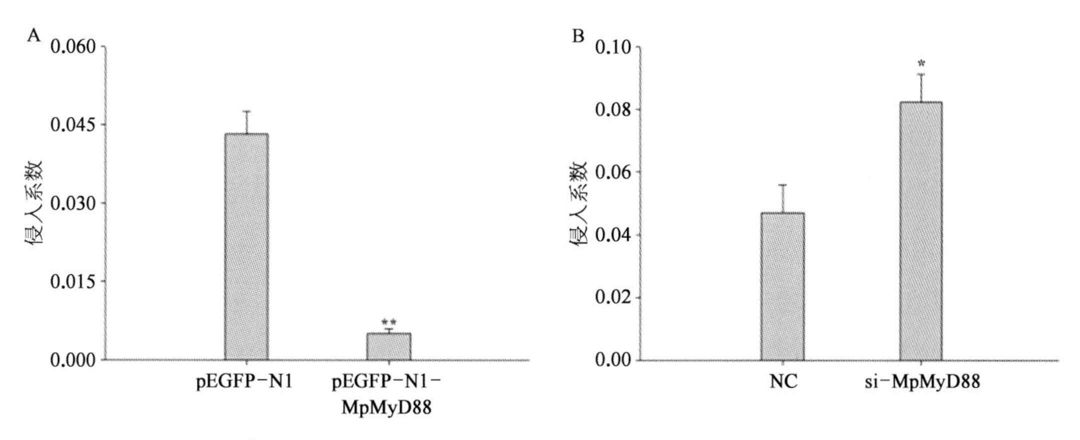

图 1-58 · MpMyD88 基因的过表达/敲降对嗜水气单胞菌感染的影响

A. MpMyD88 过表达对嗜水气单胞菌入侵的影响。在用嗜水气单胞菌感染之前,用 pEGFP-N1-MpMyD88 或 pEGFP-N1 载体转染青鱼肾细胞 24 h。B. MpMyD88 沉默对嗜水气单胞菌入侵的影响。在用嗜水气单胞菌感染之前,用 si-MpMyD88 或 NC 转染 MPK 细胞 24 h。侵入系数为细胞内细菌数与细菌总数之比;数据为平均值±SE(n=4);* 表示与对照相比具有统计学显著性差异:* 表示 $P<0.05$、** 表示 $P<0.01$

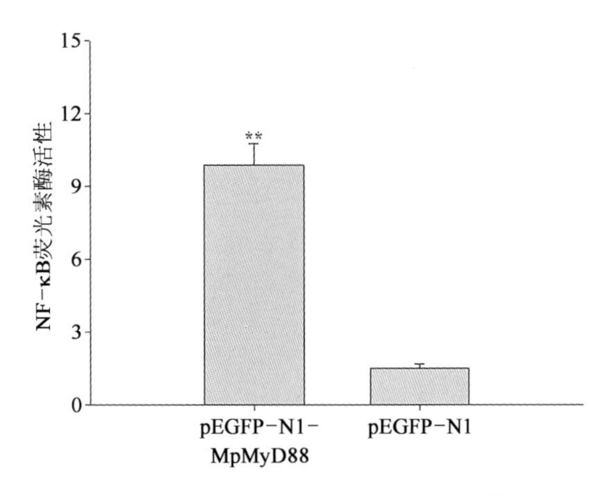

图 1-59 通过 MpMyD88 转染激活报告基因

用 NF-κB 荧光素酶报道质粒、pRL-TK 载体和质粒 pEGFP-N1-MpMyD88 或 pEGFP-N1 载体共转染 MPK 细胞。数据为 pEGFP-N1-MpMyD88 与 pEGFP-N1 荧光素酶荧光比率的平均值±SE

降,同时发现 TNF-α、IFN-α、IL-6 和 IL-8 均显著下调。这些结果表明,MpMyD88 可以通过激活其他基因的表达机制,参与青鱼抵御病原体的免疫防御机制。

青鱼遗传改良研究

自然界存在的各种生物,在符合一定的人类需求的同时,也往往具有一些不利于人类利用或者不适合大规模生产的性状,为了使这些生物的野生种群能够更好地满足人类需求,人们需要对其进行遗传改良。杂交是开展鱼类遗传改良的重要方法之一。1972 年南昌市水产科学研究所率先开展了青鱼与草鱼间的杂交试验,杂交卵受精率 75%,孵化率 62.2%,获得了青鱼(♀)×草鱼(♂)杂交种。该杂交种形态、食性偏向于父本草鱼,杂交种抗病力也较弱,细菌、寄生虫都能感染,死亡率高,但杂交种不像草鱼有季节性发病的情况。杂交种与父母本的摄食器官比较见图 1-60。自 1984 年开始,陈淑群等又陆续开展了青鱼与三角鲂的不同亚科间杂交试验,受精率在 93%~96%之间,青鱼(♀)×三角鲂(♂)杂交子一代中具母本青鱼性状的个体,其染色体组型与母本青鱼完全相同,染色体组型为 16m+26sm+6st;而杂交子一代中兼有父母双亲性状的中间型个体,其染色体(2n)为 48 个,染色体组型为 15m+27sm+6st(陈淑群等,1984、1987)。根据细胞遗传学、生化遗传学的研究结果可以断定,具有中间型特征的鱼是真正的杂种,而与母本青鱼相似的青鱼型个体可能是由青鱼卵子经雌核发育而来。

图 1-60 · 青鱼、青鱼×草鱼杂交种、草鱼摄食器官比较(南昌市水产科学研究所,1973)

1.2.1 · 选择育种

选择育种又称人工选择,是水产遗传改良工作中最为基本和常用的技术手段。选择育种的基本原理:假定生长速度、饲料转化效率和繁殖力等重要经济性状是由多个微效基因决定,然后利用数量遗传学方法构建核心育种群体并进行遗传评估,依据既定选择强度留取性能优良的个体,并在限定的近交水平设计配种方案,持续多代定向选择,将分散在多个祖先个体中的优良基因富集到少数个体中,以不断提高育种目标性状的遗传增益,最终达到育成新品种(系)的目的。

选择育种主要包括群体选育和家系选育。群体选育又称混合选择或个体选择,指通过对基础群体中如体色、体型、生长速度等某一个或多个表型性状进行定向选育,以一定的选择强度对群体各子代符合要求的个体筛选留种并在相同的养殖条件下进行养殖。群体选育流程简单、操作性强、技术门槛低,在我国水产种业开发中发挥着重要作用。但是,群体选择难以剔除环境效应、非加性效应等影响因素,且难以控制近交产生的种质退化。家系选育就是以家系为单位进行选择,对家系和个体标记识别,利用个体本身、同胞、祖先和后代等系谱和测定信息,通过约束极大似然法(restricted maximum likelihood estimate, RMLE)和 BLUP 法进行遗传评定,依据各种遗传参数在家系和个体水平上选种和配种,可有效控制近亲交配及由此导致的种质退化。

目前,在青鱼养殖过程中仍以人工授精方式为主。根据对江苏吴江和邗江、浙江嘉兴、江西瑞昌、湖北石首、湖南长沙等地的四大家鱼原种场的调查发现,各原种场所保有的青鱼亲本数量与其他鱼类相比较少,在繁育过程中容易重复使用同一批亲本而导致后代近交的情况,如果子代继续如此进行,必然会造成后代群体遗传多样性降低、种质退化等问题。另外,在鱼类繁育过程中,系谱记录主要还是以人工记录为主,容易出现错误和信息丢失，对于良种选育而言，亲本的鉴别是一项十分重要的工作。

(1) 亲子鉴定技术

2017 年 5 月，从江苏邗江的四大家鱼原种场的青鱼原种群体中挑选健康亲本建立家系，并取亲鱼鳍条组织置于无水乙醇中带回实验室-20℃保存。于 2017 年 10 月在该子代家系中随机选取 96 尾个体，取尾鳍及部分肌肉组织于无水乙醇中固定，并在-20℃保存。

使用海洋生物基因组 DNA 快速提取试剂盒（天根生化科技有限公司，北京）进行 DNA 提取，用 TE 缓冲液进行溶解，用 1%琼脂糖凝胶电泳检测 DNA 完整性，用 NanoDrop 2000 紫外分光光度计（Thermo，德国）检测纯度和浓度，之后于-20℃冰箱保存备用。

在自主开发的青鱼基因组微卫星磁珠富集文库中设计 12 对微卫星引物，微卫星引物序列送至上海迈浦生物科技有限公司进行荧光引物的合成，上游引物在 5′端添加 FAM 或 HEX 荧光标记。使用这 12 对引物在 2 个亲本和随机挑选的 24 个家系子代共 26 个个体中进行扩增预实验。PCR 扩增体系为 25 μl（2×Taq Mix 12.5 μl、10 μM primer 1 μl、20 ng/μl DNA 1.5 μl 和 ddH_2O 10 μl），并通过比较不同退火温度下的扩增结果，以条带清晰和特异性高为标准，确定最佳退火温度，确保最终得到符合预期的扩增条带。PCR 反应程序为：95℃预变性 2 min，然后 94℃变性 30 s、56℃退火 30 s、72℃延伸 1 min，重复 30 个循环，最后 72℃延伸 10 min。扩增反应在 Eppendorf 梯度 PCR 仪上进行。

反应产物送上海迈浦生物科技有限公司使用 ABI3730XL 全自动 DNA 测序仪进行微卫星 STR 分型。对分型结果进行分析，选出扩增结果清晰且特异性高、等位基因数大于 2 并表现出高多态性（*PIC*>0.5）的引物，用于在江苏邗江家系子代中进行亲子鉴定分析。

使用筛选出的高多态性微卫星引物在家系剩余的子代中进行 PCR 扩增，反应体系和反应程序与前文相同，之后对扩增结果进行 STR 分型。

用 Genemapper Version 4.0 软件读取 STR 分型结果，根据每个位点扩增产物的片段大小确定个体在该位点的基因型。使用 Cervus 3.0 软件进行亲缘关系分析，得到各位点的亲本排除率，并计算各位点的多态信息含量（*PIC*）以及等位基因数（*Na*）、有效等位基因数（*Ne*）、观测杂合度（*Ho*）、期望杂合度（*He*）和各位点基因频率及无效等位基因频率[*F*(*Null*)]等信息，根据 LOD 值判断每一个体的父、母本。

① 微卫星筛选结果：对 12 个微卫星引物在 26 个个体中的扩增结果进行分析（表 1-27），结果显示，各微卫星位点等位基因数（*K*）介于 2~4 之间，多态信息含量（*PIC*）介于 0.278~0.701 之间，平均多态信息含量为 0.546，观测杂合度（*Ho*）介于 0.423~1.0 之间，期望杂合度（*He*）介于 0.340~0.763 之间，平均观测杂合度和平均期望

杂合度分别为 0.811 和 0.622。当两个亲本基因型未知时,单个亲本的非亲排除率(*NE-1P*)介于 0.674~0.944 之间,平均排除率为 0.789;当一个亲本基因型已知时,另一亲本的非亲排除率(*NE-2P*)介于 0.498~0.861 之间,平均排除率为 0.649。排除率越高,说明该位点越适用于亲子鉴定。虽然 Mp20、Mp40 和 Mp49 位点的排除率也比较高,但是其多态信息含量(*PIC*)均低于 0.5,表现出非高度多态性;观测杂合度(*Ho*)和期望杂合度(*He*)也均较低,不利于后续的遗传多样性分析。因此,将这 3 个位点排除,使用剩余 9 个位点进行家系的亲子鉴定更合理。

表 1-27 · 初选的 12 个位点在 26 个个体中的遗传多样性信息

位　点	等位基因数(*K*)	个体数(*N*)	*Ho*	*He*	*PIC*	*NE-1P*	*NE-2P*
Mp20	2	26	0.500	0.382	0.305	0.930	0.848
Mp21	3	26	0.923	0.667	0.580	0.786	0.639
Mp34	3	26	0.885	0.655	0.567	0.793	0.650
Mp36	4	26	1.000	0.758	0.696	0.679	0.504
Mp40	2	26	0.423	0.340	0.278	0.944	0.861
Mp44	4	26	1.000	0.763	0.701	0.674	0.498
Mp49	2	26	0.615	0.434	0.335	0.909	0.832
Mp54	3	26	0.769	0.645	0.560	0.800	0.654
Mp56	4	26	1.000	0.761	0.699	0.676	0.501
Mp62	3	26	0.731	0.645	0.560	0.800	0.654
Mp65	4	26	1.000	0.758	0.696	0.679	0.504
Mp66	3	26	0.885	0.654	0.569	0.794	0.648
平均	3.08	26	0.811	0.622	0.546	0.789	0.649

② 亲子鉴定结果:使用 Cervus 3.0 对选出的 9 对微卫星引物在家系中 98 个个体的扩增结果进行基于基因频率的遗传多样性分析(表 1-28),并进行亲缘关系的计算。9 个微卫星位点在子代群体中的等位基因数(*K*)为 3~4,多态信息含量(*PIC*)介于 0.523~0.703 之间,平均多态信息含量为 0.631;各位点均表现为高多态性,观测杂合度(*Ho*)介于 0.646~1.000,期望杂合度(*He*)介于 0.591~0.754,平均观测杂合度和平均期望杂合度分别为 0.878 和 0.693。以上结果显示,该子代群体的遗传多样性处于较高水平。哈

代—温伯格平衡分析结果显示，除 Mp21 和 Mp54 两个位点未显著偏离哈代—温伯格平衡外，其他 7 个位点均极显著偏离哈代—温伯格平衡。当两个亲本基因型未知时，单个亲本的非亲排除率(*NE*－*1P*)介于 0. 672~0. 827 之间，平均值为 0. 737；当一个亲本基因型已知时，另一亲本的非亲排除率(*NE*－*2P*)介于 0. 496~0. 682 之间，平均值为 0. 576。在置信度为 95%的条件下进行模拟，结果显示，候选亲本数量增加至 10、子代数量增加至 10 000 时，排除率仍为 100%。在置信度 95%条件下进行亲缘关系分析，结果显示，在亲本性别未知的条件下，所有引物均无错配情况出现，可以确定 96 个子代个体为同一家系，鉴别率为 100%。

表 1－28　筛选出的 9 个微卫星标记在家系中的遗传信息

位　点	等位基因数(*K*)	*Ho*	*He*	*PIC*	*NE*－*1P*	*NE*－*2P*	*NE*－*PP*	哈代—温伯格平衡	*F*(*Null*)
Mp21	3	0. 792	0. 619	0. 545	0. 810	0. 666	0. 515	NS	−0. 119 7
Mp34	3	0. 833	0. 658	0. 581	0. 786	0. 639	0. 490	**	−0. 114 5
Mp36	4	1. 000	0. 752	0. 701	0. 674	0. 499	0. 326	**	−0. 144 9
Mp44	4	1. 000	0. 752	0. 701	0. 674	0. 499	0. 326	**	−0. 144 9
Mp54	3	0. 646	0. 591	0. 523	0. 827	0. 682	0. 530	NS	−0. 020 8
Mp56	4	1. 000	0. 754	0. 703	0. 672	0. 496	0. 323	**	−0. 143 1
Mp62	3	0. 760	0. 635	0. 561	0. 800	0. 654	0. 503	**	−0. 079 1
Mp65	4	1. 000	0. 752	0. 701	0. 674	0. 499	0. 326	**	−0. 144 9
Mp66	3	0. 750	0. 632	0. 558	0. 802	0. 656	0. 505	**	−0. 073 7
平均	3. 5	0. 878	0. 693	0. 631	0. 737	0. 576	0. 414		−0. 110 2

注：NS 表示未偏离哈代—温伯格平衡，$P>0.05$；** 表示极显著偏离哈代—温伯格平衡，$P<0.01$。

本研究使用了 9 个微卫星标记对青鱼家系进行亲子鉴定，在已知亲本的家系中验证其可行性，结果表明，这 9 个位点拥有较高的排除率。通过模拟分析表明，在子代数量继续增加的情况下，仍然能够在 95%的置信度条件下保证较高的准确性。

(2) 不同地理群体生长性能比较研究

具有丰富遗传多样性和优良性状的基础群体是选择育种的基础。生长性能是最直接提高经济效益的性状。通过对不同青鱼地理群体的生长性能进行分析，比较不同群体的生长性能，挑选出生长速度快的青鱼群体，可以为青鱼的良种选育和遗传改良提供研究基础。

2018 年 8 月从湖北石首老河长江四大家鱼原种场、江苏邗江长江系家鱼原种场、湖南省鱼类原种场采购的试验青鱼，分别命名为湖南湘江（XJ）、湖北石首（SS）、江苏邗江（HJ）3 个群体，生长对比试验在杭州市农业科学院水产研究所基地进行。

每个群体取鱼苗 500 尾放入养殖桶中进行养殖培育，稚鱼约 15 日龄时移入室外进行标准化分池培育。当 4 月龄时，从每个群体各选取 60 尾规格一致、体重 60~70 g 的鱼种，注射 PIT 射频标签，记录不同群体的标识号码、标记时间、体重、体长等信息后，转入基地池塘（1 666.7 m^2）的同一个网箱（6 m×5 m×2 m）中进行生长对比试验。养殖期间定时投喂两次，根据鱼的摄食情况进行喂食，定时检测水质，保证各群体在同一个健康的环境中生长。

在 8~12 月龄时，对青鱼 3 个群体进行体重（W）、体长（BL）、体宽（BW）、体高（BH）的初始测量和收获测量，测量结束后放回网箱中继续饲养。在测量试验鱼之前，用 100 mg/L 鱼定安（MS－222）对鱼体麻醉后，用扫描仪检测并记录芯片号。

不同地理群体青鱼生长参数计算如下：

增重率：$WGR_w = \frac{W_2 - W_1}{W_1}$

特定增重率：$SGR_w = \frac{\mathrm{Ln}\, W_2 - \mathrm{Ln}\, W_1}{t_2 - t_1} \times 100$

绝对增长率：$AGR_B L = \frac{BL_2 - BL_1}{t_2 - t_1}$

特定增长率：$SGR_B L = \frac{\mathrm{Ln}\, BL_2 - \mathrm{Ln}\, BL_1}{t_2 - t_1} \times 100$

绝对增宽率：$AGR_B W = \frac{BW_2 - BW_1}{t_2 - t_1}$

特定增宽率：$SGR_B W = \frac{\mathrm{Ln}\, BW_2 - \mathrm{Ln}\, BW_1}{t_2 - t_1} \times 100$

绝对增高率：$AGR_B H = \frac{BH_2 - BH_1}{t_2 - t_1}$

特定增高率：$SGR_B H = \frac{\mathrm{Ln}\, BH_2 - \mathrm{Ln}\, BH_1}{t_2 - t_1} \times 100$

肥满度 $= \frac{W}{BL3}$

变异系数：$CV = \frac{SD}{X}$

$$生长指标=\frac{LgBL_2 - LgBL_1}{0.4343}\times BL_1$$

以上 W_1、W_2、BL_1、BL_2、BW_1、BW_2、BH_1、BH_2 分别为初始测量和收获测量时间 t_1、t_2 的体重、体长、体宽、体高。数据用 Excel 2016 进行初步整合,结合 SPSS 22.0 进行数据的统计分析(苏玉红等,2021)。

① 3 个群体体重比较:由表 1-29 所示,根据青鱼 3 个群体的初始和终止平均体重统计分析此阶段的增重率,XJ 群体和 SS 群体在初始体重上存在显著差异,可能是由于遗传背景不同引起的。青鱼 3 个不同地理群体特定增重率和增重率 HJ>SS>XJ,表明 HJ 群体平均体重增长最快且生长效果更好。方差分析显示,XJ 群体的特定增重率、增重率与 SS 群体、HJ 群体均具有显著性差异($P<0.05$),而 SS 群体和 HJ 群体则不具有显著性差异($P>0.05$),表明在此阶段 HJ 群体和 SS 群体体重增长较快,XJ 群体相对 SS 群体、HJ 群体增长较为缓慢。

表 1-29 · 3 个不同群体体重参数

群体	初始体重(g)	终止体重(g)	特定增重率(%/天)	增重率(%)
XJ	147.90±40.56[b]	501.39±120.27[a]	0.34±0.05[a]	2.49±0.63[a]
SS	123.85±49.63[a]	494.09±157.64[a]	0.38±0.06[b]	3.15±0.84[b]
HJ	122.01±51.81[a]	512.68±169.76[a]	0.41±0.04[b]	3.54±0.68[b]

注:同列上标不同字母表差异显著,$P<0.05$。

② 3 个群体生长指数和肥满度比较:由表 1-30 可知,青鱼 3 个群体肥满度并无差异性($P>0.05$),说明 3 个群体的青鱼饱满度基本一致。但在生长指数上,XJ 群体与 SS 群体、HJ 群体具有显著差异性($P<0.05$),并且 HJ>SS>XJ,说明 3 个群体中 HJ 群体生长速度最快,XJ 群体生长较为缓慢。

表 1-30 · 3 个不同群体肥满度和生长指数

群 体	肥 满 度	生 长 指 数
XJ	0.17±0.01[a]	8.41±1.15[a]
SS	0.17±0.02[a]	8.98±0.96[b]
HJ	0.17±0.01[a]	9.51±1.28[b]

注:同列上标不同字母表差异显著,$P<0.05$。

③ 3 个群体体型变异系数比较：如表 1 - 31 所示，3 个群体的体重、体长、体宽、体高的变异系数是衡量离散程度的特征数。体重、体长变异系数均为 HJ>SS>XJ，说明 HJ 群体青鱼体长和体重的规格大小不同，离散程度较大。体宽和体高变异系数均为 SS 群体最大，说明 SS 群体青鱼体宽和体高差异较大。

表 1 - 31 · 3 个群体生长性状变异系数

群体	体重变异系数(%)		体长变异系数(%)		体宽变异系数(%)		体高变异系数(%)	
	初始	终止	初始	终止	初始	终止	初始	终止
XJ	27.42	23.99	10.42	8.10	11.11	14.90	10.07	8.99
SS	40.07	31.91	16.86	10.34	20.00	20.71	14.69	14.48
HJ	42.46	33.11	19.65	10.80	14.74	10.71	12.83	9.42

④ 体重和体长、体高和体宽的相关性分析：3 个群体性状间的 Pearson 相关系数见表 1 - 32。XJ 群体和 SS 群体在初始测量和终止测量中，体长对体重的相关系数都是升高的，体宽、体高对体重的相关系数都是降低的。在 HJ 群体中，体重与各性状的相关系数均呈上升趋势，其中体长与体重的相关系数上升最快。3 个群体体重和体长之间均具有极显著性差异（*P*<0.01）。初始测量时，青鱼 3 个群体体重和体高的相关系数达 0.9，表明此时体高与体重的相关程度较大；终止测量时，青鱼 3 个群体体重与体长的相关系数达 0.9，表明此时体长与体重的相关性较强。

表 1 - 32 · 体长、体宽、体高和体重的相关性分析

群体	性状	初始				终止			
		体长	体宽	体高	体重	体长	体宽	体高	体重
XJ	体长	1	0.828**	0.896**	0.926**	1	0.696**	0.586**	0.942**
	体宽		1	0.849**	0.852**		1	0.62	0.755**
	体高			1	0.922**			1	0.608**
	体重				1				1
SS	体长	1	0.606**	0.862**	0.873**	1	0.561**	0.602**	0.946**
	体宽		1	0.621**	0.627**		1	0.235	0.487**
	体高			1	0.973**			1	0.636**
	体重				1				1

续 表

群体	性状	初始				终止			
		体长	体宽	体高	体重	体长	体宽	体高	体重
HJ	体长	1	0.735*	0.671*	0.708**	1	0.959**	0.981**	0.988**
	体宽		1	0.944**	0.962**		1	0.937**	0.964**
	体高			1	0.954**			1	0.963**
	体重				1				1

注：** 和 * 分别表示在 $P<0.01$、$P<0.05$ 差异显著性。

⑤ 3 个群体体长比较：3 个群体体长比较见表 1－33。终止测量时，3 个群体体长均具有增长趋势。进行群体间方差比较，XJ 群体的绝对增长率和特定生长率与 SS 群体、HJ 群体均具有显著性差异（$P<0.05$），并且 HJ>SS>XJ，说明 XJ 群体体长增长缓慢，HJ 群体体长增长最快。

表 1－33 3 个群体体长参数表

群体	初始体长（cm）	终止体长（cm）	绝对增长（cm）	特定增长（cm）
XJ	20.25 ± 2.11^{b}	30.75 ± 2.49^{a}	0.029 ± 0.005^{a}	0.115 ± 0.019^{a}
SS	18.44 ± 3.11^{a}	30.17 ± 3.12^{a}	0.032 ± 0.005^{b}	0.139 ± 0.034^{b}
HJ	17.91 ± 3.52^{a}	30.65 ± 3.31^{a}	0.036 ± 0.006^{b}	0.156 ± 0.055^{b}

注：同列上标不同字母表示差异显著，$P<0.05$。

⑥ 3 个群体体高比较：3 个群体体高情况如表 1－34 所示，无论是绝对增高率还是特定增高率，3 个群体均是 HJ>SS>XJ。进行方差分析表明，在绝对增高率上，HJ 群体与 SS、XJ 群体具有显著性差异（$P<0.05$），但 SS 和 XJ 群体间不具有差异性。在特定增高率上，3 个群体间均具有显著性差异（$P<0.05$），表明 HJ 群体的在体高的增长最快，优于 XJ 和 SS 群体。

表 1－34 3 个群体体高参数表

群体	初始体高（cm）	终止体高（cm）	绝对增高率（%）	特定增高率（%）
XJ	4.57 ± 0.46^{b}	7.23 ± 0.65^{a}	0.010 ± 0.0018^{a}	0.127 ± 0.023^{a}
SS	4.29 ± 0.63^{a}	7.04 ± 1.02^{a}	0.011 ± 0.0026^{a}	0.138 ± 0.031^{b}
HJ	4.13 ± 0.53^{a}	7.43 ± 0.70^{a}	0.013 ± 0.0013^{b}	0.165 ± 0.018^{c}

注：同列上标不同字母表示差异显著，$P<0.05$。

⑦ 3 个群体体宽比较：对 3 个群体进行体宽比较分析，由表 1－35 可知，无论是在绝对增宽率还是在特定增宽率上，3 个群体都不具有显著性差异（$P>0.05$）。3 个群体中，HJ 群体在绝对增宽率和特定增宽率上都大于 XJ 群体和 SS 群体，表明 HJ 群体的体宽生长较快。

表 1－35　3 个群体体宽参数表

群体	初始体宽（cm）	终止体宽（cm）	绝对增宽率（%）	特定增宽率（%）
XJ	$3.06±0.34^{b}$	$4.70±0.70^{a}$	$0.0045±0.0016^{a}$	$0.118±0.030^{a}$
SS	$2.90±0.58^{a}$	$4.73±0.98^{a}$	$0.0049±0.0028^{a}$	$0.132±0.058^{a}$
HJ	$2.85±0.42^{ab}$	$4.67±0.50^{a}$	$0.0050±0.0005^{a}$	$0.140±0.018^{a}$

注：同列上标不同字母表示差异显著，$P<0.05$。

结果显示，3 个群体中 HJ 群体的增重率、增长率、生长指数等均较良好；XJ 群体的体重增重率和生长指数都较低，说明 XJ 群体生长较为缓慢；SS 群体与 HJ 群体的增重率差异不显著，但在体宽和体高上有很大程度的生长离散，各个表型性状与体重的相关系数也达到极显著（$P<0.01$）。综合表明，HJ 群体的生长性能最好，可以作为良种选育的主要对象。

（3）不同地理群体抗病能力比较

水产养殖越集约化，传染病暴发造成的影响就越严重。嗜水气单胞菌是青鱼容易感染的病菌，会导致青鱼败血症和肠炎发生。下面以不同地理群体青鱼为研究对象，以腹腔注射嗜水气单胞菌菌液进行人工感染，通过累计死亡率来比较不同群体青鱼的抗病能力，用以挑选出抗病力强的群体。

所用的嗜水气单胞菌是从患细菌性败血症的草鱼中取得，从湖北石首老河长江四大家鱼原种场、江苏邗江长江系家鱼原种场、湖南省鱼类原种场采购的实验青鱼分别命名为湖南湘江（XJ）、湖北石首（SS）、江苏邗江（HJ）。从 3 个群体中各随机挑选 120 尾青鱼，体长为（6±1）cm，体重为（10±2）g。实验鱼暂养 1 周后，随机挑取健康群体青鱼 30 尾均分成两组进行预处理试验。将 AH10 菌株进行分离并配制成浓度为 $1×10^{7}$ CFU/ml、$2×10^{7}$ CFU/ml、$4×10^{7}$ CFU/ml、$8×10^{7}$ CFU/ml、$1.6×10^{8}$ CFU/ml 5 个梯度的菌液，实验组腹腔注射 0.2 ml 嗜水气单胞菌，对照组注射 0.2 ml 生理盐水。攻毒后查看青鱼的存活状况并做好记录，每天观察 2 次，连续记录 3 天。实验期间控制水温 27℃，依据累计法计算

AH10 病原菌对青鱼的半致死浓度(LC_{50})。

每个群体随机挑选 30 尾健康青鱼,同样分为两组,通过预实验中确定的半致死浓度进行腹腔注射,同时设置空白对照,其他步骤同预实验。攻毒后查看青鱼的存活状况并做好记录,每天观察 2 次,连续记录 7 天。

① 半致死浓度(LC_{50})测定结果:青鱼群体感染嗜水气单胞菌 3 天内的情况见表 1-36,累计法计算出青鱼的半致死浓度为 5×10^7 CFU/ml。

表 1-36 青鱼群体感染嗜水气单胞菌 3 天内死亡率

浓度(CUF/ml)	实验结果		累 计 数		总 数	死亡率(%)
	生 存	死 亡	生 存	死 亡		
1.6×10^8	0	30	0	66	66	100
8×10^7	12	18	12	36	48	75
4×10^7	18	12	30	18	48	37.5
2×10^7	24	6	54	6	60	10
1×10^7	30	0	84	0	84	0

② 不同青鱼群体感染嗜水气单胞菌结果:青鱼 3 个不同群体平均累计死亡率如图 1-61 所示,实验结束时,XJ 群体平均累计死亡率最高,达到 63.3%;HJ 群体平均累计死亡率最低,为 26.6%;SS 群体的平均累计死亡率为 46.6%。对照组青鱼一直保持健康状态,没有出现死亡。HJ 群体与 SS 群体和 XJ 群体具有显著性差异($P<0.05$),XJ 群体和 SS 群体则差异不明显。实验进行到第四天时,青鱼 3 个群体在以后 3 天中没有出现死亡,垂死的青鱼胸鳍、腹部、肛门处有肿胀发红的现象,具有明显的肠道充血症状。

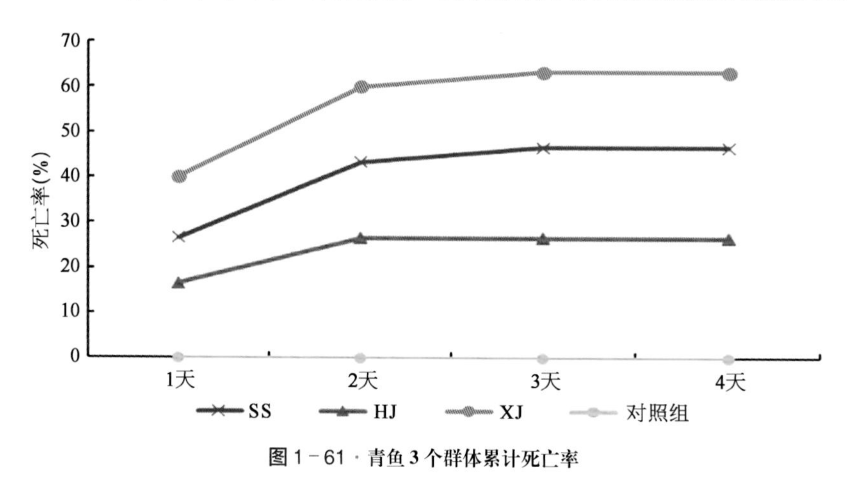

图 1-61 青鱼 3 个群体累计死亡率

结果显示,HJ 群体累计死亡率为 26.7%,SS 群体累计死亡率为 46.6%,XJ 群体累计死亡率为 63.3%。方差分析显示,青鱼 3 个群体对嗜水气单胞菌的抗病能力存在差异,3 个群体的抗病力大小依次为 HJ>SS>XJ,其中 SS 群体和 XJ 群体差异不明显,HJ 群体的抗病力显著高于 XJ 群体、SS 群体($P<0.05$)。

(4) 不同地理群体肌肉营养品质比较

鱼类的肌肉是人类食用的主要成分,可以提供优质的蛋白质、氨基酸、不饱和脂肪酸等营养物质,这些物质也是决定鱼肉口感和风味的化学基础。随着人民生活水平的提高,消费者越来越追求营养美味的水产品,因此培育具有优秀肉质的青鱼符合市场需求。

湖南湘江群体(XJ)、湖北石首群体(SS)、江苏邗江群体(HJ)鱼苗于 2018 年 5 月分别从湖南省鱼类原种场、湖北石首老河长江四大家鱼原种场、江苏邗江长江系家鱼原种场收集。所有青鱼群体在杭州市农业科学院水产研究所基地养殖到 2 龄,养殖过程中投喂相同的青鱼专用饲料。先在水泥池中饲养到体长 10 cm 以上,每尾鱼注射被动集成应答器(passive integrated transponder, PIT)标记后饲养在同一网箱中,保持相同的养殖环境。

每个群体取体重相近的 5 尾,分别测量体重和体长(表 1 - 37),样品鱼经过 MS - 222 麻醉后,沿着背部侧线鳞两侧取肌肉 100 g,绞碎混匀,有的保存在-80℃用于肌肉营养成分的常规分析,有的保存在-20℃冷冻干燥后用于脂肪酸的测定和分析。肌肉组织样品送到青岛华测技术有限公司进行检测,每个样品检测 3 次(苏玉红等,2022)。

表 1 - 37 · 青鱼 3 个群体生物学参数

群　体	体长(cm)	体重(g)
HJ	30.65±3.31	512.68±169.76
SS	29.59±5.04	494.09±157.64
XJ	30.75±2.49	501.39±120.27

测定青鱼肌肉样品水分含量(105℃烘干至恒重)、粗蛋白(凯氏定氮法)、灰分(550℃高温灼烧法)、粗脂肪、氨基酸(盐酸水解法)和脂肪酸(气相色谱仪法)。

根据 FAO/WHO 建议的氨基酸评分标准(Vinay 等,2008)和全鸡蛋蛋白质氨基酸模式,分别以氨基酸评分(AAS)、化学评分(CS)和必需氨基酸指数(EAAI)进行蛋白质营养评价。

计算公式如下：

$$AAS = \frac{试验样品氨基酸质量浓度}{FAO/WHO 评分标准模式中同种氨基酸质量浓度}$$

$$CS = \frac{试验样品氨基酸质量浓度}{全鸡蛋蛋白质同种氨基酸质量浓度}$$

$$EAAI = \sqrt[N]{\frac{100A}{AE} \times \frac{100B}{BE} \times \frac{100C}{CE} \times \cdots \times \frac{100E}{1E}}$$

① 基本营养成分分析：由表 1－38 可知，青鱼 3 个群体的肌肉常规营养成分之间差异不明显。XJ 群体的水分和粗脂肪含量最高(82.20%和 0.52%)，粗蛋白和灰分含量最低(16.86%和 1.26%)；SS 群体的粗蛋白含量最高(17.94%)；HJ 群体粗脂肪含量最低(0.46%)。根据相关研究，鱼体脂肪含量<5%为低脂、5%~15%为中脂、>15%为高脂，蛋白质含量>15%为高蛋白。因此，从脂肪和粗蛋白含量上看，青鱼的 3 个群体都是较为优良的高蛋白、低脂肪品种，其中 HJ 群体和 SS 群体表现较为优良。

表 1－38 · 青鱼 3 个群体常规生化成分含量

种类	水分(%)	粗蛋白(%)	粗脂肪(%)	粗灰分(%)
XJ	82.20±0.97[a]	16.86±1.40[a]	0.52±0.11[a]	1.26±0.11[a]
SS	81.08±0.91[a]	17.94±1.26[a]	0.48±0.84[a]	1.28±0.08[a]
HJ	81.59±0.70[a]	17.40±0.48[a]	0.46±0.55[a]	1.34±0.15[a]

注：同列上标字母相同表示差异不显著。

② 氨基酸的组成和含量：青鱼 3 个群体肌肉中的氨基酸含量见表 1－39。肌肉中检出 16 种氨基酸，其中人体必需氨基酸 7 种、非必需氨基酸 9 种，鲜味氨基酸 4 种。青鱼 3 个群体中 EAA/TAA 均在 40%左右，说明青鱼 3 个群体均属于优质蛋白鱼类。氨基酸含量上，天冬氨酸、亮氨酸、赖氨酸含量较高，其中天冬氨酸能增加肉类的口感，亮氨酸能促进肌肉恢复、有效防止肌肉丢失，赖氨酸能促进钙的吸收和积累、增加食欲、促进婴儿的生长发育。鲜味氨基酸能够增加鱼肉的鲜美程度，青鱼 3 个群体的鲜味氨基酸含量分别占总氨基酸含量的 39.37%、38.54%、38.57%，三者之间无显著差异。鲜味氨基酸中谷氨酸含量均为最高(2.45%~2.62%)，因此这 3 个青鱼群体都有很高的营养价值和风味。

表 1-39 · 青鱼 3 个群体肌肉氨基酸组成及含量

氨基酸组成	XJ	SS	HJ
组氨酸(His)	0.34±0.04[a]	0.36±0.03[a]	0.35±0.23[a]
精氨酸(Arg)	0.96±0.08[a]	1.00±0.07[a]	1.02±0.65[a]
天冬氨酸(Asp)	1.64±0.15[a]	1.77±0.11[a]	1.56±0.40[a]
谷氨酸(Glu)	2.45±0.22[a]	2.59±0.17[a]	2.62±0.14[a]
甘氨酸(Gly)	0.87±0.21[a]	0.78±0.08[a]	0.82±0.09[a]
丙氨酸(Ala)	1.02±0.10[a]	1.04±0.08[a]	1.06±0.07[a]
苏氨酸(Thr)	0.72±0.06[a]	0.76±0.05[a]	0.77±0.04[a]
蛋氨酸(Met)	0.37±0.04[a]	0.36±0.03[a]	0.42±0.07[a]
亮氨酸(Leu)	1.29±0.13[a]	1.40±0.86[a]	1.39±0.66[a]
苯丙氨酸(Phe)	0.71±0.08[a]	0.78±0.06[a]	0.75±0.04[a]
缬氨酸(Val)	0.73±0.07[a]	0.81±0.04[b]	0.79±0.03[ab]
异亮氨酸(Ile)	0.65±0.07[a]	0.72±0.04[a]	0.71±0.03[a]
赖氨酸(Lys)	1.49±0.15[a]	1.63±0.09[a]	1.42±0.44[a]
络氨酸(Tyr)	0.69±0.08[a]	0.82±0.05[b]	0.75±0.09[ab]
脯氨酸(Pro)	0.58±0.12[a]	0.52±0.06[a]	0.56±0.07[a]
丝氨酸(Ser)	0.67±0.07[a]	0.70±0.05[a]	0.71±0.04[a]
氨基酸总量(TAA)	15.19±1.33[a]	16.06±1.04[a]	15.71±0.67[a]
必需氨基酸(EAA)	5.96±0.56[a]	6.46±0.40[a]	6.25±0.50[a]
鲜味氨基(DAA)	5.98±0.53[a]	6.19±0.43[a]	6.06±0.29[a]
DAA/TAA	39.37%	38.54%	38.57%
EAA/TAA	39.24%	40.22%	39.78%

注：同列上标不同字母表示差异显著，$P<0.05$。

③ 氨基酸营养评价：从表 1-40 可以看出，青鱼 3 个群体的必需氨基酸指数差异不显著。根据氨基酸评分(AAS)，第一限制性氨基酸和第二限制性氨基酸 3 个群体是相同的，分别为蛋氨酸和缬氨酸；根据化学评分(CS)，第一限制性氨基酸和第二限制性氨基酸 3 个群体也是相同的，分别为蛋氨酸和缬氨酸。除了上述两种限制性氨基酸外，3 个群体的其他氨基酸 CS 都大于 0.50。必需氨基酸指数(EAAI)是一种较为准确评价蛋白质营养价值的方法。此法是以鸡蛋中的蛋白质作为营养完善的标准蛋白质，假定其组成中的各种必需氨基酸的含量与比例均是理想的，以此作为评定的标准。EAAI 评价显示，3 个群体差异不明显，且氨基酸含量较高，说明其含有较高的营养价值。

表 1 - 40 · 3 个群体肌肉必需氨基酸组成的评价

必需氨基酸	氨基酸评分(AAS)			化学评分(CS)		
	XJ	SS	HJ	XJ	SS	HJ
苏氨酸(Thr)	0.81	0.86	0.86	0.81	0.86	0.86
缬氨酸(Val)	0.68	0.72	0.72	0.68	0.72	0.72
异亮氨酸(Ile)	0.72	0.81	0.81	0.72	0.81	0.81
亮氨酸(Leu)	0.81	0.90	0.90	0.81	0.90	0.90
赖氨酸(Lys)	1.22	1.13	1.13	1.22	1.13	1.13
蛋氨酸(Met)	0.50	0.45	0.54	0.50	0.45	0.54
苯丙氨酸+酪氨酸(Phe+Tyr)	1.04	1.22	1.13	1.04	1.22	1.13
氨基酸指数(EAAI)				63.20	67.40	68.50

④ 脂肪酸组成和评价：3 个群体青鱼的脂肪酸组成和含量见表 1 - 41。其中，在 XJ 群体中检出 10 种脂肪酸，包括 3 种饱和脂肪酸(SFA)、2 种单不饱和脂肪酸(UFA)和 5 种多不饱和脂肪酸(PUFA)。在 SS 群体和 HJ 群体中都检测到 18 种脂肪酸，其中饱和脂肪酸 9 种、单不饱和脂肪酸 3 种、多不饱和脂肪酸 6 种。SS 群体和 HJ 群体脂肪酸含量较高，HJ 群体和 SS 群体脂肪酸含量存在一定差异。EPA 和 DHA 具有促进视网膜生长和修复、延缓大脑老化和降低血压等生理功能，3 个群体的 DHA+EPA 含量不具有显著差异性。HJ 群体的饱和脂肪酸含量和不饱和脂肪酸含量显著高于 SS 群体和 HJ 群体。综合表明，HJ 群体脂肪酸较为丰富，具有较高的营养价值。

表 1 - 41 · 青鱼 3 个群体脂肪酸的组成及含量

脂肪酸组成	XJ	SS	HJ
丁酸(C4:0)	NF	$0.128±0.004^{a}$	$0.58±0.03^{b}$
十一碳酸(C11:0)	NF	$0.042±0.001^{a}$	$0.042±0.001^{a}$
豆蔻酸(C14:0)	$0.067±0.008^{a}$	$0.069±0.003^{a}$	$0.076±0.005^{a}$
十五碳酸(C15:0)	NF	$0.012±0.001^{a}$	$0.019±0.001^{a}$
棕榈酸(C16:0)	$1.400±0.140^{b}$	$1.123±0.021^{a}$	$1.317±0.035^{b}$
棕榈一烯酸(C16:1)	$0.181±0.023^{a}$	$0.191±0.002^{a}$	$0.207±0.013^{a}$
十七碳酸(C17:0)	NF	$0.019±0.001^{a}$	$0.026±0.001^{b}$
硬脂酸(C18:0)	$0.633±0.059^{a}$	$0.369±0.010^{b}$	$0.333±0.016^{b}$

续 表

脂肪酸组成	XJ	SS	HJ
油酸(C18: 1)	1.690±0.165[ab]	1.617±0.021[a]	1.707±0.006[b]
亚油酸(C18: 2n6c)	0.715±0.061[a]	1.183±0.006[b]	2.260±0.026[c]
γ-亚麻酸(C18: 3n6)	NF	0.011±0.001[a]	0.019±0.001[b]
α-亚麻酸(C18: 3n3)	0.067±0.007[b]	0.068±0.007[b]	0.256±0.005[a]
花生酸(C20: 0)	NF	0.014±0.001[a]	0.016±0.001[a]
花生一烯酸(C20: 1)	NF	0.039±0.001[a]	0.042±0.001[b]
二十一碳酸(C21: 0)	NF	0.062±0.005[a]	0.052±0.002[b]
花生四烯酸 ARA(C20: 4n6)	0.687±0.059[a]	0.333±0.007[b]	0.224±0.008[c]
二十碳五烯酸 EPA(C20: 5n3)	0.113±0.010[a]	0.097±0.004[b]	0.054±0.001[c]
二十二碳六烯酸 DHA(C22: 6n3)	0.683±0.048[a]	0.650±0.016[a]	0.726±0.004[b]
饱和脂肪酸总量∑SFA	2.1±0.738[a]	1.838±0.122[b]	2.461±0.092[c]
单不饱和脂肪酸总量∑MUFA	1.871±0.023[a]	1.847±0.024[a]	1.914±0.02[a]
多不饱和脂肪酸总量∑PUFA	2.265±0.185[a]	2.234±0.04[a]	3.139±0.045[b]
EPA+DHA	0.796±0.058[a]	0.747±0.020[a]	0.78±0.005[a]

注：NF 代表未检测到，同列上标不同字母表示差异显著，$P<0.05$。

结果显示，青鱼 3 个群体肌肉常规营养成分中水分占 81.08%~82.2%、粗蛋白占 16.86%~17.94%、粗脂肪占 0.46%~0.52%、粗灰分占 1.26%~1.34%，3 个群体间无显著性差异。在 3 个青鱼群体的肌肉中均检测出 16 种氨基酸，其中鲜味氨基酸有 4 种、必需氨基酸有 7 种，鲜味氨基酸占总氨基酸含量的 38.55%~39.28%，必需氨基酸占总氨基酸含量的 39.26%~40.25%。在脂肪酸组成和含量上，SS 群体、HJ 群体均检测到 18 种脂肪酸，其中饱和脂肪酸 9 种、单不饱和脂肪酸 3 种、多不饱和脂肪酸 6 种，均高于 XJ 群体。3 个青鱼群体都含有高水平的 DHA+EPA，占总脂肪酸的 10.63%。综合来看，3 个青鱼群体均含有较高蛋白质，且氨基酸和脂肪酸较为丰富，为营养价值较高的优良水产品，其中 HJ 群体最为优良。

1.2.2 · 分子标记辅助选育技术

标记辅助选育(marker assisted selection, MAS)技术可以利用与目标性状紧密连锁的 DNA 分子标记准确识别目标性状基因，进而估计该性状的育种值等遗传信息，以此为参考进行选择育种。对不同目标性状采用合适的分子标记辅助选育可以有效加速选育进程，大幅提高育种效率（常玉梅等，2003）。

（1）青鱼基因组序列调查

本研究利用 Illumina 测序平台对青鱼进行了基因组调查组装，并对参与天然免疫的基因或基因家族的进化，以及青鱼与其他鲤科鱼类的发育差异进行了研究。

实验用 DNA 样本采自江苏吴江野生雄性青鱼，剪取鳍条组织提取 DNA。用平均 350 bp 的随机剪切 DNA 制备测序文库，然后在 Illumina HiSeq X Ten 上采用成对端 150 bp 的程序进行测序。使用 Trimomatic 过滤和修剪低质量的读数和接头。

基于 k-mer（k=51）方法估计青鱼基因组大小。k-mer 指的是通过 Illumina DNA 测序获得的读数的所有 k-mer 频率分布。青鱼基因组大小的估计式为 $G=(N-S)/P$，其中 N 是 k-mer 总数，S 是单个或唯一 k-mer 的数量，P 是峰值频率下的 k-mer 出现次数。

使用 SOAP de novo 组装调查基因组，k－mer 分别设置为 41 bp、51 bp、61 bp 和 71 bp，使用来自 5′-末端的长度分别为 150 bp、120 bp 和 100 bp 的剪裁阅读框。使用 GapCloser 模组（1.12 版）填补 scaffold 间缝隙。用 BUSCO 参考 Vestbrata_odb9 同源数据库对组装的基因组的完整性进行评估。

先后使用 RepeatModeler（版本 1.0.5）和 RepeatMasker（版本 3.3.0；Tempel，2012）进行从头重复注释。RepeatModeler 构建了 RepeatModeler 文库，包括两个互补的程序 Recon 和 RepeatScout。通过与 Repbase 转录本文库和 GenBank 数据库中的基因比对，手动检查一致性序列。通过使用 RepeatMasker，利用重复文库搜索基因组来检测重复序列。使用微卫星查找器（版本 4.04）预测简单序列重复序列。计算单体、二聚体、三聚体、四聚体、五聚体、六聚体和其他微卫星序列的数量。用 Blastp 将青鱼的氨基酸序列与斑马鱼和草鱼的基因模型进行比对。将包括青鱼在内的 11 种脊椎动物用 OrthoMCL 鉴定，构建了系统发育树。将氨基酸序列与 MAFFT 比对，然后连接并转移到 PhyML，以创建最大似然数。

为了检测青鱼中可能的 Sox 基因和 Toll 样受体（toll-like Receptor，TLR）基因，从 GenBank 下载了草鱼、斑马鱼、河豚、青鱼、四齿鱼、鳕鱼和刺鱼等 7 个物种的 Sox 和 TLR 基因家族蛋白序列。用 Blastp 将这些序列与青鱼基因模型进行比对，寻找同源序列。

① 基因组序列与装配：青鱼具有 48 条染色体，为二倍体基因组，总共生成 69 Gb 的读取。k-mer 分析测得基因组大小为 1.19 Gb，与流式细胞仪测得的 1.10 pg（1 pgDNA = 0.978×10^{9} bp）接近。k-mer 分布中，k=51 处的峰为杂合峰（图 1－62A）。基于已鉴定的杂合单核苷酸多态，基因组杂合率约为 1.5×10^{-3}（表 1－42）。在主峰之后有轻微的拖尾，表明青鱼基因组中存在一定比例的重复序列，平均 GC 含量为 36%（图 1－62B），与斑马鱼、草鱼和钩吻鱼相似。

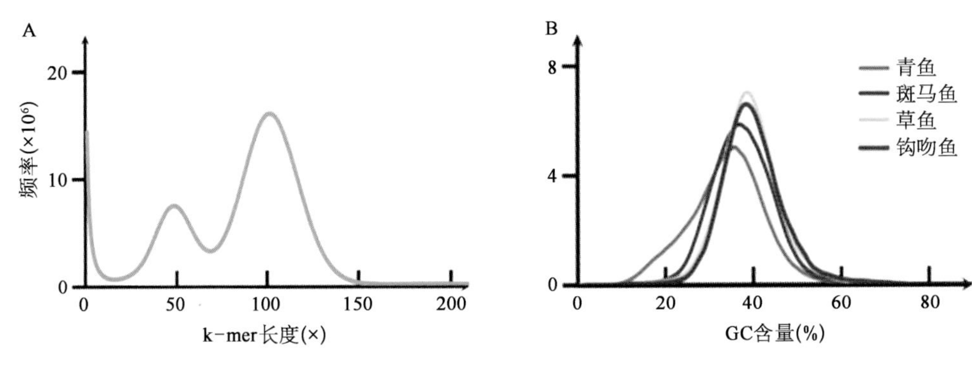

图 1－62 · k-mer 51 聚体的频率分布(A)和 4 种鱼类基因组 GC 含量(B)

使用不同组装参数的基因组之间的比较表明,通过使用前 100 bp 的配对末端读取和 51 bp 的 k-mer 长度构建的基因组得到具有最大长度的 N50 scaffold 和最高的基因组覆盖率(表 1－42)。最终得到的 scaffold N50 全长为 9 583 bp,基因组大小为 957 Mb,其中长度大于 1 kb 的 scaffold 有 103 140 个,最长为 1. 19 Mb。BUSCO 测试反映了基因组组装度达到 90%(Lu 等,2022)。

表 1－42 · 测量装配和注释概述

项　目	注　释
总长度(bp)	956 826 496
N50 长度(bp)	651
N50 支架长度(bp)	9 583
支架数(>1 kb)(个)	103 140
最大支架(bp)	1 194 444
最大容量(bp)	106 276
GC 含量(%)	37. 53
重复序列含量(%)	34. 8
杂合度	0. 001 5
BUSCO 检验估计的基因组完整性(%)	90. 8
预测蛋白编码基因的数量(个)	27 541
编码序列的平均长度(bp)	1 132

② 基因注释：序列注释检测到总重复序列长度为 347 Mb,占基因组的 34. 8%,主要

包括 4 种类型的 DNA 转座子(22.6%)、LTR 反转录转座子(1.1%)、长穿插核元件(1.7%)和短穿插核元件(1.5%)。在青鱼中发现的最常见的转座元件是Ⅱ型 DNA 转座元件,占基因组的 20%以上。

基因建模预测了 27 541 个蛋白质编码基因,平均编码长度为 1 132 bp。将所有这些序列与 5 个蛋白质功能数据库(tembl、Go、KEGG、Swissprot 和 GenBank NR)进行比较,结果表明,99.73%的基因与至少一个数据库匹配。检测到的 SSR 占据了 20 Mb 的基因组和 5.7%的重复序列长度。其中,二核苷酸的总长度最大。预测的非编码 RNA 的长度为 1.4 Mb,其中 rRNA 和 miRNA 的含量分别占 ncRNA 的 29.8%和 47.1%。青鱼和草鱼的基因组 tRNA 含量大大低于斑马鱼。

③ 基因共线性与系统发育树的构建:在青鱼、草鱼和斑马鱼中发现了高度共线性,其中 3 145 个青鱼 scaffold 与斑马鱼表现出基因共线性,平均每个 scaffold 有 3 个基因。在这些 scaffold 上的 8 320 个基因中,有 8 029 个(95.5%)与斑马鱼同源,表明斑马鱼具有很高的基因组保守性。以青鱼(106 kb)、草鱼(78 kb)和斑马鱼(157 kb)的共线性片段为参照(图 1-63A),得到该地区 11 条斑马鱼和 11 条草鱼的同源序列。在已鉴定的 21 884 个基因家族中,有 10 285 个基因家族在所有被分析的脊椎动物物种中共有(图 1-63B)。利用 563 个一对一的单拷贝基因构建了系统发育树(图 1-63C),表明青鱼与草鱼的亲缘关系最近。

(2) 高密度遗传连锁图谱的构建和生长性状 QTL 定位

2019 年 11 月,在江苏扬州的江苏广陵四大家鱼原种场随机挑选一对亲本建立全同胞 F_1 家系,子代全部在同一个池塘中饲养。10 月龄时从子代中随机抽取 384 尾个体,测量体重、体长、体高、体宽等生长性状。选择了 128 个在生长相关性状上表现出极大表型变异的子代进行基因连锁和 QTL 定位。取鳍条组织保存于-20℃无水乙醇中,用于提取 DNA。按照传统方法提取基因组 DNA,检测后保存。

经过限制性内切酶对青鱼基因组 DNA 进行酶切、DNA 连接酶将核苷酸接头加在酶切后的片段两端、对样品进行 PCR 扩增、对样品片段进行混合、选择需要的样品片段进行文库构建后,利用 IlluminaHiSeq 4000 测序平台进行 150 bp 双端阅读,得到原始数据。

使用 Process_radtag 对原始数据中混杂的接头序列、低质量碱基、未测出的碱基等进行必要的过滤。移除特定的接头后,读数被截断为 125 bp 的长度,以排除读数末端的潜在测序错误。使用程序 BWA(v0.7.17)将成对的末端测序读数与青鱼的参考基因组进行比对。使用 SamTools(v1.10)将 SAM 文件转换为 BAM 文件。利用 STACKS(v2.54)程序包进行 STACKS 组装、SNP 发现和基因分型,然后使用 VCFTools(v0.1.15)处理 SNP 标

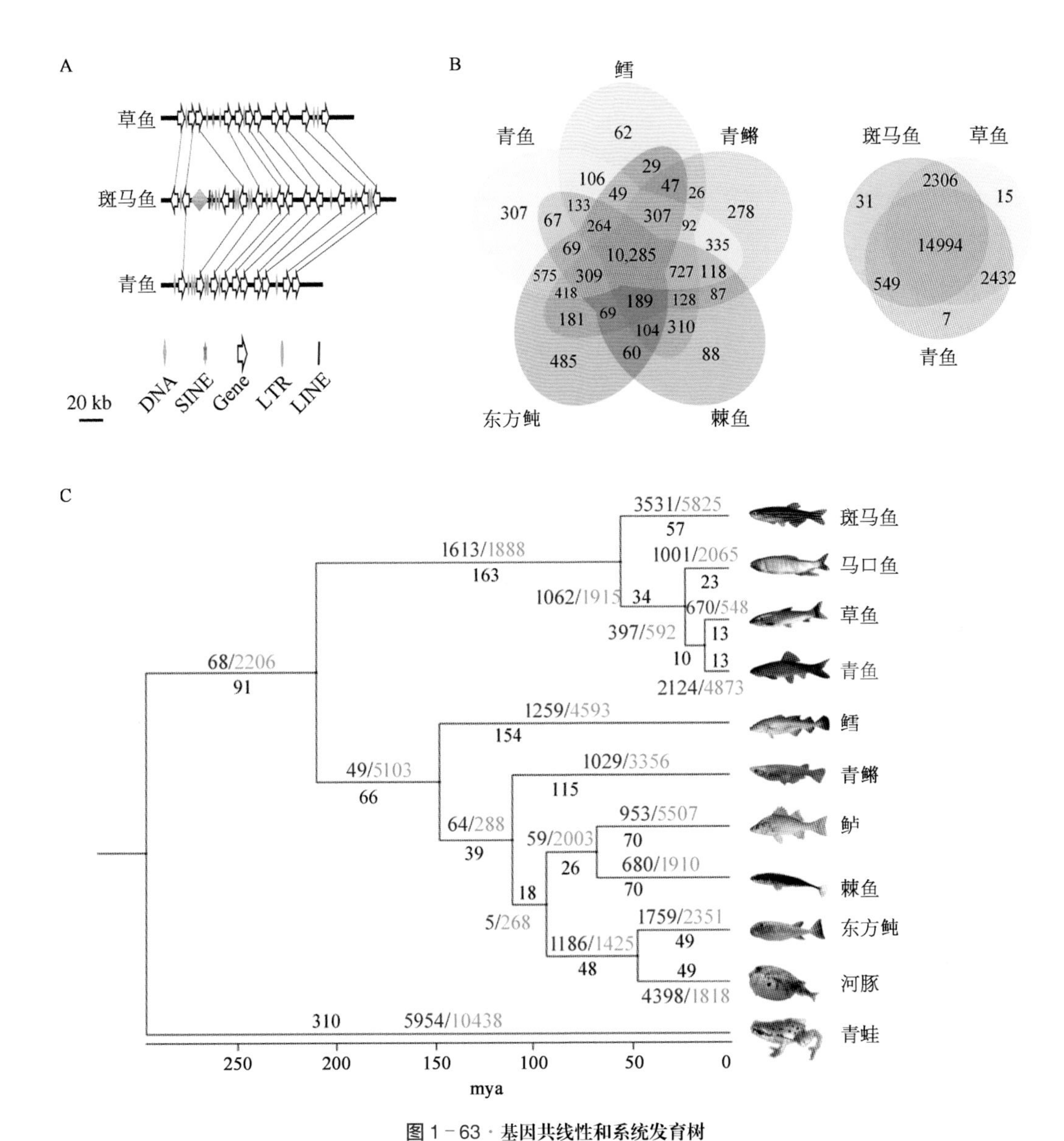

图 1－63 · 基因共线性和系统发育树

A. 青鱼、草鱼和斑马鱼的基因共线性。位于 scaffold 上的基因由未填充的箭头表示。典型的 DNA 转座子(DNA)、短散在核元件(SINE)、长散在核元件(LINE)和长末端反转录转座子(LTR)分别用黄色、粉色、红色和绿色方块表示。对齐的基因由黑线连接。scaffold 的长度以 20 kb 的尺度测量。B. 青鱼和硬骨鱼物种共有基因家族的维恩图。C. 重建了 11 个基因组的系统发育树。每个分支上的红色和蓝色数字分别表示相应物种形成后扩展或收缩的基因簇的数量。黑色数字显示了物种形成的时间。青蛙被用作外群。分支机构长度由每个站点的预期替代量来衡量

记。将缺失数据的截止值设置为<20%，并舍弃测序深度<5×的基因座，仅保留 MAF(次要等位基因频率)>10%的 SNP。

使用软件 JoinMap4.0 来构建遗传连锁图谱。上一步保留的标记首先被重新编码为“CP”种群类型下的 JoinMap 格式。标记类型分为 3 种分类模式：1∶1(lm×ll 或 nn×np)、1∶2∶1(hk×hk)和 1∶1∶1∶1(ab×cd 或 ef×eg)，这些标记只显示了前两个分类模式。

利用卡方检验将所有基因型进行孟德尔分离失真的拟合优度检验,排除在卡方值拟合优度检验中显示显著分离失真且 $P<0.01$ 的 SNP。将剩余的标记分配到连锁群(linkage group, LG),并使用 CP 算法在对数优势比(LOD)阈值为 10.0 的条件下构建图谱。使用回归映射算法和 Kosambi 函数来确定沿单个连锁群的标记顺序和标记间的遗传距离,重组率参数设置为 0.40。

使用 SPSS(v18.0)软件对所有子代进行了 4 个生长相关性状(BWE、BH、BL 和 BWI)间的 Pearson 相关性分析。利用软件 MapQTL6 并采用多 QTL 模型映射(MQM)的方法来检测表型变异的 QTL,该方法基于区间作图,但可以同时利用多个标记区间进行多个 QTL 作图。LOD 阈值的统计显著性由每个性状 1 000 次排列检验(t 检验)确定,置信区间为 95%。超过全染色体 LOD 阈值的 QTL 被认为是潜在显著性的($P<0.05$),而那些 LOD 超过全基因组 LOD 阈值的 QTL 被认为是显著和非常显著的($P<0.01$)。

青鱼个体的连锁群与斑马鱼基因组染色体间的同线性关系分析使用本地 Blastn 进行。首先,从 Ensembl 上下载斑马鱼的基因组序列;然后,使用 Bedtool 从青鱼基因组中提取位于目标 SNP 的侧翼 500 bp 序列;最后,用 e 值为 10^{-30} 的本地 Blastn 将所有带有目标 SNP 500 bp 的侧翼序列与斑马鱼的参考基因组进行比对。Circos v0.69-8 用于青鱼遗传图谱和斑马鱼染色体之间的基因组同线性的可视化。

① SNP 分型:质量控制后共获得 315 590 525 个 clean read,平均每个后代有 242 万个 clean paired end read,父母平均有 297 万个 paired end read。在 128 个后代和两个亲本中对 16 255 个 SNP 进行基因分型,经过一系列过滤步骤以除去测序深度低和缺失数据的基因型,以及次要等位基因频率小于 0.1 的位点,在整个作图家族中最终保留了 10 390 个 SNP 用于进一步分析。

② 连锁图谱构建:在去除 6 211 个偏离的标记后,共有 4 108 个 SNP 被成功定位到 24 个连锁群(表 1-43)(Guo 等,2022)。

表 1-43 · 青鱼高密度遗传连锁图谱信息

连锁群	连锁群中的标记数(个)	图谱中的标记数(个)	遗传距离(cM)	平均间隔(cM)
LG1	285	284	101.57	0.36
LG2	172	172	63.78	0.37
LG3	224	223	67.40	0.30
LG4	194	194	60.83	0.32

续 表

连锁群	连锁群中的标记数(个)	图谱中的标记数(个)	遗传距离(cM)	平均间隔(cM)
LG5	240	238	103.29	0.44
LG6	167	167	61.01	0.37
LG7	206	203	73.54	0.36
LG8	191	189	85.83	0.46
LG9	153	153	78.01	0.51
LG10	124	123	58.24	0.48
LG11	235	235	94.11	0.40
LG12	206	206	52.98	0.26
LG13	191	191	46.64	0.25
LG14	189	189	89.82	0.48
LG15	186	186	80.13	0.43
LG16	173	173	70.11	0.41
LG17	171	169	57.11	0.34
LG18	169	169	76.25	0.45
LG19	163	162	58.26	0.36
LG20	150	150	86.75	0.58
LG21	149	148	61.51	0.42
LG22	115	108	53.24	0.5
LG23	48	48	86.25	1.84
LG24	28	28	41.87	1.55
总计	4 129	4 108	1 708.53	0.51

连锁图谱的总遗传长度为 1 708.53 cM,单个连锁群的长度从 LG24 的 41.87 cM 到 LG5 的 103.29 cM,所有连锁群的平均长度为 71.19 cM;每个连锁群的标记数量从 LG24 的 28 个到 LG1 的 284 个,平均为 171 个;平均标记间隔从 LG13 的 0.25 cM 到 LG23 的 1.84 cM,平均为 0.51 cM。3 个最大的间隔存在于 LG9 和 LG23 中,间隔的遗传长度分别为 11.68 cM、12.168 cM 和 15.199 cM(图 1-64)。

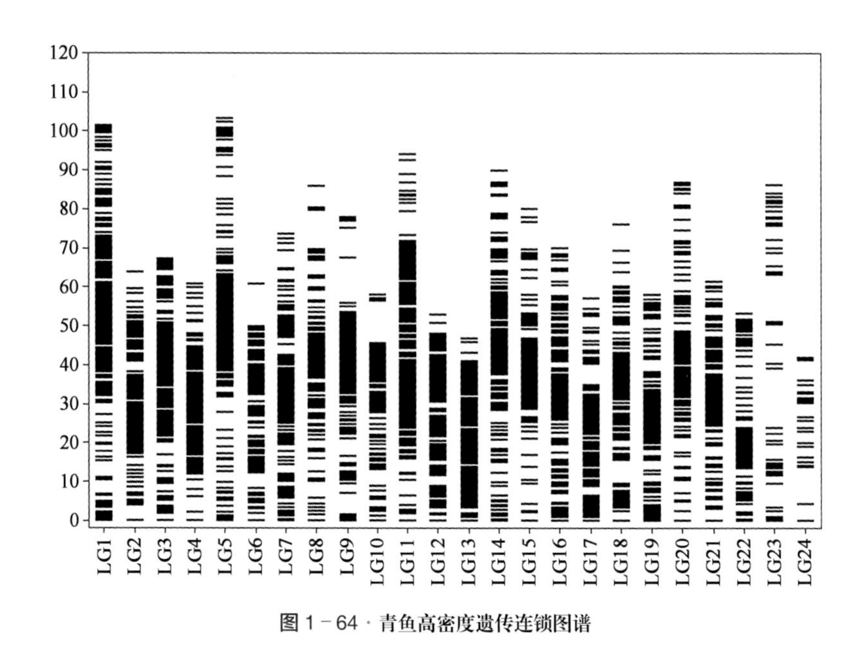

图 1-64 · 青鱼高密度遗传连锁图谱

③ 生长性状 QTL 定位：使用 Pearson 相关系数对 4 个与生长相关的性状[体重(BWE)、体长(BL)、体高(BH)和体宽(BWI)]进行成对比较。Pearson 检验显示，每对生长性状之间存在很强的相关系数(R 值介于 0.946~0.984 之间，$P<0.01$)。BWE 与 BL、BWE 与 BH、BWE 与 BWI 的相关系数分别为 0.970、0.958 和 0.946。相关系数的最大值和最小值出现在 BL 与 BWI 和 BWE 与 BH 间，分别为 0.984 和 0.946(表 1-44)。

表 1-44 · 青鱼 4 个生长性状相关性分析

	体重(BWE)	体长(BL)	体高(BH)	体宽(BWI)
体重(BWE)	1	0.970**	0.958**	0.946**
体长(BL)		1	0.984**	0.974**
体高(BH)			1	0.979*
体宽(BWI)				1

注：** 表示极显著相关性($P<0.01$)。

利用软件 MapQTL6.0 对青鱼的 4 个生长性状进行 QTL 定位，共发现了 17 个全染色体显著 QTL，这些 QTL 全都位于 LG10、LG17、LG20 这 3 个连锁群。这 17 个 QTL 中有 4 个与 BL 相关、1 个与 BWE 相关、6 个与 BWI 相关、6 个与 BH 相关。LG17 上的 4 个生长性状相关的 QTL 区间中存在重叠区域,这些区域含有 1 个共同的 SNP 标记(snp8107)。与 BL 相关的 4 个 QTL(qBL10 和 qBL17a/b/c)位于 LG10 中的 36.651 cM 和 LG17 中的 5.907 cM、16.508 cM、21.334 cM 处,分别解释 11.9%、13.4%、13.8%和 12.4%的表型变异值(表 1-44)。仅发现了 1 个与 BWE 相关的 QTL 区域,其中包含 5 个 SNP,LOD 值为 3.83,解释 12.9%的表型变异,该 QTL 位于 LG17 的 5.446~7.492 cM 处,峰值标记为 snp8107(表 1-44)。对于 BWI,发现了在 LG10、LG17 和 LG20 上的 6 个 QTL 区域,包括 28 个 SNP,其中 qBWI17c 的区间具有最高 LOD 值(4.05),解释 13.6%的表型变异,位于 16.209~18.245 cM 处,峰值标记为 snp2327。对于 BH,共定位到 6 个 QTL 区域,这些区域与 BWI 的区域非常相似,其中 qBH17b 具有最高 LOD 值(4.69)(表 1-45 和图 1-65)。

表 1-45 · 青鱼 4 个生长相关性状 QTL

性状	QTL 名称	连锁群	遗传距离(cM)	解释表型变异值(%)	LOD 峰值	染色体水平显著性	邻近标记	标记数
体长(BL)	qBL10	LG10	35.987~36.927	11.9	3.51	3.4	snp9802	4
	qBL17a	LG17	1.565~6.492	13.4	3.99	3.4	snp8107	13
	qBL17b	LG17	16.209~18.245	13.8	4.14	3.4	snp10040	8
	qBL17c	LG17	19.413~23.051	12.1	3.59	3.4	snp6527	9
体重(BWE)	qBWE17	LG17	5.446~7.492	12.9	3.83	3.6	snp8107	5
体宽(BWI)	qBWI10	LG10	35.987~36.927	11.7	3.46	3.3	snp9802	4
	qBWI17a	LG17	3.524~4.448	12.2	3.62	3.4	snp8477	3
	qBWI17b	LG17	5.890~6.492	12.0	3.54	3.4	snp8107	3
	qBWI17c	LG17	16.209~18.245	13.6	4.05	3.4	snp2327	8
	qBWI17d	LG17	18.954~21.397	11.9	3.51	3.4	snp6527	8
	qBWI20	LG20	10.371~13.067	11.0	3.25	3.2	snp4952	2
体高(BH)	qBH10a	LG10	32.945~34.584	11.4	3.36	3.3	snp225	3
	qBH10b	LG10	35.808~36.927	12.9	3.85	3.3	snp9802	5
	qBH17a	LG17	3.524~6.492	13.2	3.93	3.5	snp8107	9
	qBH17b	LG17	14.887~18.245	15.5	4.69	3.5	snp2327	13
	qBH17c	LG17	19.413~23.051	13.1	3.89	3.5	snp6527	9
	qBH20	LG20	10.371~12.607	10.9	3.20	3.2	snp952	2

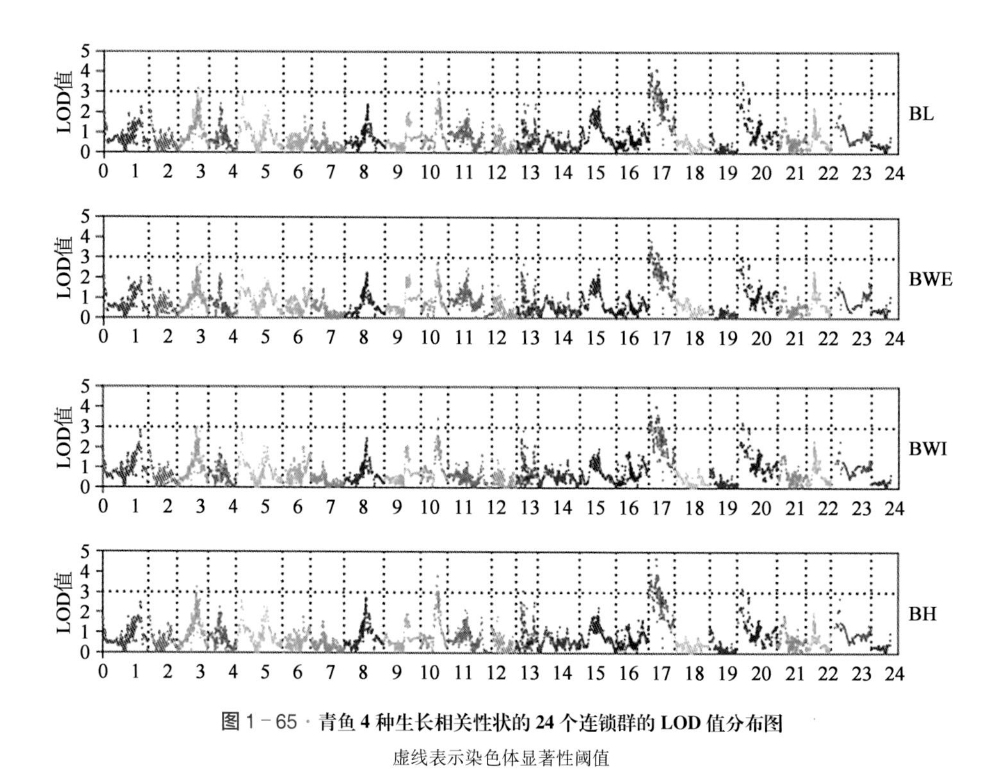

图 1-65 · 青鱼 4 种生长相关性状的 24 个连锁群的 LOD 值分布图

虚线表示染色体显著性阈值

qBH17b 与 qBWI17c 位于同一位置(14.887~18.245 cM),解释了 15.5%的表型变异。值得注意的是,LG17 上 BL 的重要区域(16.209~18.245 cM)与 BWE、BWI 和 BH 的重要区域重叠。此外,LG17 上 BWI 的另一个重要区域(5.89~6.492 cM)与 BWE、BL 和 BH 的区域重叠(表 1-44 和图 1-65)。

④ 比较基因组学:在本研究中,4 108 个 SNP 标记被定位到青鱼参考基因组草图的 2 603 个支架上,共鉴定了 3 060 对青鱼和斑马鱼之间的直系同源对,其中 1 722 对(56.3%)位于保守的共线性区域中,揭示了青鱼和斑马鱼基因组之间高度保守的共线性关系(图 1-66)。基于连锁图和基因组草图序列的同源性,构建了青鱼 24 条假染色体,对于 SNP 标记的 4 108 个扩展序列,仅有 14.1%(4 108 个中的 579 个)映射到斑马鱼的染色体上(2n=50)。

本研究构建出包含 4 108 个 SNP 标记的青鱼遗传连锁图谱,其平均密度为 0.51 cM,全长为 1 708.531 cM。利用比较基因组学的共线性分析方法,在高密度连锁图谱和斑马鱼染色体之间检测到保守的共线性关系。关联分析显示,体重、体长、体宽和体高 4 个性状间存在极显著的相关性。利用高密度连锁图谱进行青鱼生长性状相关 QTL 定位,在 3 个连锁群(LG10、LG17、LG20)上鉴定出与体重、体长、体高和体宽相关的 17 个 QTL,解释的表型变异值(PVE)在 10.9%~15.5%之间。

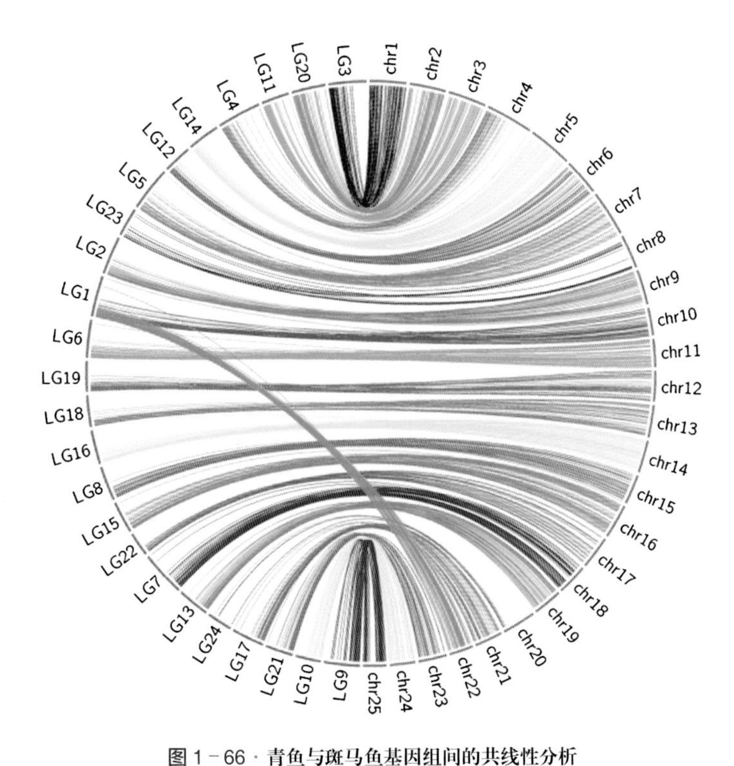

图 1－66 · 青鱼与斑马鱼基因组间的共线性分析

仅展示 1∶1 的直系同源匹配,每种颜色连线代表两物种间的一个同源匹配

(3) 体重 QTL 区间内生长相关 SNP 标记与生长性状的相关性分析

为了研究与体重性状相关 QTL 区间内的 SNP 与生长性状间的关联并找到其优势基因型,对 LG17 连锁群上 qBWE17 区间内的 snp8107、snp9562 和 snp4197 这三个 SNP 进行了与生长性状的关联分析。

实验所用的青鱼群体取自江苏省扬州市广陵长江系家鱼原种场,分别选择 20 尾雄鱼和 20 尾雌鱼构建实验群体。6 月龄时,随机抽取 228 条青鱼麻醉(MS－222)后进行体重、体长测量并植入 PIT 电子标记,剪取鳍条组织置于无水乙醇冷冻保存。

找到各 SNP 在 scaffold 上的位置,制作用于后续序列提取所需要的 bed 文件。首先利用软件 BWA(v0.7.17)构建青鱼参考基因组索引,再通过 bedtools 提取出 bed 文件中要求的序列。软件 Primer Premier5 用于引物的设计,要求扩增出的片段包含有 SNP 位点。引物信息见表 1－46。

对来自邗江群体 288 个样本的 DNA 进行 PCR 扩增和测序分型。获得测序结果后,利用 Sequencher(v5.4.6)将测得的序列与参考序列比对,观察测序峰图并找到 SNP 位点。

表 1-46 SNP 位点信息及引物序列

SNP 位点	位置	SNP 类型	引物序列(5′—3′)	退火温度(℃)	产物大小(bp)
snp9562	1232	G/A	S：5′-CTATCAGCACACTCACCACATT-3′ A：5′-CAGACCACAATGCTCTTCCA-3′	56.5℃	274
snp8107	2486	A/G	S：5′-TGGTCTGCTGTGTTCTCCTC-3′ A：5′-CGGTGTGGATGAACAGACTC-3′	55.5℃	437
snp4197	7181	A/T	S：5′-TTCAATTCAGACTCTTCCCCC-3′ A：5′-CAAATGCTACACAACGCCAC-3′	58.3℃	366

用 Cervus(v3.0)软件分析期望杂合度(expected heterozygosity, *He*)、观测杂合度(observational heterozygosity, *Ho*)以及多态信息含量(polymorphic information content, *PIC*)等参数。各 SNP 位点的基因频率和基因型频率的分析采用软件 Excel 2016 进行，并进行卡方适合性检验，以 $P>0.05$ 为显著性标准来判断是否符合哈代—温伯格平衡定律。利用 SPSS Statistics(v25.0)软件中的单因素方差分析(One-Way ANVOA)法分析青鱼的生长性状与 3 个 SNP 间的关系，差异显著性采用邓肯式(Duncan's)法进行分析，显著性判断标准为 $P<0.05$，关联分析的最终结果用“平均数±标准差(Mean±SD)”表示。

① SNP 分型结果及位点分析：所有 SNP 的突变方式均为转换突变，其中 snp4197 位点为 A/T，snp8107 位点为 A/G，snp9562 位点为 G/A。将 snp4197 的 AA 型、snp8107 的 AA 型和 snp9562 的 GG 型统一命名为 AA 型，将 snp4197 的 TT 型、snp8107 的 GG 型和 snp9562 的 AA 型统一命名为 BB 型，将 snp4197 的 AT 型、snp8107 的 AG 型和 snp9562 的 GA 型统一命名为 AB 型，不同基因型的测序峰图如图 1-67。

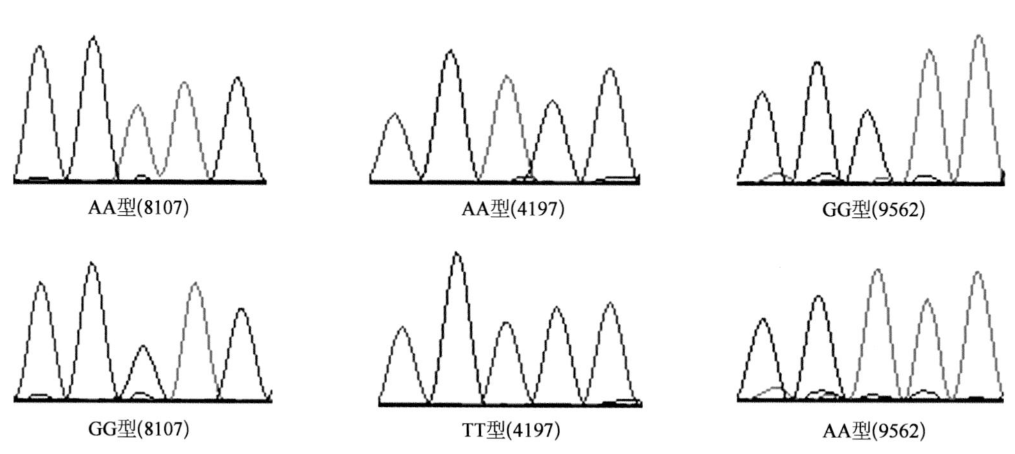

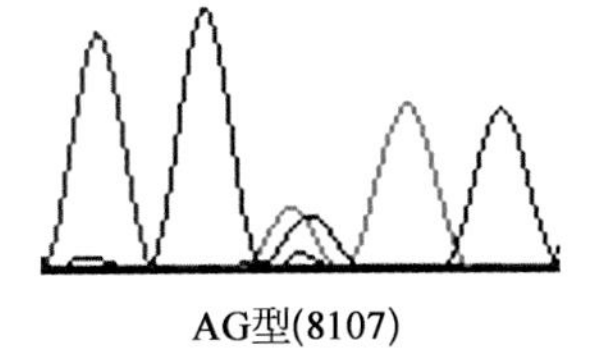
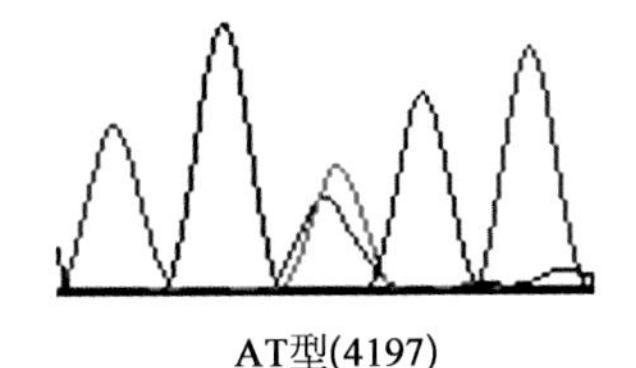
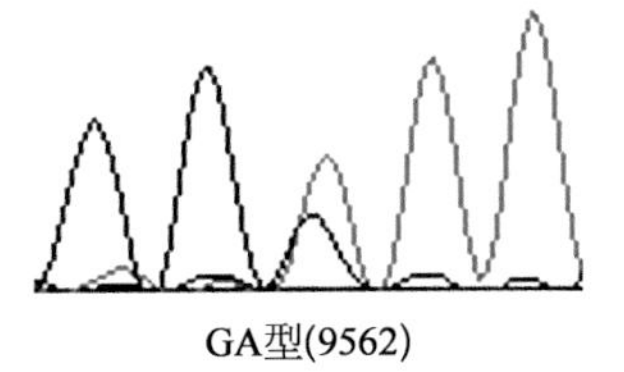

AG型(8107)　　AT型(4197)　　GA型(9562)

图 1-67 · 多态性位点不同基因型测序峰图

② SNP 位点的多态性分析及 P_{HW} 检验：对 snp8107、snp9562 和 snp4197 这 3 个 SNP 位点进行 P_{HW} 检验(表 1-47)，卡方值(χ^2)分别为 0.394 1、1.551 8 和 68.395，在自由度 df=2 的前提下 snp8107 和 snp9562 的 P 值分别为 0.821 和 0.460，均满足 $P>0.05$，说明接受零假设，因此 snp8107 和 snp9562 均处于哈代—温伯格平衡状态($P>0.05$)，但 snp4197 在自由度 df=2 的前提下 $P<0.05$，因此不处于哈代—温伯格平衡状态。

表 1-47 · SNP 位点的 P_{HW} 检验

SNP 位点	χ^2 值	P 值
snp8107	0.394 10	0.821
snp9562	1.551 8	0.460
snp4197	68.395	1.4067E-15

③ SNP 位点的多态性与青鱼生长性状的关联分析：经过 P_{HW} 检验，3 个 SNP 位点中只有 snp4197 发生偏离，因此在后续研究中将去除这一位点。多态性分析结果显示(表 1-48)，与包含 snp8107 位点的片段相比，包含 snp9562 位点的片段有着最高的多态信息含量和有效等位基因频率，分别为 0.191 和 1.04。

表 1-48 · snp8107 和 snp9562 两个片段的多态性分析

SNP 位点	样本数量	观测杂合度(Ho)	预期杂合度(He)	多态信息含量(PIC)	无效等位基因频率(F)
snp8107	288	0.086 8	0.093	0.088	0.012 1
snp9562	288	0.229	0.214	0.191	-0.035 4

对 snp8107 和 snp9562 这两个位点的基因型及基因型频率进行统计，发现 snp8107 的 AA 型和 snp9562 的 GG 型的个体数量远大于其他基因型个体数量。在 snp8107 位点中 A

的基因频率达到95.31%，snp9562位点中G的基因频率达到87.85%，在snp4197位点中A的基因频率达到57.64%（表1－49）。

表1－49 · 2个SNP位点的基因型及基因型频率

SNP位点	基因型频率			基因频率	
	AA	AB	BB	A	B
snp8107	0.909 7(262)	0.086 81(25)	0.003 470(1)	95.31	4.69
snp9562	0.763 9(220)	0.229 2(66)	0.006 940(2)	87.85	12.15

统计了所有实验鱼的体重及体长的平均值，并利用方差分析及多重比较对体重和体长这两项表型数据进行了分析，结果显示，体重与体长两个表型性状Pearson相关性系数达到0.963（$P<0.01$），属于极显著相关（表1－50）。

表1－50 · 288个个体的表型数据及相关性

项 目	比较项	体重(g)	体长(cm)
体重	Pearson相关性	1	0.963**
	平均值±标准差	88.01±27.09	16.92±1.65

注：** 表示极显著相关性（$P<0.01$）。

将不同基因型个体的体重和体长数据分别与2个不同的SNP位点进行关联分析，结果见表1－51。关联分析显示，每个SNP位点的3种基因型在体重平均值上差异并不显著。由于snp8107位点存在数量为1的基因型，因此无法进行显著性分析。总体来看，snp8107的AG型和snp9562的GA型个体的平均体重要高于其他基因型个体的平均体重；对于体长性状，在snp8107的AG型个体和snp9562的GA型个体中出现了平均值最大值17.10和17.14。

表1－51 · 不同基因型与生长性状关联分析

SNP位点	基因型	数 量	体重(g)	体长(cm)
snp8107	AA	261	87.76±27.147	16.90±1.64
	AG	26	91.00±27.26	17.10±1.78
	GG	1	74.30±0.00	16.50±0.00

续 表

SNP 位点	基因型	数 量	体重(g)	体长(cm)
snp9562	GG	220	86. 62±26. 37[a]	16. 85±1. 65[a]
	GA	66	93. 06±29. 30[a]	17. 14±1. 69[a]
	AA	2	74. 15±0. 21[a]	16. 40±0. 14[a]

注：同列上标不同字母表示存在显著性差异(P<0. 05)。

由于 2 个 SNP 全部来自 LG17 连锁群,可能存在连锁效应。为提高分析的准确性,将 2 个 SNP 位点组合为二倍型来比较不同二倍型与性状间的差异(表 1－52),共检测到 8 种二倍型。关联分析结果显示,二倍型 D2 与二倍型 D1 间存在显著差异,而二倍型 D4 与二倍型 D1 和 D2 间不存在显著差异。除数量仅有 1 的二倍型样本外,由 AA GA 组成的双倍型 D2 的体重平均值最高,二倍型 D4(AG GA)次之。总体而言,可以确定 snp8107 的 AA 和 snp9562 的 GA 组成的二倍型 D2 为优势基因型。对于体长性状而言,平均值前三位同样为 D1、D2 和 D4,但这 3 个二倍型之间差异不显著。体重和体长的最小平均值出现在 AA GG 组成的二倍型 D1 中,由此推测这 2 种二倍型可能处于劣势。

表 1－52 · snp8107 和 snp9562 位点组成的二倍型和青鱼生长性状的关联分析

二倍型	SNP 位点		数 量	体 重(g)	体 长(cm)
	snp8107	snp9562			
D1	AA	GG	219	86. 262±25. 893[b]	16. 833±1. 620[a]
D2	AA	GA	41	96. 112±32. 368[a]	17. 271±1. 753[a]
D3	AG	GG	1	165	21. 4
D4	AG	GA	25	88. 04±23. 167[ab]	16. 928±1. 584[a]
D5	GG	AA	1	74. 3	16. 5
D6	AA	AA	1	74	16. 3

注：同列上标不同字母表示存在显著性差异。

综上所述,体重相关 SNP 位点 snp8107 和 snp9562 的优势基因型分别为 AG 和 GA。基于这 2 个 SNP 位点构建二倍型,发现由 snp8107 的 AA 和 snp9562 的 GA 组成的二倍型体重平均值最高,在体重方面呈现优势。体重和体长的关联分析显示,两者之间具有极显著的相关性,因此,可以通过改变与生长相关的 4 种性状中的一种达到改良其他性状的目的。

(4) 生长相关 SNP 标记在不同地理群体中的验证

在前期构建的青鱼高密度连锁图谱和 QTL 定位结果的基础上，利用体重 QTL 区间中的 2 个 SNP 标记在 3 个青鱼群体中进行验证，目的是为了检测通过 QTL 定位得到的 SNP 是否也可以应用于其他地理群体，并利用对分子标记的侧翼序列进行基因型组成分析、遗传多样性分析及中性检验等方法，对 3 个群体的 2 个 SNP 侧翼序列进行分析。

青鱼实验群体来自湖北石首、江苏邗江和湖南湘江的四大家鱼原种场，位置信息见表 1－53。取鳍条置于无水乙醇，保存在−20℃冰箱备用。

表 1－53 · 样本采集地信息

采集地	经纬度	样本数(尾)
湖北石首	112.48°E,29.84°N	30
湖南湘江	113.01°E,28.28°N	30
江苏邗江	119.43°E,32.35°N	30

采用传统的苯酚氯仿方法提取基因组 DNA，检测后保存。

选取先前研究体重 QTL 区间中的 2 个 SNP 标记 snp8107 和 snp9562，利用开发分子标记时包含所有分子标记信息的中间文件找到 SNP 在 scaffold 上的位置，制作用于后续序列提取所需要的 bed 文件，提取序列的范围为 SNP 标记左、右两翼的 300 bp 碱基。首先利用软件 BWA(v0.7.17)构建青鱼参考基因组索引，通过 bedtool 提取出 bed 文件中要求的序列。软件 Primer Premier5 用于引物的设计，要求扩增出的片段包含 SNP 位点。

所采集的鳍条样本在进行 DNA 提取后，对目标序列进行 PCR 扩增，引物的详细信息见表 1－54。通过琼脂糖凝胶电泳检查每个样本扩增出片段的长度和条带的清晰度，检查后交由上海迈浦生物科技有限公司进行 Sanger 测序，根据测序峰图判断分子标记处的碱基类型。

使用软件 Sequencher(v5.4.6)对测序结果进行多序列比对、修剪，单倍型数 h、单倍型多样性 H_d 及核苷酸多样性 $\pi(Pi)$ 等遗传多样性参数由软件 dnasp5.0 完成，中性进化检验(Tajima test)也由软件 dnasp5.0 完成。

表 1-54 · SNP 位点信息及引物序列

SNP 位点	位置（bp）	SNP 类型	引物序列(5′—3′)	退火温度（℃）	产物大小（bp）
snp9562	1 232	G/A	S：5′-CTATCAGCACACTCACCACATT-3′ A：5′-CAGACCACAATGCTCTTCCA-3′	56.5℃	274
snp8107	2 486	A/G	S：5′-TGGTCTGCTGTGTTCTCCTC-3′ A：5′-CGGTGTGGATGAACAGACTC-3′	55.5℃	437

① SNP 分型结果及基因型分析：所有 SNP 的突变方式均为转换突变，snp8107 位点为 A/G，snp9562 位点为 G/A。将 snp8107 的 AA 型和 snp9562 的 GG 型统一命名为 AA 型，snp8107 的 GG 型和 snp9562 的 AA 型统一命名为 BB 型，snp8107 的 AG 型和 snp9562 的 GA 型统一命名为 AB 型。多态性位点不同基因型的测序峰图如图 1-68。2 个 SNP 位点在不同群体中的基因频率和基因型频率见表 1-55。邗江群体的等位基因 A（A 基因型）的频率最高，达到 95%；等位基因 G（B 基因型）的基因频率最低，为 5%。

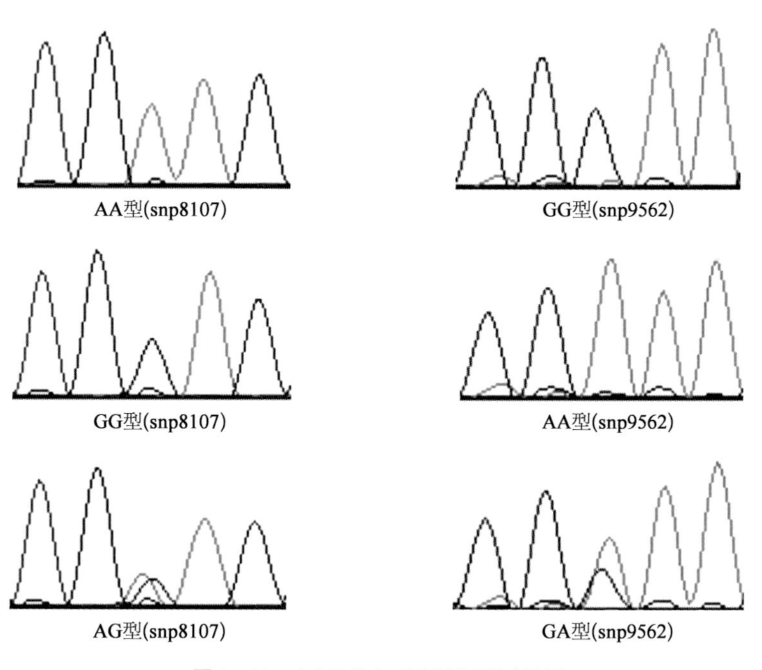

图 1-68 · 多态性位点不同基因型测序峰图

② 遗传多样性分析：利用 dnasp5.0、Cervus 进行遗传多样性分析和多态性分析，结果见表 1-56 和表 1-57。邗江群体 snp8107 侧翼序列片段的单倍型数量最多，核苷酸多样性达到 0.003 29；湘江群体 snp8107 侧翼序列片段的单倍型数量最少，核苷酸多样性为 0.001 60。检测到 snp9562 侧翼序列片段在 3 个群体中具有相同的单倍型数，但湘江群体

表 1-55 · 3 个群体青鱼的基因型及等位基因频率统计

SNP 位点	群体名称	基因型频率			基因频率	
		AA	AB	BB	A	B
snp8107	邗江群体	0.90(27)	0.10(3)	0	0.95	0.05
	湘江群体	0.77(23)	0.23(7)	0	0.88	0.12
	石首群体	0.77(23)	0.17(5)	0.07(2)	0.85	0.15
snp9562	邗江群体	0.67(20)	0.33(10)	0	0.83	0.17
	湘江群体	0.43(13)	0	0.57(17)	0.43	0.57
	石首群体	0.37(11)	0.53(16)	0.10(3)	0.63	0.37

表 1-56 · 包含 2 个 SNP 标记的片段在 3 个群体中的遗传多样性

片段名称	样品数(N)	单倍型数(h)	单倍型多样性(H_d)	核苷酸多样性 π(Pi)	平均核苷酸差异数(K)
石首群体 snp8107 侧翼序列	30	3	0.497	0.001 83	0.589
湘江群体 snp8107 侧翼序列	30	2	0.515	0.001 60	0.515
邗江群体 snp8107 侧翼序列	30	6	0.782	0.003 29	1.214
石首群体 snp9562 侧翼序列	30	2	0.480	0.002 75	0.480
湘江群体 snp9562 侧翼序列	30	2	0.508	0.003 30	0.508
邗江群体 snp9562 侧翼序列	30	2	0.239	0.001 32	0.239

表 1-57 · 3 个群体中 snp8107 和 snp9562 位点的多态性分析

群体名称	SNP 位点	观测杂合度(Ho)	预期杂合度(He)	多态信息含量(PIC)	无效等位基因频率(F)
邗江群体	snp8107	0.133	0.127	0.117	-0.025 8
	snp9562	0.300	0.259	0.222	-0.077 8
湘江群体	snp8107	0.233	0.210	0.185	-0.056 7
	snp9562	0.067	0.506	0.374	0.763 7
石首群体	snp8107	0.167	0.259	0.222	0.209 4
	snp9562	0.533	0.472	0.357	-0.069 0

的核苷酸多样性最高,达到 0.003 30;邗江群体的核苷酸多样性最低,为 0.001 32。对 3 个群体的 2 个 SNP 位点进行多态性分析,结果显示,在 3 个群体中,snp9562 位点的多态信息含量(polymorphic information content,*PIC*)要高于 snp8107 位点,snp9562 位点的预期杂合度(expected heterozygosity,*He*)要高于 snp8107 位点;在观测杂合度(observed homozygosity,*Ho*)方面,除湘江群体外,其他两个群体的 snp9562 位点的观测杂合度均高于 snp8107 位点。

③ 中性进化检验(Tajima test):分别将石首群体、湘江群体和邗江群体的 snp8107、snp9562 位点侧翼序列片段整合,利用软件 dnasp5.0 进行 Tajima test、Fu and Li's D test 和 Fu and Li's F test,结果见表 1-58,其中 snp8107 和 snp9562 侧翼序列片段的 D 值显著偏离 0。

表 1-58 · 2 个多态性位点片段的中性进化检验

片段名称	Tajima's D test		Fu and Li's D test		Fu and Li's F test	
	D	P	D	P	F	P
snp8107 侧翼序列	4.161 76	<0.001	2.503 34	<0.02	3.851 10	<0.02
snp9562 侧翼序列	4.129 36	<0.001	2.208 21	<0.02	3.581 42	<0.02
总计	4.145 56	<0.001	2.355 78	<0.02	3.716 26	<0.02

遗传多样性结果显示,snp8107 的扩展片段的单倍型多样性(H_d)在邗江群体、湘江群体和石首群体中分别为 0.782、0.515 和 0.497;各位点的观测杂合度(*Ho*)介于 0.067~0.533 间,平均为 0.239;期望杂合度(*He*)介于 0.127~0.506 间,平均为 0.306;多态信息含量(*PIC*)介于 0.117~0.374 间,平均为 0.246。中性进化检验显示,3 个群体在历史上可能发生过瓶颈效应,导致稀有等位基因丢失的现象;结合遗传多样性结果推测,邗江群体在经历瓶颈效应后保留下来的稀有等位基因更多,是适合进行遗传改良的最优品种。

1.3 青鱼种质资源保护面临的问题与保护策略

1.3.1 · 青鱼种质资源保护面临的问题

青鱼种质资源受到的威胁来自栖息地破坏、过度捕捞、水污染等方面。鱼类的栖息地主要包括产卵场、索饵场、越冬场及洄游通道等，主要由水利建设导致的产卵场破坏和洄游途径被阻断是青鱼栖息地面临的重要威胁（陈明千等，2013）。水利工程人为地改变了河道的边界和水文条件，大部分鱼类洄游通道受阻，如三峡大坝建成后，坝前最高蓄水水位升高至 175 m，直接阻隔了长江上游与中游间的鱼类洄游途径，蓄水之后造成长江中游宜昌江段四大家鱼产卵时间推迟约 20 天，产卵规模减小约 75%（Li 等，2016），且产卵场规模和数量都在萎缩（俞立雄，2018）。酷渔滥捕，尤其是对仔幼鱼的捕捞，造成了四大家鱼野生资源的急剧减少。1997—2000 年，段辛斌等对三峡库区渔获物的调查发现，渔获物中低龄鱼及幼鱼比重增加，与 20 世纪 70 年代资料相比，三峡库区鱼类资源已呈衰退趋势（段辛斌等，2002、2008）。2005 年国家环境公报显示，长江水系大部分河段水质良好，污染主要集中在各干、支流主要城市的近岸水域，多属有机污染（蒲思川和冯启明，2008）。

1.3.2 · 青鱼种质资源保护措施

为了保护青鱼种质资源，需要从两方面着手：一方面需要对青鱼所需的生存环境进行保护和恢复，比如针对鱼类繁殖所需的江汛进行生态调度、常年禁捕政策、水污染治理等措施；另一方面，对于已经被破坏的栖息地，可以实施就地保护或异地保护。就地保护一般在原栖息地水域的天然湖泊、水库建立种质资源保护区，对原有当地种群进行保护和扩大，如天鹅洲故道和老江河两地都是长江裁弯取直形成的封闭湖泊，水域面积在 1 800 hm^2 以上，自然条件与干流相似（于红霞等，2009；龚江等，2018）。在此建立长江水系四大家鱼种质资源天然生态库，将干流鱼苗培育至鱼种后放入保护区水体，不再人工投饵，利用生态库优越的生态环境和丰富的饵料生物资源为长江青鱼提供接近自然条件的栖息地，每年培养成熟的个体还可以为各大良种场提供优质的四大家鱼原种补充，能够在群体水平保护和合理利用四大家鱼种质资源。

对于本地环境不适合生存的，也可以采取引种迁移、低温配子冷冻等异地保护措施。如江苏邗江、安徽芜湖、江西瑞昌等长江四大家鱼原种场就是将长江流域的种鱼置于异地人工或自然环境下进行种质资源保护的形式。在全国各地建立的四大家鱼水产良种场则是家鱼野生种群保护延续与养殖生产之间的桥梁，从原种引进到人工繁殖鱼苗，水产良种场同时在种质资源保护和经济效益转换中发挥作用。在苏州吴江农业部大宗淡水鱼类繁育基地，从全国各地引进的青鱼野生群体被独立培养，在各地理群体自繁后代间比较生长性能，挑选出生长较快的群体，为青鱼的遗传改良提供基础群体材料。

采取增殖放流，将各原种场培育的青鱼成鱼或者仔稚鱼放归原生江河，也能提高青鱼自然种群数量，恢复渔业资源。为了保护青鱼自然种质资源，需要对放流群体进行遗传多样性调查,并且在放流后对野生群体的遗传结构进行调查,检查放流群体在种群基因库中的影响。陈会娟(2019)利用微卫星多重 PCR 体系对 2015—2017 年长江中游四大家鱼放流亲本群体进行遗传多样性分析,结果表明,青鱼放流亲本群体遗传多样性较丰富,适合放流;但是亲子鉴定结果显示,青鱼放流亲本群体对早期资源的数量无明显贡献,人工增殖放流并未对渔获物群体的遗传多样性及遗传结构造成显著性影响。

(撰稿:李家乐、沈玉帮、徐晓雁)

2

青鱼人工繁育技术

2.1 繁育生物学基础

青鱼(图 2-1)为底层鱼类,主要生活在江河深水段,喜活动于水的下层以及水流较急的区域,喜食黄蚬、湖沼腹蛤和螺类等软体动物。体长 10 cm 以下的幼鱼以枝角类、轮虫和水生昆虫为食物,体长 15 cm 以上的个体开始摄食幼小而壳薄的蚬、螺等。青鱼冬季在深潭越冬,春季游至江河急流处产卵。

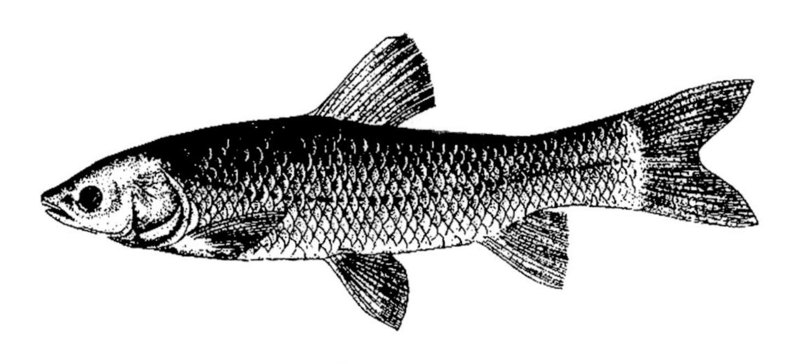

图 2-1 · 青鱼

鱼类人工繁殖的成败主要取决于亲鱼的性腺发育状况,而性腺发育既受内分泌激素的控制,也受营养和环境条件的直接影响。因此,亲鱼培育要遵守亲鱼性腺发育的基本规律,创造良好的营养生态条件,促使其性腺生长发育。

2.1.1 · 精子和卵子的发育

(1) 精子的发育

鱼类精子的形成过程可分为繁殖生长期、成熟期和变态期 3 个时期。

① 繁殖生长期: 原始生殖细胞经过无数次分裂,形成大量的精原细胞,直至分裂停止。此期核内染色体变成粗线状或细线状,形成初级精母细胞。

② 成熟期: 初级精母细胞同源染色体配对进行两次成熟分裂。第一次分裂为减数分裂,每个初级精母细胞(双倍体)分裂成为 2 个次级精母细胞(单倍体);第二次分裂为有丝分裂,每个初级精母细胞各形成 2 个精子细胞。精子细胞比次级精母细胞小得多。

③ 变态期: 精子细胞经过一系列复杂的过程变成精子。精子是一种高度特化的细

胞,由头、颈、尾三部分组成,其中头部是激发卵子和传递遗传物质的部分。有些鱼类精子的前端有顶体结构,又名穿孔器,被认为与精子钻入孔内有关。

(2) 卵子的发育

青鱼卵原细胞发育成为成熟卵子一般要经过 3 个时期,即卵原细胞增殖期、卵原细胞生长期和卵原细胞成熟期。

① 卵原细胞增殖期:此期卵原细胞反复进行有丝分裂,细胞数目不断增加,经过若干次分裂后,卵原细胞停止分裂,开始长大,并向初级卵母细胞过渡。此阶段的卵细胞为第Ⅰ时相卵原细胞,以第Ⅰ时相卵原细胞为主的卵巢称第Ⅰ期卵巢。

② 卵原细胞生长期:此期可分为小生长期和大生长期两个阶段。该期的生殖细胞称卵母细胞。

小生长期:从成熟分裂前期的核变化和染色体的配对开始,以真正的核仁出现及卵细胞质的增加为特征,又称无卵黄期。以此时相卵母细胞为主的卵巢称第Ⅱ期卵巢。主要养殖鱼类性成熟以前的个体,卵巢均停留在第Ⅱ期。

大生长期:此期的最大特征是卵黄的积累,卵母细胞的细胞质内逐渐蓄积卵黄直至充满细胞质。根据卵黄积累状况和程度,此期又可分为卵黄积累和卵黄充满两个阶段。前者主要特征是初级卵母细胞的体积增大,卵黄开始积累,此时的卵巢处于第Ⅲ期;后者的主要特征是卵黄在初级卵母细胞内不断积累,并充满整个细胞质部分,卵黄生长完成,初级卵母细胞长到最终大小,此时的卵巢处于第Ⅳ期。

③ 卵原细胞成熟期:初级卵母细胞生长完成后,其体积不再增大。这时,卵黄开始融合成块状,细胞核极化,核膜溶解,初级卵母细胞进行第一次成熟分裂,放出第一极体,紧接着进行第二次成熟分裂,并停留在分裂中期等待受精。

成熟期进行得很快,仅数小时或十几小时便可完成,此时的卵巢处于第Ⅴ期。青鱼卵子停留在第二次成熟分裂中期的时间一般只有 1~2 h,如果条件适宜,卵子能及时产出体外,完成受精并放出第二极体,称为受精卵;如果条件不适宜,卵子就会成为过熟卵而失去受精能力。

青鱼成熟的卵子呈圆球形,微黄而带青色,半浮性,吸水前直径 1.4~1.8 mm。

2.1.2 · 性腺分期和性周期

(1) 性腺分期

为了便于观察和鉴别青鱼性腺生长、发育和成熟的程度,通常将其性腺发育过程分为6期,各期特征见表2-1。

表2-1 · 青鱼性腺发育的分期特征

分期	雄　性	雌　性
Ⅰ	性腺呈细线状,灰白色,紧贴在鳔下两侧的腹膜上;肉眼不能区分雌雄	性腺呈细线状,灰白色,紧贴在鳔下两侧的腹膜上;肉眼不能区分雌雄
Ⅱ	性腺呈细带状,白色,半透明;精巢表面血管不明显;肉眼已可区分雌雄	性腺呈扁带状,宽度是同体重雄性精巢的5~10倍;白色,半透明;卵巢表面血管不明显,撕开卵巢膜可见花瓣状纹理;肉眼看不见卵粒
Ⅲ	精巢白色,表面光滑,外形似柱状;挤压腹部,不能挤出精液	卵巢的体积增大,呈青灰色或褐灰色;肉眼可见小卵粒,但不易分离、脱落
Ⅳ	精巢已不再是光滑的柱状,宽大而出现皱褶,乳白色;早期仍挤不出精液,但后期能挤出精液	卵巢体积显著增大,充满体腔;卵巢呈青灰色或灰绿色;表面血管粗大,肉眼可见;卵粒大而明显,较易分离
Ⅴ	精巢体积已膨大,呈乳白色,内部充满精液;轻压腹部,有大量较稠的精液流出	卵粒由不透明转为透明,在卵巢腔内呈游离状,故卵巢也具轻度流动状态;提起亲鱼,有卵从生殖孔流出
Ⅵ	排精后,精巢萎缩,体积缩小,由乳白色变成粉红色,局部有充血现象;精巢内可残留一些精子	大部分卵已产出体外,卵巢体积显著缩小;卵巢膜松软,表面充血;残存的、未排出的部分卵处于退化吸收的萎缩状态

(2) 性周期

各种鱼类都必须生长到一定年龄才能达到性成熟,此年龄称为性成熟年龄。达性成熟的鱼第一次产卵、排精后,性腺即随季节、温度和环境条件发生周期性变化,这就是性周期。

在池塘养殖条件下,青鱼的性周期基本上相同,且性成熟的个体每年一般只有一个性周期。

青鱼从鱼苗养到鱼种,性腺一般属于第Ⅰ期,但产过卵的亲鱼性腺不再回到第Ⅰ期。在未达性成熟年龄之前,卵巢只能发育到第Ⅱ期,没有性周期的变化。当达到性成熟年龄以后,产过卵或没有获得产卵条件的鱼,其性腺退化,再回到第Ⅱ期。秋末冬初,卵巢由第Ⅱ期发育到第Ⅲ期,并经过整个冬季,至第二年开春后进入第Ⅳ期。第Ⅳ期卵巢又可分为初、中、末三个小期。Ⅳ期初的卵巢,卵母细胞的直径约为500 μm,核呈卵圆形,位于卵母细胞正中,核周围尚未充满卵黄粒;Ⅳ期中的卵巢,卵母细胞直径增大为800 μm,核呈不规则状,仍位于卵细胞的中央,整个细胞充满卵黄粒;Ⅳ期末的卵母细胞直径可达1 000 μm左右,卵已长足,卵黄粒融合变粗,核已偏位或极化。卵巢在Ⅳ期初时,人工催产无效,只有发育到Ⅳ期中,最好是Ⅳ期末,即当核已偏位或极化时,催产才能成功。卵巢从第Ⅲ期发育至第Ⅳ期末需 2 个多月的时间。从第Ⅳ期末向第Ⅴ期过渡的时间很短，只需几个小时至十几个小时。一次产卵类型的卵巢，产过卵后，卵巢内第Ⅴ时相的卵已产空，只剩下一些很小的、没有卵黄的第Ⅰ和第Ⅱ时相卵母细胞，这些卵母细胞当年不再成熟。多次产卵类型的卵巢，当最大卵径的第Ⅳ时相卵母细胞发育到第Ⅴ时相产出以后，留在卵巢中又有一批接近长足的第Ⅳ时相卵母细胞发育和成熟，这样一年可多次产卵。

2.1.3 · 性腺成熟系数与繁殖力

（1）性腺成熟系数

性腺成熟系数是衡量性腺发育好坏程度的指标，用性腺重占体重的百分数表示。性腺成熟系数越大，说明亲鱼的怀卵量越多。性腺成熟系数按下列公式计算。

$$成熟系数=\frac{性腺重}{鱼体重}\times 100\%$$

$$成熟系数=\frac{性腺重}{去内脏鱼体重}\times 100\%$$

上述两式可任选一种，但应注明是采用哪种方法计算的。

青鱼卵巢的成熟系数，一般第Ⅱ期为 1%～2%，第Ⅲ期为 3%～6%，第Ⅳ期为 14%～22%，最高可达 30%以上。但是，精巢成熟系数要小得多，第Ⅳ期一般只有 1%～1.5%。

（2）怀卵量

怀卵量分绝对怀卵量和相对怀卵量，亲鱼卵巢中的怀卵数称绝对怀卵量；绝对怀卵数与体重（g）之比为相对怀卵量。

$$相对怀卵量=\frac{绝对怀卵量(粒)}{体重(g)}$$

青鱼的绝对怀卵量一般都很大，且随体重的增加而增加。成熟系数为 20%左右时，相对怀卵量在 120～140 粒/g 体重。长江地区青鱼怀卵量见表 2－2。

表 2－2 · 长江地区青鱼的怀卵量

体重（kg）	卵巢重（kg）	怀卵量（万粒）	卵数（个/g 卵巢）	成熟系数（%）
13.3	1.32	100.3	760	9.9
18.3	1.65	157.5	954	8.7

续 表

体重(kg)	卵巢重(kg)	怀卵量(万粒)	卵数(个/g 卵巢)	成熟系数(%)
26.3	2.40	254.4	1 060	9.2
34.0	4.90	336.7	687	14.4

注：引自《中国池塘养鱼学》。

2.1.4 · 排卵、产卵和过熟的概念

(1) 排卵与产卵

排卵即指卵细胞在进行成熟变化的同时，成熟的卵子被排出滤泡掉入卵巢腔的过程。此时的卵子在卵巢腔中呈滑动状态。在适合的环境条件下，游离在卵巢腔中的成熟卵子从生殖孔产出体外，叫产卵。

排卵和产卵是一先一后的两个不同的生理过程。在正常情况下，排卵和产卵是紧密衔接的，排卵后卵子很快就可产出。

(2) 过熟

过熟分卵巢发育过熟和卵过熟，前者指卵的生长过熟，后者指卵的生理过熟。

当卵巢发育到第Ⅳ期中期或末期，卵母细胞已生长成熟，卵核已偏位或极化，等待条件进行成熟分裂，这时的亲鱼已达到可以催产的程度。在这“等待期”内催产都能获得较好的效果。但等待的时间是有限的，过了“等待期”，卵巢对催产剂不敏感，不能引起亲鱼正常排卵。这种由于催产不及时而形成的性腺发育过期现象，称卵巢发育过熟。卵巢过熟或尚未成熟的亲鱼，多是催而不产，即使有个别亲鱼产卵，其卵的数量极少、质量低劣甚至完全不能受精。

卵过熟是指排出滤泡的卵由于未及时产出体外而失去受精能力。一般排卵后，在卵巢腔中 1~2 h 为卵的适当成熟时间，这时的卵子称成熟卵；未到适当成熟时间的称未成熟卵；超过适当成熟时间的即为过熟卵。

2.2 亲鱼培育

亲鱼培育是指在人工饲养条件下，促使亲鱼性腺发育至成熟的过程。亲鱼性腺发育

的好坏直接影响催产效果,是家鱼人工繁殖成败的关键。因此,要切实抓好亲鱼培育。

2.2.1 · 生态条件对鱼类性腺发育的影响

鱼类性腺发育与所处的环境关系密切。生态条件通过鱼的感觉器官和神经系统影响鱼的内分泌腺(主要是脑下垂体)的分泌活动,而内分泌腺分泌的激素又控制着性腺的发育。因此,在一般情况下,生态条件是性腺发育的决定因素。

常作用于鱼类性腺发育的生态因素有营养、温度、光照、水流等,这些因素都是综合地、持续地作用于鱼类的。

(1) 营养

营养是鱼类性腺发育的物质基础。当卵巢发育到第Ⅲ期以后(即卵母细胞进入大生长期),卵母细胞要沉积大量的营养物质——卵黄,以供胚胎发育的需要。卵巢长足时占鱼体重的20%左右。因此,亲鱼需要从外界摄取大量的营养物质,特别是蛋白质和脂肪供其性腺发育。

亲鱼培育的实践表明,夏、秋季节卵母细胞处于生长早期,卵巢的发育主要靠外界食物供应蛋白质和脂肪原料。因此,应重视抓好夏、秋季节的亲鱼培育。开春后,亲鱼卵巢进入大生长期,需要更多的蛋白质转化为卵巢的蛋白质,仅体内贮存的蛋白质不足以供应转化所需,必须从外界提供,所以春季培育需投喂含蛋白质高的饲料。但是,应防止单纯地给予丰富的饲料,而忽视了其他生态条件。否则,亲鱼可以长得很肥,而性腺发育却受到抑制。可见,营养条件是性腺发育的重要因素,但必须与其他条件密切配合才能使性腺发育成熟。

(2) 温度

温度是影响鱼类成熟和产卵的重要因素。鱼类是变温动物,通过温度的变化可以改变鱼体的代谢强度,加速或抑制性腺发育和成熟的过程。青鱼卵母细胞的生长和发育正是在环境水温下降而身体细胞停止或降低生长率的时候进行的。对温水性鱼类而言,水温越高,卵巢重量增加越显著,精子的形成速度也越快;冷水性鱼类则恰好相反,水温低产卵期反而提前。

青鱼的性成熟年龄与水温(总热量)的关系非常密切。青鱼的性腺发育速度与水温是成正比的。对已性成熟的青鱼,水温越高,其性腺发育的周期、成熟所需的时间就越短。水温与鱼类排卵、产卵的关系也非常密切。即使鱼的性腺已发育成熟,如水温达不到产卵或排精阈值,也不能完成生殖活动。每一种鱼在某一地区开始产卵的水温是一定的,达到产卵水温是产卵行为的有力信号。

(3) 光照

光照对鱼类的生殖活动具有相当大的影响,且影响的生理机制比较复杂。一般认为,光周期、光照强度和光的有效波长对鱼类性腺发育均有影响。光照除了影响鱼类性腺发育成熟外,对产卵活动也有很大影响。通常,鱼类一般在黎明前后产卵,如果人为地将昼夜倒置数天之后,产卵活动也可在鱼类"认为"的黎明产卵,这或许是昼夜人工倒置后,鱼类脑垂体昼夜分泌周期也随之进行昼夜调整所致。

(4) 水流

青鱼在性腺发育的不同阶段要求不同的生态条件,第Ⅱ~第Ⅳ期卵巢,营养和水质等条件是主要的,流水刺激不是主要因素。因此,栖息在江河湖泊和饲养在池塘内的亲鱼性腺都可以发育到第Ⅳ期。但是,栖息在天然条件下的青鱼缺乏流水刺激或饲养在池塘里的青鱼不经人工催产,性腺就不能过渡到第Ⅴ期,也不能产卵。因此,当性腺发育到第Ⅳ期,流水刺激对性腺进一步发育成熟很重要。在人工催产条件下,亲鱼饲养期间常年流水或产前适当加以流水刺激,对性腺发育、成熟和产卵以及提高受精率都具有促进作用。

2.2.2 · 亲鱼的来源与选择

青鱼繁育用亲鱼来自国家级四大家鱼原良种场培育的亲本。要想得到产卵量大、受精率高、出苗率多、质量好的鱼苗,保持养殖鱼类生长快、肉质好、抗逆性强、经济性状稳定的特性,必须认真挑选合格的亲鱼。挑选时,应注意如下几点。

第一,所选用亲鱼的外部形态一定要符合鱼类分类学上的外形特征,这是保证该亲鱼确属良种的最简单方法。

第二,由于温度、光照、食物等生态条件对个体的影响,以及种间差异,鱼类性成熟的年龄和体重有所不同,有时甚至差异很大。

第三,为了杜绝个体小、早熟的近亲繁殖后代被选作亲鱼,一定要根据国家和行业已颁布的标准选择亲鱼(表2-3)。

第四,雌雄鉴别。总的来说,养殖鱼类两性的外形差异不大,细小的差别,有的终生保持,有的只在繁殖季节才出现,所以雌雄不易分辨。目前主要根据追星(也叫珠星,是由表皮特化形成的小突起)、胸鳍和生殖孔的外形特征来鉴别雌雄(表2-4)。

表 2-3 · 常规养殖青鱼的成熟年龄和体重

开始用于繁殖的年龄(足龄)		开始用于繁殖的最小体重(kg)		用于人工繁殖的最高年龄(足龄)
雌	雄	雌	雄	
7	6	15	13	25

注:我国幅员辽阔,南北各地的鱼类成熟年龄和体重并不一样,一般南方成熟早、个体小,北方成熟晚、个体较大。表中数据是长江流域的标准,南方或北方可酌情增减。

表 2-4 · 常规养殖青鱼雌雄特征比较

生殖季节		非生殖季节	
雄性	雌性	雄性	雌性
胸鳍及鳃盖有细密的锥状追星,触摸有粗糙感;发育好的,头部也有追星;轻压成熟个体的腹部,可见白色精液流出	无追星,手摸头、鳃盖、胸鳍有光滑感;成熟个体腹部膨大,当腹部朝天时,可见明显的卵巢轮廓	胸鳍一般较大,且长	胸鳍比雄性小

第五,亲鱼必须健壮,无病,无畸形缺陷,鱼体光滑,体色正常,鳞片、鳍条完整无损,因捕捞、运输等原因造成的擦伤面积越小越好。

第六,根据生产鱼苗的任务确定亲鱼的数量,常按产卵5万~10万粒/kg亲鱼来估计所需雌亲鱼数量,再以1:(1~1.5)的雌雄比得出雄亲鱼数。亲鱼不要留养过多,以节约开支。

2.2.3 · 亲鱼培育池的条件与清整

亲鱼培育池应靠近产卵池,环境安静,便于管理,有充足的水源,排灌方便,水质良好、无污染,池底平坦,水深为1.5~2.5 m,面积为1 333~3 333 m^2。青鱼以砂质壤土为好,且允许有少许渗漏。

鱼池清整是改善池鱼生活环境和改良池水水质的一项重要措施。每年在人工繁殖生产结束前抓紧时间干池1次,清除过多的淤泥并进行整修,然后再用生石灰彻底清塘消毒,以便再次使用。

2.2.4 · 亲鱼的培育方法

(1) 放养方式和放养密度

亲鱼培育,大多数种类采用以1~2种鱼为主养鱼的混养方式,少数种类使用单养方式。混养时,不宜套养同种鱼种或配养相似食性的鱼类、后备亲鱼,以免因争食而影响主养亲鱼的性腺发育。搭配混养鱼的数量为主养鱼的 20%~30%,其食性和习性与主养鱼不同,能利用种间互利促进亲鱼性腺的正常发育。混养肉食性鱼类时,应注意放养规格,避免相互危害。亲鱼的放养情况如表 2-5。

表 2-5 亲鱼放养密度和放养方式

水深(m)	放养密度		放养方式
	重量(kg/667 m^2)	数量(尾/667 m^2)	
1.5~2.5	≤200	8~10	主养青鱼的池塘中可混养鲢 4~6 尾/667 m^2 或鳙 1~2 尾/667 m^2,不得混放小青鱼、鲤、鲫等肉食性或杂食性鱼类。雌雄比为 1∶1

注: 表中的放养密度已达上限,不得超过。如适当降低放养密度,培养效果更佳。

(2) 亲鱼培育要点

① 产后及秋季培育(产后到 11 月中下旬): 无论是雌鱼还是雄鱼,繁殖后体力损耗都很大。因此,繁殖结束后,亲鱼在清水水质中暂养几天后,应立即给予充足和较好的营养,使其迅速恢复体力。如能抓紧这个阶段的饲养管理,对亲鱼性腺后阶段的发育甚为有利。在越冬期,亲鱼有较多的脂肪贮存对性腺发育很有好处,故入冬前仍要抓紧培育。有些苗种场往往忽视产后和秋季培育,平时放松饲养管理,只在临产前 1~2 个月抓一下,形成"产后松,产前紧"的现象,结果亲鱼成熟率低,催产效果不理想。

② 冬季培育和越冬管理(11 月中下旬至翌年 2 月): 当水温在 5℃以上时,鱼还摄食,应适量投喂饵料和施以肥料,以维持亲鱼体质健壮而不落膘。

③ 春季和产前培育: 亲鱼越冬后,体内积累的脂肪已大部分转化到性腺。春季水温日渐上升,鱼类摄食逐渐旺盛,同时性腺迅速发育。此时期亲鱼所需的食物在数量和质量上都超过其他季节,对亲鱼培育至关重要。

④ 亲鱼整理和放养: 亲鱼产卵后,应抓紧亲鱼整理和放养工作,这有利于亲鱼的产后恢复和性腺发育。亲鱼池不宜套养鱼种。

(3) 亲鱼培育方法

以螺、蚬为主,辅投豆饼、菜饼、蚕蛹或颗粒饲料。可不用食台,食场设在池边浅水处。投喂要求: 饲料不变质,池鱼不断食,以吃饱为度。培育青鱼的亲鱼池,池水不宜过肥,透明度以不低于 30 cm 为宜。由于投饲量大,单纯靠混养的鲢、鳙调控水质常不易达到要求,需适时注(换)新水。夏、秋季,每月注水1~2次;冬季,只要水质不恶化,可不加水;产前,由每3~5天冲水1次渐变为2~3天冲水1次,以使池水水位升高20~30 cm为度。

(4) 日常管理

亲鱼培育是一项常年、细致的工作,必须专人管理。管理人员要经常巡塘,掌握每个池塘的情况和变化规律。根据亲鱼性腺发育的规律,合理地进行饲养管理。亲鱼的日常管理工作主要有巡塘、喂食、施肥、调节水质和鱼病防治等。

① 巡塘:一般每天清晨和傍晚各巡塘1次。由于4—9月高温季节易泛池,所以夜间也应巡塘,特别是闷热天气和雷雨时更应如此。

② 喂食:投食做到"四定",即定位、定时、定质、定量。要均匀喂食,并根据季节和亲鱼的摄食量灵活掌握投喂量。饲料要求清洁、新鲜。对于亲鱼,每天投喂1次青饲料,投喂量以当天略有剩余为准。精饲料可每天喂1次或上、下午各1次,投喂量以2~3 h吃完为度。青饲料一般投放在草料架内,精饲料投放在饲料台或鱼池的斜坡上,以便亲鱼摄食。当天吃不完的饲料要及时清除。

③ 调节水质:当水色太浓、水质老化、水位下降或鱼严重浮头时,要及时加注新水或更换部分塘水。在亲鱼培育过程中,特别是培育的后期,应常给亲鱼池注水或用微流水刺激。

④ 鱼病防治:要特别加强亲鱼的防病工作,一旦亲鱼发病,当年的人工繁殖就会受到影响。因此,对鱼病要以防为主、防与治结合、常年进行,特别在鱼病流行季节(5—9月)更应予以重视。

2.3 人工催产

亲鱼经过培育后,性腺已发育成熟,但在池塘内仍不能自行产卵,必须经过人工注射催产激素后方能产卵繁殖。因此,催产是家鱼人工繁殖中的一个重要环节。

2.3.1 · 人工催产的生物学原理

鱼类的发育呈现周期性变化,这种变化主要受垂体性激素的控制,而垂体的分泌活动又受外界生态条件变化的影响。

青鱼之所以能在江河中自然繁殖，是因为这些江河具备了它们繁殖时所需要的综合生态条件（如水的流速、水位的骤变等）。也就是说，青鱼的繁殖是受外界生态条件制约的，当一定的生态条件刺激鱼的感觉器官（如侧线鳞、皮肤等）时，这些感觉器官的神经就会产生冲动，并将这些冲动传入中枢神经，刺激下丘脑分泌促性腺激素释放激素。这些激素经垂体门静脉流入垂体，垂体受到刺激后，即分泌促性腺激素，并通过血液循环作用于性腺，促使性腺迅速地发育成熟，最后产卵或排精。同时，性腺也分泌性激素，性激素反过来又作用于神经中枢，使亲鱼进入性活动——发情、产卵或排精。

根据青鱼自然繁殖的一般生物学原理，考虑到池塘中的生态条件，通过人工的方法将外源激素（鱼类脑垂体、绒毛膜促性腺激素和 LRH－A 等）注入亲鱼体内，代替（或补充）鱼体自身下丘脑和垂体分泌的激素，促使亲鱼的性腺进一步成熟，从而诱导亲鱼发情、产卵或排精。

对鱼体注射催产剂只是替代了青鱼繁殖时所需要的部分生态条件，而影响亲鱼新陈代谢所必需的生态因子（如水温、溶氧等）仍需保留，才能使亲鱼性腺成熟和产卵。

2.3.2 · 催产剂的种类和效果

目前用于鱼类繁殖的催产剂主要有绒毛膜促性腺激素（HCG）、鱼类脑垂体（PG）、促黄体素释放激素类似物（LRH－A）等。

（1）绒毛膜促性腺激素（HCG）

HCG 是从怀孕 2~4 个月的孕妇尿中提取出来的一种糖蛋白激素，分子量为 36 000 左右。HCG 直接作用于性腺，具有诱导排卵的作用，同时也具有促进性腺发育及促使雌、雄性激素产生的作用。

HCG 是一种白色粉状物，市场上销售的鱼（兽）用 HCG 一般都封装于安瓿瓶中，以国际单位（IU）计量。HCG 易吸潮而变质，因此要在低温、干燥、避光处保存，临近催产时取出备用。贮存量不宜过多，以当年用完为好，隔年产品影响催产效果。

（2）鱼类脑垂体（PG）

① 鱼脑垂体的位置、结构和作用：鱼脑垂体位于间脑的腹面，与下丘脑相连，近似圆形或椭圆形，乳白色。整个垂体分为神经部和腺体部，神经部与间脑相连，并深入到腺体部；腺体部又分前叶、间叶和后叶三部分（图 2－2）。鱼类脑垂体内含多种激素，对鱼类催产最有效的成分是促性腺激素（GtH）。GtH 含有两种激素，即促滤泡激素（FSH）和促黄

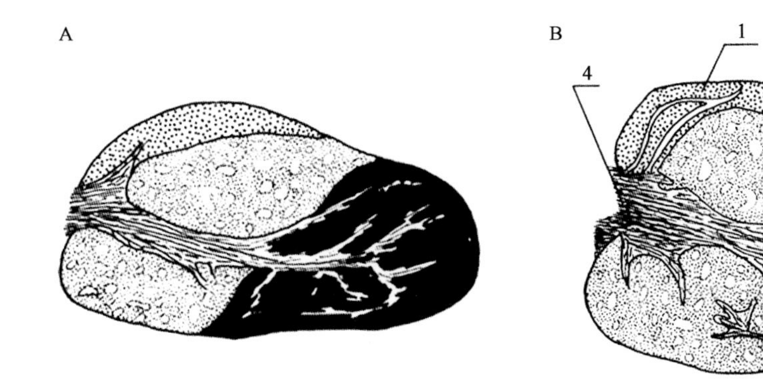

图 2-2 · 脑垂体

A. 鲤脑垂体；B. 草鱼脑垂体
1. 前叶；2. 间叶；3. 后叶；4. 神经部

体素（LH），它们直接作用于性腺，可以促使鱼类性腺发育，促进性腺成熟、排卵、产卵或排精，并控制性腺分泌性激素。一般采用在分类上较接近的鱼类——同属或同科的鱼类脑垂体作为催产剂效果较显著。在青鱼人工繁殖生产中，广泛应用鲤科鱼类如鲤、鲫的脑垂体，效果显著。

② 脑垂体的摘取和保存：摘取鲤、鲫脑垂体的时间通常以产卵前的冬季或春季为最好。脑垂体位于间脑下面的碟骨鞍里，用刀沿眼上缘至鳃盖后缘的头盖骨水平切开（图 2-3），除去脂肪，露出鱼脑，用镊子将鱼脑的一端轻轻掀起，在头骨的凹窝内有一个白色、近圆形的垂体，小心地用镊子将垂体外面的被膜挑破，然后用镊子从垂体两边插入，慢慢挑出垂体。应尽量保持垂体完整、不破损。

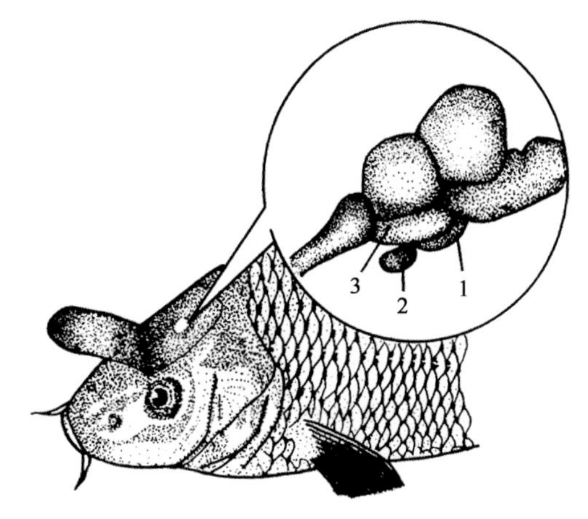

图 2-3 · 脑垂体摘除方法

1. 间脑；2. 下丘脑；3. 脑垂体

也可将鱼的鳃盖掀起，用自制的“挖耳勺”（即将一段 8 号铁丝的一端锤扁，略弯曲成铲形）压下鳃弭，并插入鱼头的碟骨缝中，将碟骨挑起，便可露出垂体，然后将垂体挖去。此法取垂体速度快，不会损伤鱼体外形，值得推广。

取出的脑垂体应去除黏附在上的附着物，并浸泡在 20～30 倍体积的丙酮或无水乙醇中脱水脱脂，过夜后，更换同样体积的丙酮或无水乙醇，再经 24 h 后取出，在阴凉通风处彻底吹干，密封、干燥、4℃下保存。

(3) 促黄体素释放激素类似物(LRH－A)

LRH－A 是一种人工合成的九肽激素,分子量约 1 167。由于它的分子量小,反复使用不会产生耐药性,并对温度的变化敏感性较低。应用 LRH－A 作催产剂,不易造成难产等现象发生,不仅价格比 HCG 和 PG 便宜、操作简便,而且催产效果大幅提高,亲鱼死亡率也大幅下降。

近年来,我国又在 LRH－A 的基础上研制出 LRH－A_2 和 LRH－A_3。实践证明,LRH－A_2 对促进 FSH 和 LH 释放的活性分别较 LRH－A 高 12 倍和 16 倍;LRH－A_3 对促进 FSH 和 LH 释放的活性分别较 LRH－A 高 21 倍和 13 倍。LRH－A_2 的催产效果显著,使用剂量可为 LRH－A 的 1/10;LRH－A_3 对促进亲鱼性腺成熟的作用也比 LRH－A 好得多。

(4) 地欧酮(DOM)

地欧酮是一种多巴胺抑制剂。研究表明,鱼类下丘脑除了存在促性腺激素释放激素(GnRH)外,还存在相对应的抑制它分泌的激素,即促性腺激素释放激素的抑制激素(GRIH)。它们对垂体 GtH 的释放和调节起了重要的作用。目前的研究表明,多巴胺在硬骨鱼类中起着与 GRIH 同样的作用,既能直接抑制垂体细胞自动分泌,又能抑制下丘脑分泌 GnRH。采用地欧酮可以抑制或消除促性腺激素释放激素抑制激素(GRIH)对下丘脑促性腺激素释放激素(GnRH)的影响,从而增加脑垂体的分泌,促使性腺发育成熟。生产上地欧酮不单独使用,主要与 LRH－A 混合使用,以进一步增加其活性。

(5) 常用催产激素效果的比较

促黄体素释放激素类似物(LRH－A)、鱼类脑垂体(PG)、绒毛膜促性腺激素(HCG)等都可用于青鱼的催产,但其实际催产效果各不相同。

鱼类脑垂体对多种养殖鱼类的催产效果都很好,并有显著的催熟作用。在水温较低的催产早期或亲鱼一年催产两次时,使用鱼类脑垂体的催产效果比绒毛膜促性腺激素好,但使用不当易出现难产。绒毛膜促性腺激素的催熟作用不及鱼类脑垂体和促黄体素释放激素类似物。促黄体素释放激素类似物对青鱼的催熟和催产效果都很好。促黄体素释放激素类似物为小分子物质,副作用小,并可人工合成,药源丰富,现已成为养殖鱼类主要的催产剂。

上述几种激素互相混合使用可以提高催产率,效应时间短、稳定,且不易发生半产和难产。

2.3.3 · 催产前的准备

(1) 产卵池

要求靠近水源,排灌方便,又近培育池和孵化场地。产漂浮性卵鱼类的产卵池为流水池。在进行鱼类繁殖前,应对产卵池进行检修,即铲除池水积泥,捡出杂物;认真检查进、排水口和管道、闸阀,以确保畅通、无渗漏;装好拦鱼网栅、排污网栅,严防松动而逃鱼。

(2) 工具

① 亲鱼网:苗种场可配置专用亲鱼网。亲鱼网与一般成鱼网的不同在于:网目小,为 1.0~1.5 cm,以减少鳞片脱落和撕伤鳍膜;网线要粗而轻,用 2 mm×3 mm 或 3 mm×3 mm 的尼龙线或维尼龙线,不用聚乙烯线或胶丝;需加盖网,网高 0.8~1.0 m,装在上纲上,用短竹竿等撑起,防止亲鱼跳出。产卵池的专用亲鱼网,长度与产卵池相配,网衣可用聚乙烯网布,形似夏花网。

② 布夹(担架):以细帆布或厚白布做成,长 0.8~1.0 m、宽 0.7~0.8 m。宽边两侧的布边向内折转少许并缝合,供穿竹、木提杆用;长的一端,有时左右相连,作亲鱼头部的放置位置(也有两端都相连的,或都不连的)。在布的中间,即布夹的底部中央是否开孔,应视各地习惯与操作而定。布夹详见示意图 2-4。

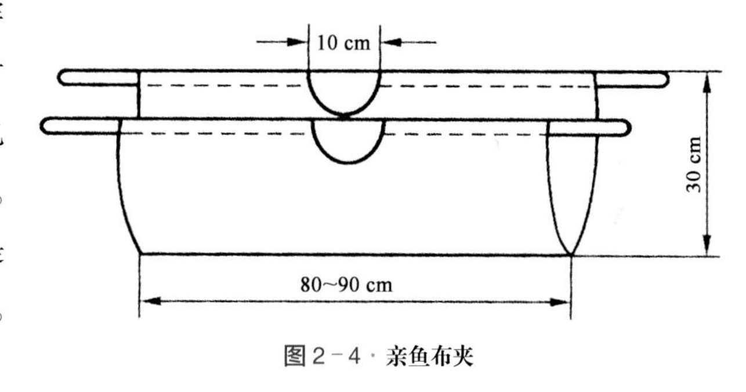

图 2-4 · 亲鱼布夹

③ 卵箱:卵箱有集卵箱和存卵箱两种,均形似一般网箱,用不漏卵、光滑耐用的材料作箱布,如尼龙筛绢等。集卵箱从产卵池直接收集鱼卵,底面 0.25~0.5 m^2,深 0.3~0.4 m。箱的一侧留一直径 10 cm 的孔,供连接导卵布管。导卵布管的另一端与圆形产卵池底部的出卵管相连,是卵的通道。把集卵箱已收集的卵移入存卵箱内,让卵继续吸水膨胀,当集中到一定数量后,经过数后移入孵化箱。孵化箱比集卵箱大,常用 1 000 mm×700 mm×600 mm 左右的规格。

④ 其他:如亲鱼暂养网箱,卵和苗计数用的白碟、量杯等常用工具,催产用的研钵、注射器,以及人工授精所需的受精盆、吸管等。

(3) 成熟亲鱼的选择和催产计划的制定

亲鱼成熟度的鉴别方法,以手摸、目测为主。轻压雄鱼下腹部,见乳白色、黏稠的精液流出,且遇水后立即迅速散开的,是成熟好的雄鱼;当轻压时挤不出精液,增大挤压力才能挤出,或挤出的为黄白色精液,或虽挤出的精液呈乳白色但遇水不化,都是成熟欠佳的雄鱼。

当用手在水中抚摸雌鱼腹部,凡前、中、后三部分均已柔软的,可认为已成熟;如前、中腹柔软,表明还不成熟;如腹部已过软,则已过度成熟或已退化。为进一步确认,可把鱼腹部向上仰卧水中,轻托腹部出水,凡腹壁两侧明显胀大,腹中线微凹的,是卵巢体积增大,现出卵巢下垂轮廓所致;此时轻拍鱼腹可见卵巢晃动,手摸下腹部具柔软而有弹性的感觉,生殖孔常微红、稍凸,这些都表明成熟好。如腹部虽大,但卵巢轮廓不明显,说明成熟欠佳,尚需继续培育;如生殖孔红褐色,是有低度炎症;如生殖孔紫红色,是红肿发炎严重所致,需清水暂养,及时治疗。鉴别时,为防止误差,凡摄食量大的鱼类,要停食 2 天后再检查。

生产上也可利用挖卵器(图 2－5)直接挖出卵子进行观察,以鉴别雌亲鱼的成熟度。挖卵器用铜制成,头部用直径 0.4 cm、长 2 cm 的铜棒挖成空槽,空槽长 1.7 cm、宽 0.3 cm、深 0.25 cm,再将头部锉成钝圆形,槽两边锉成刀刃状,便于刮取卵块。柄长 18 cm,握手处卷成弯曲状,易于握紧。挖卵器的头部也可用薄铜片卷成凹槽,再将两头用焊锡封住。简单的挖卵器也可用较长的羽毛切削而成。操作时将挖卵器准确而缓慢地插入雌鱼生殖孔内,然后向左或右偏少许,伸入一侧的卵巢约 5 cm,旋转几下抽出,即可得到少量卵粒。将卵粒放在玻璃片上观察大小、颜色和核的位置,若大小整齐、大卵占绝大部分、有光泽、较饱满或略扁塌、全部或大部分核偏位,则表明亲鱼成熟较好;若卵大小不整齐、互相集结成块状、卵不易脱落,则表明卵尚未成熟;若卵过于扁塌或糊状,无光泽,则表明亲鱼卵巢已趋退化,其催产效果和孵化率均较差。

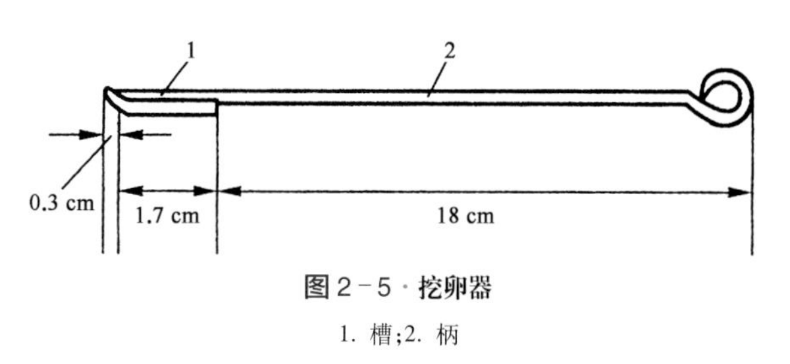

图 2－5 挖卵器

1. 槽;2. 柄

鱼类在繁殖季节内成熟繁殖,无论先后均属正常。由于个体发育的速度差异,整个亲鱼群常会陆续成熟,前后的时间差可达 2 个月左右。为合理利用亲鱼,常在繁殖季节里把亲鱼分成 3 批进行人工繁殖。早期,水温低,选用成熟度好的鱼先行催产;中期,绝大多数亲鱼都已相当成熟,只要腹部膨大的皆可催产;晚期,由于都是发育差的亲鱼,怀卵量少,凡腹部稍大的皆可催产。这样安排,既可避免错过繁殖时间,出现性细胞过熟而退化的情况,又可保证不同发育程度的亲鱼都能适时催产,把生产计划落实在可靠的基础上。

(4) 催产剂的制备

PG、LRH－A 和 HCG 必须用注射用水(一般用 0.6%氯化钠溶液,近似于鱼的生理盐水)溶解或制成悬浊液。注射液量应控制在 2~3 ml/尾为度。若亲鱼个体小,注射液量还可适当减少。应当注意,注射液不宜过浓或过稀。过浓,注射液稍有浪费会造成剂量不足;过稀,大量的水分进入鱼体对鱼不利。

配制 HCG 和 LRH－A 注射液时,将其直接溶解于生理盐水中即可。配制 PG 注射液时,将脑垂体置于干燥的研钵中充分研碎,然后加入注射用水制成悬浊液备用。若进一步离心,弃去沉渣,取上清液使用更好,可避免堵塞针头,并可减少异体蛋白的副作用。注射器及配制用具使用前需煮沸消毒。

2.3.4 · 催产

(1) 雌雄亲鱼配组

催产时,每尾雌鱼需搭配一定数量的雄鱼。如果采用催产后雌雄鱼自由交配产卵方式,雄鱼要稍多于雌鱼,一般采用 1∶1.5 配比较好;若雄鱼较少,雌雄比例也不应低于 1∶1。如果采用人工授精方式,雄鱼可少于雌鱼,1 尾雄鱼的精液可供 2~3 尾同样大小的雌鱼受精。同时,应注意同一批催产的雌雄鱼个体重量应大致相同,以保证自然繁殖时动作协调。

(2) 确定催产剂和注射方式

凡成熟度好的亲鱼只要一次注射就能顺利产卵,成熟度尚欠理想的可用两次注射法,即先注射少量的催产剂催熟,然后再行催产。对于青鱼,有时在催熟注射前还要增加一次催熟注射,称为三次注射。有的注射四五次,实际上没有必要。成熟度差的亲鱼应继续强化培育,不应依赖药物作用,且注入过多的药剂并不一定能起催熟作用;相反,轻则影响亲鱼以后对药物的敏感性,重则会造成药害或死亡。

亲鱼对不同药物的敏感程度存在种间差异,故选用何种催产剂,应视鱼而异。

催产剂的用量,除与药物种类、亲鱼的种类和性别有关外,还与催产时间、成熟度、个体大小等有关。早期,因水温稍低,卵巢膜对激素不够敏感,用量需比中期增加 20%~25%。成熟度差的鱼,或增大注射量,或增加注射次数。成熟度好的鱼,可减少用量,雄性亲鱼甚至可不用催产剂。性别不同,注射剂量可不同,雄鱼常只注射雌鱼用量的一半。体型大的鱼,当按体重用药时,可按低剂量使用。在使用 PG 催产时,注入过多的异体蛋白会引起不良影响,所以常改用复合催产剂。为避免药物可能产生的副作用,在增加药物用量时,增加部分常用 PG。催产剂的用量见表 2-6。

表 2-6 · 青鱼催产剂的使用方法与常用剂量

雌鱼两次注射法			备注
第一次注射	第二次注射	间隔时间(h)	
HCG 1 000~1 250 U/kg 体重	PG 0.5~1 mg/kg 体重	12	(1) 雄鱼用量为雌鱼的一半 (2) 一次注射法,雌雄鱼同时注射;两次注射法,在第二次注射时,雌雄鱼才同时注射 (3) 左列药物任选一项即可 (4) 如需 3 次注射时,雌鱼首次用 LRH-A 2~5 μg/kg 体重,在催产前 1~5 天注射
LRH-A 5 μg/kg 体重	LRH-A 10 μg/kg 体重+HCG 500 U+PG 0.5~1 mg/kg 体重	12	
LRH-A 5 mg/kg 体重	LRH-A 10 μg/kg 体重+PG 0.5~1 mg/kg 体重	12	

注:剂量、药剂组合及间隔时间等,均按标准化要求制表。

(3) 效应时间

从末次注射到开始发情所需的时间,叫效应时间。效应时间与药物种类、鱼的种类、水温、注射次数、亲鱼成熟度等因素有关。一般温度高,时间短;反之,则长。青鱼效应时间长。使用 PG 效应时间最短,使用 LRH-A 效应时间最长,使用 HCG 效应时间介于两者之间。

(4) 注射方法和时间

亲鱼注射分体腔注射和肌肉注射两种,目前生产上多采用前法。注射时,使鱼夹中的鱼侧卧在水中,把鱼上半部托出水面,在胸鳍基部无鳞片的凹入部位将针头朝向头部前上方与体轴成 45°~60°角刺入 1.5~2.0 cm,然后把注射液徐徐注入鱼体。肌肉注射部位是在侧线与背鳍间的背部肌肉。注射时,把针头向头部方向稍挑起鳞片刺入 2 cm 左右,然后把注射液徐徐注入。注射完毕迅速拔除针头,把亲鱼放入产卵池中。在注射过程中,若针头刺入后亲鱼突然挣扎扭动,应迅速拔出针头,不要强行注射,以免针头弯曲或划开亲鱼肌肤而造成出血、发炎。可待鱼安定后再行注射。

生产上一般控制在早晨或上午产卵,有利于工作进行。为此,必须根据水温和催情剂的种类等计算好效应时间,掌握适合的注射时间。如要求清晨 6:00 产卵,药物的效应时间为 10~12 h,那么可安排在前一天的晚上 18:00—20:00 时注射。当采用两次注射法时,应再增加两次注射的间隔时间。

2.3.5 · 产卵

(1) 自然产卵

选好适宜催产的成熟亲鱼后,就要考虑雌雄配组,要求雄鱼数应大于雌鱼数,一般雌雄比为 x∶(x+1),以保证较高的受精率。配组亲鱼的个体大小悬殊(常雌大雄小)会影响受精率,故遇雌大雄小时,应适当增加雄鱼数量予以弥补。

经催产注射后的亲鱼放入产卵池,在环境安静和缓慢的水流下,激素逐步产生反应,等到发情前 2 h 左右需冲水 0.5~1 h,促进亲鱼追逐、产卵和排精等生殖活动。产卵开始后可逐渐降低流速。不过,如遇发情中断、产卵停滞时,仍应立即加大水流刺激,予以促进。促产水流原则上按慢—快—慢的方式调控流速,但应注意观察池鱼动态,随时采取相应的调控措施。

(2) 人工授精

用人工的方法使精卵相遇,完成受精过程,称为人工授精。由于青鱼个体大,在产卵池中较难自然产卵,常用人工授精方法。另外,在鱼类杂交和鱼类选育中一般也采用人工授精的方法。常用的人工授精方法分干法、半干法和湿法。

① 干法人工授精:当发现亲鱼发情并开始产卵时(用流水产卵方法最好在集卵箱中发现刚产出的鱼卵时),立即捕捞亲鱼检查。若轻压雌鱼腹部卵子能自动流出,则一人用手压住雌鱼生殖孔将鱼提出水面,擦去鱼体水分,另一人将卵挤入擦干的脸盆中(每一脸盆约可放卵 50 万粒)。用同样方法立即向脸盆内挤入雄鱼精液,用手或羽毛轻轻搅拌 1~2 min,使精、卵充分混合。然后,徐徐加入清水,再轻轻搅拌 1~2 min,静置 1 min 左右倒去污水。如此重复用清水洗卵 2~3 次,即可移入孵化器中孵化。

② 半干法授精:将精液挤出或用吸管吸出,用 0.3%~0.5%生理盐水稀释,然后倒在卵上,按干法人工授精方法进行。

③ 湿法人工授精:将精、卵挤在盛有清水的盆中,然后再按干法人工授精方法操作。

在进行人工授精过程中,应避免精、卵受阳光直射,操作人员要配合协调,做到动作轻、快,否则,易造成亲鱼受伤,甚至引起产后亲鱼死亡。

(3) 自然产卵与人工授精的比较

自然产卵与人工授精都是当前生产中常用的方式,两种方式各有利弊,具体见

表2－7。各地可根据实际情况选择适宜的方法。

表2－7・自然产卵与人工授精利弊比较

自然产卵	人工授精
因自找配偶，能在最适时间自行产卵，故操作简便，卵质好，亲鱼少受伤	人工选配，操作繁多，鱼易受伤，甚至造成死亡，且难掌握适宜的受精时间，卵质受到一定影响
性比为 x：(x+1)，所需雄鱼量多，否则受精率不高	性比为 x：(x−1)，雄鱼需要量少，且受精率高
受伤亲鱼难利用	体质差或受伤亲鱼易利用，甚至亲鱼成熟度稍差时也可能催产成功
鱼卵陆续产出，集卵时间长，卵中杂物多	因挤压采卵，集卵时间短，卵干净
需流水刺激	可在静水中进行
较难按人的主观意志进行杂交	可种间杂交或进行新品种选育
适合进行大规模生产，所需劳力稍少，但设备多，动力消耗也多些	动力消耗少，设备也简单，但因操作多，所需劳力也多

(4) 鱼卵质量的鉴别

鱼卵质量的优劣用肉眼是不难判别的，具体方法见表2－8。卵质优劣对受精率、孵化率影响甚大。未熟或过熟卵受精率低，即使受精，孵化率也常较低，且畸形胚胎多。卵膜韧性和弹性差时，孵化中易出现提早出膜，需采取增固措施加以预防。因此，通过对卵质的鉴别，不但使鱼卵孵化工作事前就能心中有底，而且还有利于确立卵质优劣关键在于培育的思想，也有利于今后认真总结亲鱼培育的经验，以求改进和提高。

表2－8・青鱼卵子质量的鉴别

性状	成熟卵子	未熟或过熟卵子
颜色	鲜明	暗淡
吸水情况	吸水膨胀速度快	吸水膨胀速度慢，卵子吸水不足
弹性状况	卵球饱满，弹性强	卵球扁塌，弹性差
鱼卵在盆中静止时胚胎所在的位置	胚体动物极侧卧	胚体动物极朝上，植物极向下
胚胎发育	卵裂整齐，分裂清晰，发育正常	卵裂不规则，发育不正常

注：引自《中国池塘养鱼学》。

（5）亲鱼产卵的几种情况及处理

催情产卵后，雌鱼产卵通常有以下几种情况。

① 全产（产空）：雌鱼腹壁松弛，腹部空瘪，轻压腹部没有或仅有少量卵粒流出，说明卵子已基本产空。

② 半产：雌鱼腹部有所变小，但没有空瘪。出现半产的原因有以下两种情况。

一是已经排卵，但没全部产出，轻压鱼腹仍有较多的卵子流出。这可能是由于雄鱼成熟差或个体太小、亲鱼受伤较重、水温低等原因所致。若挤出的卵没有过熟，可做人工授精；若挤出的卵已过熟，也应将卵挤出后再把亲鱼放入暂养池中暂养，以免卵子在鱼腹内吸水膨胀，而对亲鱼造成危害。

二是没有完全排卵，排出的卵已基本产出，轻压腹部没有或只有少量卵粒流出，其余的还没成熟。这可能是雌鱼成熟较差或催产剂量不足所致。把雌鱼放回产卵池，过一会可能再产，但也有不会再产的，这应属于部分难产的类型。其原因可能是多方面的，如亲鱼成熟较差或已趋过熟、生态条件不良等。

③ 难产：可分为以下 3 种情况。

一是雌鱼腹部变化不大或无变化，挤压腹部时没有卵粒流出。这可能是亲鱼成熟差或已严重退化，对催产剂无反应。如果催产前检查亲鱼确实是好的，那就可能是催产剂失效或未将药物全部注入鱼体，这种情况可补针。对于成熟差的，可送回亲鱼池培育几天后再催产；若是过熟退化的，应放入亲鱼产后护理池中暂养。

二是雌鱼腹部异常膨大、变硬，轻挤腹部有混浊略带黄色的液体或血水流出，但无卵粒，有时卵巢块突出于生殖孔外。取卵检查，卵子无光泽、失去弹性、易与容器粘连，这可能是卵巢已退化，由于催产剂的作用，使卵巢组织吸水膨胀。这样的鱼当年不会再产，且容易死亡，应放入水质清新的池中暂养。

三是已排卵，但没有产出。卵子已过熟、糜烂。这主要是由于雌鱼生殖孔阻塞或亲鱼受伤，也可能雄鱼不成熟或环境条件不适宜所致。

（6）产后亲鱼的护理

要特别加强对产后亲鱼的护理。产后亲鱼往往因多次捕捞及催产操作等缘故而受伤，所以需进行必要的创伤治疗。产卵后亲鱼的护理，首先应该把产后过度疲劳的亲鱼放入水质清新的池塘里，让其充分休息，并精养细喂，使它们迅速恢复体质，增强对病菌的抵抗力。为了防止亲鱼伤口感染，可对产后亲鱼加强防病措施，进行伤口涂药和注射抗菌药物。轻度外伤，用 5%食盐水，或 10 mg/L 亚甲基蓝，或饱和高锰酸钾液药浴，并在伤处涂抹广谱抗菌素油膏;创伤严重时,要注射磺胺嘧啶钠控制感染,加快康复,用法:体重 10 kg 以下的亲鱼注射 0.2 g,体重超过 10 kg 的亲鱼注射 0.4 g。

2.4 孵化

孵化是指受精卵经胚胎发育至孵出鱼苗为止的全过程。人工孵化就是根据受精卵胚胎发育的生物学特点,人工创造适宜的孵化条件,使胚胎能正常发育而孵出鱼苗。

2.4.1 · 青鱼的胚胎发育

青鱼的胚胎期很短,在孵化的最适水温时,通常 20~25 h 就出膜。受精卵遇水后,卵膜吸水迅速膨胀,10~20 min 其直径可增至 4.8~5.5 mm,细胞质向动物极集中并微微隆起,形成胚盘(即一细胞),以后卵裂就在胚盘上进行。经过多次分裂后,经囊胚期、原肠期……最后发育成鱼苗。

2.4.2 · 鱼卵的孵化

(1) 孵化设备

常用孵化设备有孵化缸(桶)和孵化环道等。

(2) 孵化管理

凡能影响鱼卵孵化的主、客观因素,都是管理工作的内容,现分述如下。

① 水温:鱼卵孵化要求一定的温度。主要养殖鱼类,虽在 18~30℃ 的水温下可孵化,但最适温度因种而异。青鱼受精卵的孵化水温为 25℃±3℃。不同温度下,孵化速度不同,详见表 2-9。孵化水温低于或高于所需温度或水温骤变会造成胚胎发育停滞,或畸形胚胎增多而夭折,影响孵化出苗率。

② 溶解氧:胚胎发育是要进行气体交换的,且随发育进程需氧量渐增,后期比早期增大 10 倍左右。孵化用水的含氧量决定鱼卵的孵化率。

③ 污染与酸碱度:未被污染的清新水质对提高孵化率有很大的作用。孵化用水应过滤,以防止敌害生物及污物流入。受工业和农业污染的水不能作孵化用水。偏酸或过

于偏碱性的水必须经过处理后才可用来孵化鱼苗。一般孵化用水的酸碱度以 pH 7.5 最佳,偏酸或 pH 超过 9.5 均易造成卵膜破裂。

表 2-9 · 不同水温下的青鱼卵孵化时间

项　目	水温(℃)				备　注
	18	20	25	30	
时间(h)	61	50	24	16	草鱼、鲢比青鱼、鳙稍快些

④ 流速: 流水孵化时,流速大小决定水中氧气的多少。但是,流速是有限度的。过缓,卵会沉积,窒息死亡;过快,卵膜破裂,也会死亡。在孵化过程中,水流控制是一项很重要的工作。目前生产中都按慢—快—慢—快—慢的方式调控。刚放卵时,只要求卵能随水逐流,不发生沉积,水流可小些;随着胚胎的发育,逐步增大流速,确保胚胎对氧气的需要;在出膜前,应控制在允许的最大流速以内;出膜时,适当减缓流速,以提高孵化酶的浓度,加快出膜,不过要及时清除卵膜,防止堵塞水流(特别是在死卵多时);出膜后,鱼苗活动力弱,大部分时间生活在水体下层,为避免鱼苗堆积水底而窒息,流速要适当加大,以利苗的漂浮和均匀分布;待鱼苗平游后,流速又可稍缓,只要容器内无水流死角,鱼苗不会闷死即可。初学调控者,可暂先排除进水的冲力影响,仅根据水的交换情况来掌握快慢,一般以每 15 min 交换 1 次为快,以每 30~40 min 交换 1 次为慢。

⑤ 提早出膜: 由于水质不良或卵质差,受精卵会比正常孵化提前 5~6 h 出膜,称提前出膜。提前出膜,畸形增多,死亡率高,所以生产中要采用高锰酸钾液处理鱼卵。方法: 将所需量的高锰酸钾先用水溶解,在适当减少水流的情况下,把已溶化的药液放入水底,依靠低速水流使整个孵化水达到 5 mg/L 浓度(卵质差,药液浓;反之,则淡),并保持 1 h。经浸泡处理,卵膜韧性、弹性增加,孵化率得以提高。不过,卵膜增固后,孵化酶溶解卵膜的速度变慢,出苗时间会推迟几小时。

⑥ 敌害生物: 孵化中,敌害生物由进水带入;自然产卵时,收集的鱼卵未经清洗而带入敌害生物;碎卵、死卵被水霉菌寄生后,水霉菌在孵化器中蔓延等原因造成危害。对于大型浮游动物,如剑水蚤等,用 90%晶体敌百虫杀灭,使孵化水浓度达 0.3~0.5 mg/L;用粉剂敌百虫,使水体浓度达 1 mg/L;用敌敌畏乳剂,使水体浓度达 0.5~1 mg/L。以上药物任选 1 种,进行药杀。不过,流水状态下,往往不能彻底杀灭敌害生物,所以做好严防敌害侵入的工作才是最有效的根治措施。水霉菌寄生是孵化中的常见现象,水质不良、温度低时尤甚。用亚甲基蓝,使水体浓度为 3 mg/L;同时调小流速,以卵不下沉为度,并

维持一段时间，可抑制水霉菌生长。在水霉菌寄生严重时，间隔 6 h 重复 1 次。

2.4.3 · 催产率、受精率和出苗率的计算

鱼类人工繁殖的目的是提高催产率（或产卵率）、受精卵和出苗率。所有的人工繁殖的技术措施均是围绕该“三率”展开的。

在亲鱼产卵后捕出时，统计产卵亲鱼数（以全产为单位，将半产雌鱼折算为全产）。通过催产率可了解亲鱼培育水平和催产技术水平。计算公式为：

$$催产率=\frac{产卵雌鱼数}{催产雌鱼数}\times 100\%$$

当鱼卵发育到原肠中期，用小盆随机取鱼卵百余粒放在白瓷盆中，用肉眼检查，统计好卵（受精卵）数和混浊、发白的坏卵（或空心卵）数，然后按下述公式可求出受精率。

$$受精率=\frac{受精卵数（好卵）}{总卵数（好卵+坏卵）}\times 100\%$$

受精率可衡量催产技术高低，并可初步估算鱼苗生产量。

当鱼苗鳔充气、能主动开口摄食，即开始由体内营养转为混合营养时，鱼苗就可以转入池塘饲养。在移出孵化器时，统计鱼苗数，按下列公式计算出苗率。

$$出苗率=\frac{出苗数}{受精卵数}\times 100\%$$

出苗率（或称下塘率）不仅可反映生产单位的孵化工作优劣，而且也表明了青鱼人工繁殖的技术水平。

（撰稿：刘乐丹）

3

青鱼苗种培育与成鱼养殖

3.1

鱼苗、鱼种的生物学特性

鱼苗、鱼种是鱼类个体发育过程中快速生长发育的阶段。在该阶段,随着个体的生长,器官形态结构、生活习性和生理特性都会发生一系列的变化;食性、生长和生活习性与成鱼饲养阶段有所不同。鱼苗、鱼种的新陈代谢水平高、生长快,但活动和摄食能力较弱,适应环境、抗御敌害和疾病的能力差。为了提高鱼苗、鱼种饲养阶段的成活率和产量,必须了解它们的生物学特性,以便采取相应的科学饲养管理措施。

3.1.1 · 食性

刚孵出的鱼苗以卵黄囊中的卵黄为营养;当鱼苗体内鳔充气后,鱼苗一面吸收卵黄,一面开始摄取外界食物;当卵黄囊消失后,鱼苗就完全依靠摄取外界食物为营养。但是,此时鱼苗个体细小,全长仅 0.6~0.9 cm,活动能力弱,其口径小,取食器官(如鳃耙、吻部等)尚未发育完全。因此,此阶段的鱼苗只能依靠吞食方式来获取食物,而且食谱范围十分狭窄,只能吞食一些小型浮游生物,其主要食物是轮虫和桡足类的无节幼体。生产上通常将此时摄食的饵料称为开口饵料。

随着鱼苗的生长,其个体增大,口径增宽,游动能力逐步增强,取食器官逐步发育完善,食性逐步转化,食谱范围也逐步扩大。青鱼鱼苗发育至夏花阶段的食性转化,以及青鱼鱼种的摄食方式和食物组成有以下规律性变化。

(1) 食性转化

① 全长 7~11 mm 的青鱼苗:它们的鳃耙数量少、长度短,尚起不到过滤的作用。食物以轮虫和无节幼体、小型枝角类为主。

② 全长 12~15 mm 的青鱼苗:仍然是吞食方式。食物以小型枝角类为主。

③ 全长 16~20 mm 的青鱼苗:由于摄食器官形态差异已经很大,因此食性分化更为明显。

④ 全长 21~30 mm 的青鱼苗:摄食器官发育得更加完善,在此期末,食性已完全转变或接近成鱼。

⑤ 全长 31~100 mm 的青鱼鱼种:摄食器官的形态和功能都基本与成鱼相同。

(2) 食物组成

体长为7~9 mm时,食物种类是轮虫、无节幼体;体长为10~10.7 mm时,食物种类是小型枝角类;体长为12.3~12.5 mm时,食物种类是枝角类;体长为15~17 mm时,食物种类是大型枝角类、底栖动物;体长为18~23 mm时,食物种类是大型枝角类、底栖动物,并杂有植物碎片;体长为24 mm时,食物种类是大型枝角类、底栖动物,并杂有植物碎片、芜萍。

3.1.2 · 生长

在鱼苗与鱼种阶段,青鱼的生长速度是很快的。鱼苗到夏花阶段,它们的相对生长率最大,是生命周期的最高峰。在鱼种饲养阶段,鱼体的相对生长率较上一阶段有明显下降。

3.1.3 · 池塘中鱼的分布和对水质的要求

刚下塘的鱼苗通常在池边和表面分散游动,第二天便开始适当集中,青鱼苗自下塘5天后逐渐移到中、下层活动。鱼苗、鱼种的代谢强度较高,故对水体溶氧量的要求高。因此,鱼苗、鱼种池必须保持充足的溶氧量,并投给足量的饲料。若池水溶氧量过低、饲料不足,鱼的生长就会受到抑制甚至导致死亡。

鱼苗、鱼种对水体pH的要求比成鱼严格,适应范围小,最适pH为7.5~8.5。鱼苗、鱼种对盐度的适应力也比成鱼弱。成鱼可以在盐度为0.5的水中正常生长和发育,但鱼苗在盐度为0.3的水中生长很缓慢,且成活率很低。鱼苗对水中氨的适应能力也比成鱼差。

鱼 苗 培 育

所谓鱼苗培育,就是将鱼苗养成夏花鱼种。为提高夏花鱼种的成活率,根据鱼苗的生物学特征,务必采取以下措施:一是创造无敌害生物及水质良好的生活环境;二是保持数量多、质量好的适口饵料;三是培育出体质健壮、适合高温运输的夏花鱼种。为此,需要用专门的鱼池进行精心、细致培育。这种由鱼苗培育至夏花的鱼池在生产上称为“发塘池”。

3.2.1 · 鱼苗的形态特征和质量鉴别

(1) 鱼苗的形态特征鉴别

将鱼苗放在白色的鱼碟中或直接观察鱼苗在水中的游动情况加以鉴别。

青鱼苗体瘦长而微弯，头呈三角形而透明，鳔和鲢的相似(图 3－1)。青筋灰黑色直通尾部，并在鳔上方有明显的弯曲。尾鳍下叶有较明显的不规则黑点，状如芦花。游动缓慢，常栖息于水的下层边缘。

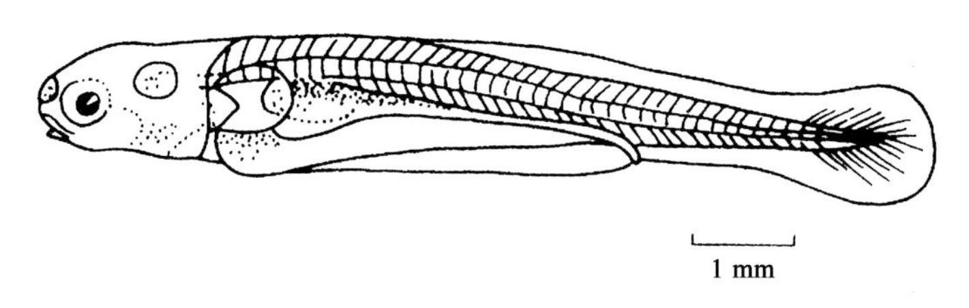

图 3－1 · 青鱼苗

(2) 苗种的质量鉴别

① 鱼苗质量鉴别：鱼苗因受鱼卵质量和孵化过程中环境条件的影响，体质有强有弱，这对鱼苗的生长和成活率带来很大影响。生产上可根据鱼苗的体色、游动情况以及挣扎能力来区别其优劣。鉴别方法见表 3－1。

表 3－1 · 青鱼鱼苗质量鉴别

鉴别方法	优质苗	劣质苗
体色	群体色素相同，无白色死苗；身体清洁，略带微黄色或稍红	群体色素不一，为“花色苗”，有白色死苗；鱼体拖带污泥，体色发黑带灰
游动情况	在容器内将水搅动产生漩涡，鱼苗在漩涡边缘逆水游动	在容器内将水搅动产生漩涡，鱼苗大部分被卷入漩涡
抽样检查	在白瓷盆中，口吹水面，鱼苗逆水游动；倒掉水后，鱼苗在盆底剧烈挣扎，头尾弯曲成圆圈状	在白瓷盆中，口吹水面，鱼苗顺水游动；倒掉水后，鱼苗在盆底挣扎力弱，头尾仅能扭动

② 夏花鱼种质量鉴别：夏花鱼种质量优劣可根据出塘规格大小、体色、鱼类活动情况以及体质强弱来判别(表 3－2)。

表 3-2 · 夏花鱼种质量鉴别

鉴别方法	优质夏花	劣质夏花
看出塘规格	同种鱼出塘规格整齐	同种鱼出塘个体大小不一
看体色	体色鲜艳、有光泽	体色暗淡无光,变黑或变白
看活动情况	行动活泼,集群游动,受惊后迅速潜入水底,不常在水面停留,抢食能力强	行动迟缓,不集群,在水面漫游,抢食能力弱
抽样检查	鱼在白瓷盆中狂跳。身体肥壮,头小、背厚。鳞、鳍完整,无异常现象	鱼在白瓷盆中很少跳动。身体瘦弱,背薄,俗称“瘪子”。鳞、鳍残缺,有充血现象或异物附着

(3) 鱼苗的计数方法

为了统计鱼苗的生产数字,或计算鱼苗的成活率、下塘数和出售数,必须正确计算鱼苗的总数。现将鱼苗的计数方法分述如下。

① 分格法(或叫开间法、分则法):先将鱼苗密集在捆箱的一端,用小竹竿将捆箱隔成若干格,用鱼碟舀出鱼苗,按顺序放在各格中成若干等份。从中抽 1 份,按上述操作,再分成若干等份。照此方法分下去,直分到每份鱼苗已较少,便于逐尾计数为止。取出 1 小份,用小蚌壳(或其他容器)舀鱼苗计算尾数,以这一部分的计算数为基数,推算出整批鱼苗数。

计算举例:第一次分成 10 份,第二次从 10 份中抽 1 份,又分成 8 份,第三次从 8 份中又抽出 1 份,再分成 5 小份,最后从这 5 小份中抽 1 份计数,得鱼苗为 1 000 尾,则鱼苗总数为:10×8×5×1 000 尾=400 000 尾。

② 杯量法(又叫抽样法、点水法、大桶套小桶法、样杯法):本法是常用的方法,在具体使用时,又有如下两种形式。

直接抽样法:鱼苗总数不多时可采用本法。将鱼苗密集捆箱一端,然后用已知容量(预先用鱼苗作过存放和计数试验)的容器(可配置各种大小尺寸)直接舀鱼,记录容器的总杯数,然后根据预先计算出的单个容器的容存数算出总尾数。

计算举例:已知 100 ml 的蒸发皿可放密集的鱼苗 5 万尾,现用此蒸发皿舀鱼,共量得为 450 杯,则鱼苗的总数为:450×5 万尾=2 250 万尾。在使用上述方法时,首先要注意杯中的含水量要适当、均匀,否则误差较大;其次,鱼苗的大小也要注意,否则也会产生误差。不同鱼苗即使同日龄也有个体差异,在计数时都应加以注意。

大碟套小碟法:在鱼苗数量较多时可采用本法,具体操作时,先用大盆(或大碟)过数,再用已知计算的小容器测量大盆的容量数,然后求总数。

计算举例：用大盆测得鱼苗数共15盆(在密集状态下)，然后又测得每大盆合30 ml的瓷坩埚27杯，已知该瓷坩埚每杯容量为2.7万尾鱼苗，因此，鱼苗总数为：15×27×2.7万尾=1 093万尾。

③ 容积法(又叫量筒法)：计算前先测定每1 ml(或每10 ml或100 ml)盛净鱼苗数，然后量取总鱼苗的份数(也以密集鱼苗为准)，从而推算出鱼苗总数。本法的准确度比抽样法差，因含水量的影响较大。

计算举例：已知每100 ml量杯有鱼苗250尾，现用1 000 ml的量杯共量得50杯，则鱼苗总数为：250尾×(1 000/100)×50=125 000尾。

④ 鱼篓直接计数法：本法在湖南地区使用，计数前先测知一个鱼篓能容多少笆斗水量，一笆斗又能装满多少鱼碟水量，然后将已知容器的鱼篓放入鱼苗，徐徐搅拌，使鱼苗均匀分布，取若干鱼碟计数，求出一鱼碟的平均数，然后计算全鱼篓鱼苗数。

计算举例：已知一鱼篓可容18个笆斗的水，每个笆斗相当25个鱼碟的平均鱼数为2万尾，则鱼篓的总鱼苗数为：2万尾×25×18=900万尾。

3.2.2 · 鱼苗培育技术

(1) 鱼苗放养前的准备

鱼苗池在放养前要进行一些必要的准备工作，包括鱼池的修整、清塘消毒、清除杂草、灌注新水、培育肥水等几个方面。

① 鱼池修整：多年用于养鱼的池塘，淤泥过多，堤基因受波浪冲击而出现不同程度的崩塌。根据鱼苗培育池所要求的条件，必须进行整塘。所谓整塘，就是将池水排干，清除过多淤泥，将塘底推平，并将塘泥敷贴在池壁上(使其平滑、贴实)，填好漏洞和裂缝，清除池底和池边杂草；将多余的塘泥清上池堤，为青饲料的种植提供肥料。除新开挖的鱼池外，旧的鱼池每1~2年必须修整1次。修整多半在冬季进行，先排干池水，挖除过多的淤泥(留6.6~10 cm)，修补倒塌的池堤，疏通进出水渠道。

② 清塘消毒：所谓清塘，就是在池塘内施用药物杀灭影响鱼苗生存、生长的各种生物，以保障鱼苗不受敌害、病害的侵袭。清塘消毒每年必须进行1次，时间一般在放养鱼苗前10~15天进行。清塘应选晴天进行，阴雨天药性不能充分发挥，操作也不方便。

清塘药物的种类及使用方法见表3-3。表中各种清塘药物中，一般认为用生石灰和漂白粉清塘较好，但具体确定药物时，还需因地制宜加以选择。如水草多而又常发病的池塘，可先用药物除草，再用漂白粉清塘。用巴豆清塘时，可配合使用其他药物，以消灭水生昆虫及其幼虫。如预先用 1 mg/L 2.5%敌百虫全池泼洒后再清塘,能收到较好的效果。

表 3-3 · 常见清塘药物

<table>
<tr><th colspan="2">药物及清塘方法</th><th>用量(kg/667 m²)</th><th>使用方法</th><th>清塘功效</th><th>毒性消失时间</th></tr>
<tr><td rowspan="2">生石灰</td><td>干法清塘</td><td>60~75</td><td>排除塘水,挖几个小坑,倒入生石灰溶化,不待冷却,即全池泼洒。第二天将淤泥和石灰拌匀,填平小坑,3~5 天后注入新水</td><td rowspan="2">(1) 能杀灭野杂鱼、蛙卵、蝌蚪、水生昆虫、螺蛳、蚂蟥、蟹、虾、青泥苔及浅根水生植物、致病寄生虫及其他病原体
(2) 增加钙肥
(3) 使水呈微碱性,有利于浮游生物繁殖
(4) 疏松池中淤泥结构,改良底泥通气条件
(5) 释放出被淤泥吸附的氮、磷、钾等
(6) 澄清池水</td><td rowspan="2">7~8 天</td></tr>
<tr><td>带水清塘</td><td>125 ~ 150(水深 1 m)</td><td>排除部分池水,将生石灰化开成浆液,不待冷却直接泼洒</td></tr>
<tr><td colspan="2">茶麸(茶粕)</td><td>40 ~ 50(水深 1 m)</td><td>将茶麸捣碎,加水浸泡 1 昼夜,连渣一起均匀泼洒全池</td><td>(1) 能杀灭野杂鱼、蛙卵、蝌蚪、螺蛳、蚂蟥、部分水生昆虫
(2) 对细菌无杀灭作用,对寄生虫、水生杂草杀灭差
(3) 能增加肥度,但助长鱼类不易消化的藻类繁殖</td><td>7 天后</td></tr>
<tr><td colspan="2">生石灰、茶麸混合</td><td>茶麸 37.5、生石灰 45(水深 1 m)</td><td>将浸泡后的茶麸倒入刚溶化的生石灰内,拌匀,全池泼洒</td><td>兼有生石灰和茶麸两种清塘方法的功效</td><td>7 天后</td></tr>
<tr><td rowspan="2">漂白粉</td><td>干法清塘</td><td>1</td><td>先干塘,然后将漂白粉加水溶化,拌成糊状,稀释后全池泼洒</td><td rowspan="2">(1) 效果与生石灰清塘相近
(2) 药效消失快,肥水效果差</td><td rowspan="2">4~5 天</td></tr>
<tr><td>带水清塘</td><td>13 ~ 13.5(水深 1 m)</td><td>将漂白粉溶化,稀释后全池泼洒</td></tr>
<tr><td colspan="2">生石灰、漂白粉混合</td><td>漂白粉 6.5,生石灰 65 ~ 80(水深 1 m)</td><td>加水溶化,稀释后全池泼洒</td><td>比两种药物单独清塘效果好</td><td>7~10 天</td></tr>
<tr><td colspan="2">巴豆</td><td>3~4(水深 1 m)</td><td>将巴豆捣碎,加 3%食盐,加水浸泡,密封缸口,经 2~3 天后将巴豆连渣倒入容器或船舱,加水泼洒</td><td>(1) 能杀死大部分有害鱼
(2) 对其他敌害和病原生物无杀灭作用
(3) 有毒,皮肤有破伤时不要接触</td><td>10 天</td></tr>
<tr><td colspan="2" rowspan="2">鱼藤精或干鱼藤</td><td>鱼藤精 1.2~1.3(水深 1 m)</td><td>加水 10~15 倍,装喷雾器中全池喷洒</td><td rowspan="2">(1) 能杀灭鱼类和部分水生昆虫
(2) 对浮游生物、致病细菌、寄生虫及其休眠孢子无作用</td><td rowspan="2">7 天后</td></tr>
<tr><td>干鱼藤 1(水深 0.7 m)</td><td>先用水泡软,再锤烂浸泡,待乳白色汁液浸出后全池泼洒</td></tr>
</table>

除清塘消毒外,鱼苗放养前最好用密眼网拖 2 次,用以清除蝌蚪、蛙卵和水生昆虫等,可弥补清塘药物的不足。

有些药物对鱼类有害,不宜用作清塘药物,如滴滴涕是一种稳定性很强的有机氯杀虫剂,能在生物体内长期积累,对鱼类和人类都有致毒作用,应禁止使用。其他如五氯酚钠、毒杀芬等对人体也有害,也禁止使用。

清塘一般有排水清塘和带水清塘两种。排水清塘是将池水排到 6.6~10 cm 时泼药,这种方法用药量少,但增加了排水操作。带水清塘通常在供水困难或急等放鱼的情况下采用,但用药量较多。

③ 清除杂草:有些鱼苗池(也包括鱼种池)水草丛生,影响水质变肥,也影响拉网操作。因此,需将池塘的杂草清除。可用人工拔除或用刀割的方法,也可用除草剂,如扑草净、除草剂一号等进行除草。

④ 灌注新水:鱼苗池在清塘消毒后可注满新水,注水时一定要在进水口用纱网过滤,严防野杂鱼再次混入。第一次注水 40~50 cm,便于升高水温,也容易肥水,有利于浮游生物的繁殖和鱼苗的生长。到夏花分塘后,池水可加深到 1 m 左右,鱼种池则加深到 1.5~2 m。

⑤ 培育肥水:目前各地普遍采用鱼苗肥水下塘,使鱼苗下塘后即有丰富的天然饵料。培育池施基肥的时间,一般以鱼苗下塘前 3~7 天为宜,具体时间要看天气和水温而定,不能过早也不宜过迟。一般鱼苗下塘以中等肥度为好,透明度为 35~40 cm。若水质太肥,鱼苗易患气泡病。鱼种池施基肥时间比鱼苗池可略早些,肥度也可大些,透明度为 30~35 cm。

(2) 饵料

初下塘鱼苗的最适饵料为轮虫和桡足类的无节幼体等小型浮游生物。一般经多次养鱼的池塘,塘泥中贮存着大量的轮虫休眠卵,一般为 100 万~200 万个/m^2,但塘泥表面的休眠卵仅占 0.6%,其余 99%以上的休眠卵被埋在塘泥中因得不到足够的氧气和受机械压力而不能萌发。因此,在清塘后放水时(一般当放水 20~30 cm 时)必须用铁耙翻动塘泥,使轮虫休眠卵上浮或重新沉积于塘泥表层,促进轮虫休眠卵萌发。生产实践证明,放水时翻动塘泥,7 天后池水轮虫数量明显增加,并出现高峰期。表 3-4 为水温 20~25℃时,用生石灰清塘后,鱼苗培育池水中生物的出现顺序。

从生物学角度看,鱼苗下塘时间应选择在清塘后 7~10 天,此时下塘正值轮虫高峰期。但是,生产上无法根据清塘日期来要求鱼苗的适时下塘时间,加上依靠池塘天然生产力培养的轮虫数量不多,仅 250~1 000 个/L,这些数量在鱼苗下塘后 2~3 天就会被鱼苗吃完,故在生产上采用先清塘,然后根据鱼苗下塘时间施用有机肥料,人为地制造轮虫

表 3－4 生石灰清塘后浮游生物变化模式(未放养鱼苗)

项　目	清塘后天数				
	1～3 天	4～7 天	7～10 天	10～15 天	15 天后
pH	>11	>9～10	9 左右	<9	<9
浮游植物	开始出现	第一个高峰	被轮虫滤食,数量减少	被枝角类滤食,数量减少	第二个高峰
轮虫	零星出现	迅速繁殖	高峰期	显著减少	少
枝角类	无	无	零星出现	高峰期	显著减少
桡足类	无	少量无节幼体	较多无节幼体	较多无节幼体	较多成体

高峰期。施有机肥料后,轮虫高峰期的生物量比天然生产力高 4～10 倍,达 8 000 个/L 以上,且鱼苗下塘后轮虫高峰期可维持 5～7 天。为做到鱼苗在轮虫高峰期下塘,关键是掌握施肥的时间。如用腐熟发酵的粪肥,可在鱼苗下塘前 5～7 天(依水温而定)全池泼洒 150～300 kg/667 m^2;如用绿肥堆肥或沤肥,可在鱼苗下塘前 10～14 天投放 200～400 kg/667 m^2。绿肥应堆放在池塘四角,浸没于水中并经常翻动,以促使其腐烂。

另外,还应做到适时施肥。如施肥过晚,池水轮虫数量尚少,鱼苗下塘后因缺乏大量适口饵料,必然生长不好;如施肥过早,轮虫高峰期已过,大型枝角类大量出现,鱼苗非但不能摄食,反而出现枝角类与鱼苗争溶氧、争空间、争饵料的情况,鱼苗因缺乏适口饵料而影响成活率。这种现象群众称为“虫盖鱼”。当发生这种现象时,应全池泼洒 0. 2～0. 5 g/m^3 的晶体敌百虫,将枝角类杀灭。

为确保施有机肥后轮虫大量繁殖,在生产中往往先泼洒 0. 2～0. 5 g/m^3 的晶体敌百虫杀灭大型浮游动物,然后再施有机肥料。如鱼苗未能按期到达,应在鱼苗下塘前 2～3 天再用 0. 2～0. 5 g/m^3 的晶体敌百虫全池泼洒 1 次,并适量增施一些有机肥。

有些地区为控制水质肥度,采用放“试水鱼”的办法,放养时间是施基肥后 2～3 天。各地放养“试水鱼”的密度如表 3－5。

放养“试水鱼”的主要作用: 一是测知池水肥度。放养鳙(试水鱼)的鱼苗池,“试水鱼”于每天黎明前开始浮头,太阳出来后不久即下沉,表明水肥度适宜;浮头过长,表示水质过肥;不浮头或极少浮头,表示肥度不足,应继续施肥。二是控制大型浮游动物的生长繁殖。经过清塘和施放基肥后,大型的浮游动物逐渐繁殖,它们的个体较大,不能作为初下塘鱼苗的饵料,且消耗氧气,若繁殖过多,还会使浮游植物大量减少,水色变黄浊,这种水质不利于鱼苗的生长。放入“试水鱼”可以摄食过多的大型浮游动物,保持稳定的优良

表3-5 鱼苗塘"试水鱼"的放养密度

地 区	规格(cm)	数量(尾)	规格(cm)	数量(尾)
广西	鳙 9.9	450~500	鳙 19.8	120~150
	鳙 13.2	300~400	鳙 23.1	100~120
	鳙 16.5	150~200		
湖北	13.2 cm 左右的鳙 150~200 尾,0.5 kg 左右草鱼 50~100 尾			
江西赣州	13.2~16.5 cm 的鳙 30 尾			
广东	13.2 cm 左右的鳙 300~400 尾			

水质。三是提高池塘利用率。即利用鱼苗下塘前一段时间,进行大规格鳙鱼种的培育。鱼苗下塘前必须将"试水鱼"全部捕起。一般是上午捕"试水鱼",下午放养鱼苗。广东、广西和湖北也有用2龄草鱼作"试水鱼"的,以清除水中杂草(如丝状藻等),但2龄草鱼常患九江头槽绦虫病(俗称干口病),对夏花危害极大,故已逐渐减少用草鱼作为"试水鱼"。四是水温和水质毒性检查。鱼苗下池前还要检查一下水温,一般温差不能超过3℃。其次,放养苗前要特别注意清塘药物的毒性是否已消失,最简便的方法是在鱼池现场取一盆池水,放入20~30尾鱼苗,养半天到一天,在此期间,若"试水鱼"活动正常,即可进行鱼苗放养。

(3) 鱼苗的暂养与培育方法

① 暂养鱼苗,调节温差,饱食下塘:塑料袋充氧运输的鱼苗,鱼体内往往含有较多的二氧化碳,特别是长途运输的鱼苗,血液中二氧化碳浓度很高,可使鱼苗处于麻醉甚至昏迷状态(肉眼观察,可见袋内鱼苗大多沉底打团)。如将这种鱼苗直接下塘,成活率极低。因此,凡是经运输来的鱼苗,必须先放在鱼苗箱中暂养。暂养前,先将鱼苗袋放入池内,当袋内外水温一致后(一般约需15 min)再开袋放入池内的鱼苗箱中暂养。暂养时,应经常在箱外划动池水,以增加箱内水的溶氧。一般经0.5~1 h暂养,鱼苗血液中过多的二氧化碳均已排出,鱼苗集群在网箱内逆水游动。

鱼苗经暂养后,需泼洒鸭蛋黄水。待鱼苗饱食后,肉眼可见鱼体内有一条白线时方可下塘。鸭蛋需在沸水中煮1 h以上,越老越好,以蛋白起泡者为佳。取蛋黄掰成数块,用双层纱布包裹后,在脸盆内漂洗(不能用手捏出)出蛋黄水,然后将蛋黄水均匀地淋洒于鱼苗箱内。一般1个蛋黄可供10万尾鱼苗摄食。

鱼苗下塘时,面临着适应新环境和尽快获得适口饵料两大问题。在下塘前投喂鸭蛋黄,使鱼苗饱食后放养下塘,实际上是保证了仔鱼的第一次摄食,其目的是加强鱼苗下塘后的觅食能力和提高鱼苗对不良环境的适应能力。据测定,饱食下塘的草鱼苗与空腹下塘的草鱼苗忍耐饥饿的能力差异很大(表 3-6)。同样是孵出 5 天的鱼苗(5 日龄苗),空腹下塘的鱼苗至 13 日龄全部死亡,而饱食下塘鱼苗此时仅死亡 2.1%。

表 3-6 · 饱食下塘鱼苗与空腹下塘鱼苗耐饥饿能力测定(13℃)

草鱼苗处理	仔鱼数(尾)	各日龄仔鱼的累计死亡率(%)									
		5	6	7	8	9	10	11	12	13	14
试验前投一次鸭蛋黄	143	0	0	0	0	0	0	0.7	0.7	2.1	4.2
试验前不投鸭蛋黄	165	0	0.6	1.8	3.6	3.6	6.7	11.5	46.7	100	—

鱼苗下塘的安全水温不能低于 13.5℃。如夜间水温较低,鱼苗到达目的地已是傍晚,应将鱼苗放在室内容器内暂养(每 100 L 水放鱼苗 8 万~10 万尾),并使水温保持 20℃。投 1 次鸭蛋黄后,由专人值班,每小时换一次水(水温必须相同),或充气增氧,以防鱼苗浮头。待第二天上午 9:00 以后水温回升时,再投 1 次鸭蛋黄,并调节池塘与暂养池温差后下塘。

② 鱼苗的培育方法:我国各地饲养鱼苗的方法很多,如浙江和江苏的豆浆饲养法,广东和广西的大草饲养法,以及混合堆肥饲养法、有机或无机肥料饲养法、综合饲养法、草浆饲养法等。

大草饲养法(又称绿肥、粪肥饲养法):这是广东、广西的传统饲养方法。在鱼苗下塘前 5~10 天,池水深 0.8 m,投大草(一般为菊科、豆科植物——如野生艾属植物或人工栽培的柽麻等)200~300 kg,再加入经过发酵的粪水 100~150 kg,或将大草和牛粪同时投放。草堆在一角或每捆 15~25 kg 摆放池边浅水处,隔 2~3 天翻动 1 次,去残渣,最好把大草捆放上风处,以使肥水易于扩散。追肥为每隔 3~4 天 1 次,每次投大草 100~200 kg/667 m^2、牛粪 30~40 kg/667 m^2 和饼浆 1.5~2.5 kg/667 m^2,也有单用大草沤肥的。

豆浆饲养法:这是浙江、江苏一带的传统饲养方法。鱼苗下池后,即开始喂豆浆。黄豆先用水浸泡,每 1.5~1.75 kg 黄豆加水 20~22.5 kg。18℃时浸泡 10~12 h,25~30℃时浸泡 6~7 h。将浸泡后的黄豆与水一起磨浆,磨好的浆要及时投喂,过久会发酵变质。一般每天喂 2 次,分别在上午 8:00—9:00 和下午 13:00—14:00。豆渣要先用布袋滤去,泼洒要均匀。鱼苗初下池时,每 667 m^2 每天用黄豆 3~4 kg,以后随水质的肥度而适当调整。经泼洒豆浆 10 余天后,水质转肥,这时青鱼开始缺乏饲料,可投喂浓厚的豆糊或磨细的酒糟。

混合堆肥饲法：堆肥的配合比例有多种：a. 青草4份，牛粪2份，人粪1份，加1%生石灰；b. 青草8份，牛粪8份，加1%的生石灰；c. 青草1份，牛粪1份，加1%的生石灰。制作堆肥的方法：在池边挖建发酵坑，要求不渗漏，将青草、牛粪层层相间放入坑内，将生石灰加水成乳状泼洒在每层草上，注水至全部肥料浸入水中为止，然后用泥密封，让其分解腐烂。堆肥发酵时间随外界温度高低而定，一般在20~30℃时堆放20~30天即可使用。肉眼观察，腐熟的堆肥呈黑褐色，放手中揉成团状不松散。放养前3~5天在塘边堆放2次基肥，每次用堆肥150~200 kg。鱼苗下塘后每天上、下午各施追肥1次，一般全池泼洒施堆肥汁75~100 kg/667 m^2。

有机肥和豆浆混合饲养法：在鱼苗下塘前3~4天，先用牛粪、青草等作为基肥，以培育水质，每667 m^2放青草200~250 kg、牛粪125~150 kg。待鱼苗下池后，每天投喂豆浆，用量为黄豆（磨成浆）1~3 kg/667 m^2。同时，在饲养过程中还要适当投放几次牛粪和青草。本法实际上是大草法和豆浆法的混合法。

无机肥料饲养法：在鱼苗入池前20天左右即可施化肥作基肥，通常每667 m^2施硫酸铵2.5~5 kg、过磷酸钙2.5 kg，施肥后如水质不肥或暂不放鱼苗，则每隔2~3天再施硫酸铵1 kg和过磷酸钙0.75 kg。一般施追肥时，每2~3天施硫酸铵1.5 kg、过磷酸钙0.25 kg。作追肥时，硫酸铵要溶解均匀，否则鱼苗易误食而引起死亡。一般每667 m^2水面培育鱼苗的肥料总量为硫酸铵32.5 kg、过磷酸钙22.5 kg。

有机肥料和无机肥料混合饲养法：鱼苗下塘前2天，每667 m^2施混合基肥，包括堆肥50 kg、粪肥35 kg、硫酸铵2.5 kg、过磷酸钙3 kg。鱼苗入池后，每天施混合追肥1次，并适当投喂少量鱼粉和豆饼。

综合饲养法：作为池塘清整工作，鱼苗放养前10~15天用生石灰带水清塘。青鱼苗培育要肥水下塘，在鱼苗放养前3~5天用混合堆肥作基肥，用麻布网拉去水生昆虫、蛙卵、蝌蚪等，并用1 mg/L敌百虫杀灭水蜈蚣。改一级塘饲养为二级塘饲养，即鱼苗先育成1.65~2.64 cm火片（放养密度15万~20万尾/667 m^2），然后再分稀（3万~5万尾/667 m^2），育成3.96~4.95 cm夏花。二级塘也要先施基肥，供足食料，每天用混合堆肥追肥，保持适当肥度，后期食料不足时可辅以一些人工饲料。分期注水，随着鱼体增长，隔几天注新水10~16.5 cm。及时防治病虫害，每隔4~5天检查鱼病1次，及时采取防治措施。做好鱼体锻炼和分塘出鱼工作。

分析上述各种鱼苗的培育方法，其中以综合饲养法和混合堆肥法的经济效果、饲养效果较好，但其他方法也各有一定的长处，因此各地可因地制宜加以选用。

③ 鱼苗培育成夏花的放养密度：鱼苗培育成夏花的放养密度随不同的培育方法而各异。此外，也与鱼苗的种类、塘水的肥瘦有关。青鱼苗应稀些；早水鱼苗和中水鱼苗可

密些,晚水鱼苗应稀些;老塘水肥可密些,新塘水瘦应稀些。目前我国一些主要养鱼地区大多采用二级培育法,放养密度各地略有差异。

浙江地区采用豆浆发塘,水质比较稳定,放养密度一般为 10 万~15 万尾/667 m^2,一般都是单养。

江苏地区立夏至小满孵出的鱼苗放 8 万尾/667 m^2,小满后孵出的鱼苗放 5 万~8 万尾/667 m^2,要求培育出塘规格大的还可稀放。人工繁殖的鱼苗一般都单养。长江采捕的鱼苗,青鱼苗占比大时放 10 万尾/667 m^2,晚水鱼苗放 8 万尾/667 m^2。一般饲养 15~20 天,鱼体可长到 2. 31 cm 以上。

④ 鱼苗培育阶段的饲养管理: 鱼苗初下塘时,鱼体小,池塘水深应保持在 50~60 cm,以后每隔 3~5 天注水 1 次,每次注水 10~20 cm。培育期间共加水 3~4 次,最后加至最高水位。注水时须在注水口用密网拦阻,以防野杂鱼和其他敌害生物流入池内,同时应防止水流冲起池底淤泥而搅浑池水。

鱼苗池的日常管理工作必须建立严格的岗位责任制。要求每天巡池 3 次,做到"三查"和"三勤": 早上查鱼苗是否浮头,勤捞蛙卵,消灭有害昆虫及其幼虫;午后查鱼苗活动情况,勤除杂草;傍晚查鱼苗池水质、天气、水温、投饵施肥数量、注排水和鱼的活动情况等,勤做日常管理记录,安排好第二天的投饵、施肥、加水等工作。此外,还应经常检查有无鱼病。

⑤ 拉网和分塘: 鱼苗经过一个阶段的培育,当鱼苗长成 3. 3~5 cm 的夏花时可分塘。分塘前一定要经过拉网锻炼,使鱼种密集一起,受到挤压刺激,分泌大量黏液,排除粪便,以适应密集环境,运输中减少水质污染的程度,体质也因锻炼而加强,以利于经受分塘和运输的操作,提高运输和放养成活率。在锻炼时还可顺便检查鱼苗的生长和体质情况,估算出乌仔或夏花的出塘率,以便作好分配计划。

选择晴天的上午 9: 00 左右拉网。第一次拉网,只需将夏花鱼种围集在网中,检查鱼的体质后,随即放回池内。第一次拉网,鱼体十分嫩弱,操作须特别小心,拉网赶鱼速度宜慢不宜快,在收拢网片时,应防止鱼种贴网。隔 1 天进行第二次拉网,将鱼种围集后,与此同时,在其边上装置好谷池(为一长形网箱,用于夏花鱼种囤养锻炼、筛鱼清野和分养),将皮条网上纲与谷池上口相并压入水中,在谷池内轻轻划水,使鱼群逆水游入池内。鱼群进入谷池后,稍停,将鱼群逐渐赶集于谷池的一端,以便清除另一端网箱底部的粪便和污物,不让黏液和污物堵塞网孔。放入鱼筛,筛边紧贴谷池网片,筛口朝向鱼种,并在鱼筛外轻轻划水,使鱼种穿筛而过,将蝌蚪、野杂鱼等筛出。然后再清除余下一端箱底污物并清洗网箱。

经这样操作后,可保持谷池内水质清新,箱内外水流通畅,溶氧较高。鱼种约经 2 h

密集后放回池内。第二次拉网应尽可能将池内鱼种捕尽。因此，拉网后应再重复拉一次网，将剩余鱼种放入另一个较小的谷池内锻炼。第二次拉网后再隔 1 天进行第三次拉网锻炼，操作同第二次拉网。如鱼种自养自用，第二次拉网锻炼后就可以分养；如需进行长途运输，在第三次拉网后，将鱼种放入水质清新的池塘网箱中经一夜“吊养”后方可装运。吊养时，夜间需有人看管，以防止发生缺氧死鱼事故。

⑥ 出塘过数和成活率的计算：夏花出塘过数的方法，各地习惯不一，一般采取抽样计数法。先用小海斗（捞海）或量杯量取夏花，在计量过程中抽出有代表性的 1 海斗或 1 杯计数，然后按下列公式计算。

$$出塘总数 = 捞海数（杯数）\times 每海斗（杯）尾数$$

根据放养数（下塘鱼苗数）和出塘总数即可计算成活率：

$$成活率 = \frac{出塘总数}{放养数} \times 100\%$$

提高鱼苗育成夏花的成活率和质量的关键，除细心操作、防止发生死亡事故外，最根本的是保证鱼苗下塘后就能获得丰富的适口饲料。因此，必须特别注意做到放养密度合理、肥水下塘、分期注水和及时拉网分塘。

1 龄鱼种培育

夏花经过 3~5 个月的饲养，体长达到 10 cm 以上，称为 1 龄鱼种或仔口鱼种。培育 1 龄鱼种的鱼池条件和发花塘基本相同，但面积要稍大一些，一般以 1 333~5 333 m^2 为宜。面积过大，饲养管理、拉网操作均不方便。水深一般为 1.5~2 m，高产塘水深可达 2.5 m。在夏花放养前必须和鱼苗池一样用药物消毒清塘。清塘后适当施基肥，以培肥水质。施基肥的数量和鱼苗池相同，但可视池塘条件和放养种类而有所增减，一般施发酵后的畜（禽）粪肥 150~300 kg/667 m^2，培养红虫，以保证夏花下塘后就有充分的天然饵料。

3.3.1 · 夏花放养

(1) 适时放养

一般在 6—7 月放养。渔谚有“青鱼不脱莳（夏至），草鱼不脱暑（小暑），花白鲢不脱伏(中伏),宜早不宜迟"的说法,说明要力争早放养。几种搭配混养的夏花不能同时下塘,应先放主养鱼,后放配养鱼。以青鱼为主养鱼的塘,应保证主养鱼优先生长,同时通过投喂饲料、排泄粪便来培肥水质,过 20 天左右再放鲢、鳙等配养鱼,这样既可使青鱼逐步适应肥水环境、提高争食能力,也可为鲢、鳙准备天然饵料。

(2) 合理搭配混养

夏花阶段各种鱼类的食性分化已基本完成,对外界条件的要求也有所不同,既不同于鱼苗培育阶段,也不同于成鱼饲养阶段。因此,必须按所养鱼种的特定条件,并根据各种鱼类的食性和栖息习性进行搭配混养,才能充分挖掘水体生产潜力和提高饲料利用率。应选择彼此争食较少、相互有利的种类搭配混养。一般应注意以下几点。

① 青鱼与草鱼在自然条件下的食性完全不同,没有争食的矛盾,但在人工饲养条件下会产生争食的矛盾。草鱼争食力强,所以一般青鱼池不混养草鱼,只能在草鱼池中少量搭养青鱼。

② 青鱼与鳙性情相似,饲料矛盾不大。鳙吃浮游生物,可以使水清新,有利于青鱼生长,可以搭配混养。

在生产实践中,多采用草鱼、青鱼、鳊、鲤等中下层鱼类分别与鲢、鳙等上层鱼类混养,其中以一种鱼类为主养鱼,搭配 1~2 种其他鱼类混养。

(3) 放养密度

在生活环境和饲养条件相同的情况下,放养密度取决于出塘规格,出塘规格又取决于成鱼池放养的需要。一般放养密度为 1 万尾/667 m^2 左右,具体可根据下列几方面因素来决定。

① 池塘面积大、水较深、排灌水条件好或有增氧机、水质肥沃、饲料充足,放养密度可以大些。

② 夏花分塘时间早(在 7 月初之前),放养密度可以大些。

③ 要求鱼种出塘规格大,放养密度应小些。

④ 以青鱼为主的塘,放养密度应小些。

根据出塘规格要求,可参考表 3-7 决定放养密度。

表中所列密度和规格的关系,是指一般情况而言。在生产中可根据需要的数量、规格、种类和可能采取的措施进行调整。如果能采取成鱼养殖的高产措施,放 20 000 尾/667 m^2 夏花鱼种也能达到 13 cm 以上的出塘规格。

表 3-7 · 1龄鱼池放养密度参考

主养青鱼		配养鳙		总放养密度（尾/667 m^2）
放养密度（尾/667 m^2）	出塘规格	放养密度（尾/667 m^2）	出塘规格	
3 000	50～100 g	2 500	13～15 cm	5 500
6 000	13 cm	800	125～150 g	6 800
10 000	10～12 cm	4 000	12～13 cm	14 000

3.3.2 · 饲养方法

鱼种饲养过程中，由于采用的饲料、肥料不同，形成不同的饲养方法。无论采用何种饲养方法，均需要做到“四定”投饵原则，以提高投饵效果、降低饵料系数。

(1) 定时

投饵必须定时进行，以养成鱼类按时吃食的习惯，提高饵料利用率；同时，选择水温较适宜、溶氧较高的时间投饵，可以提高鱼的摄食量，有利于鱼类生长。通常天然饵料每天投 1 次，精饲料每天上、下午各投 1 次，颗粒饲料应适当增加投饵次数。

(2) 定位

投饵必须有固定的位置，使鱼类集中在一定的地点吃食。这样不但可减少饲料浪费，便于检查鱼的摄食情况，而且也便于清除残饵和进行食场消毒，保证鱼类吃食卫生。另外，在发病季节还便于进行药物消毒和防治鱼病。投喂草类可用竹竿搭成三角形或方形框架，将草投在框内。投喂商品饲料可在水面以下 35 cm 处用芦席或带有边框的木盘搭成面积 1～2 m^2 的食台，将饲料投在食台上让鱼类摄食。通常每 3 000～4 000 尾鱼设食台 1 个。

(3) 定质

饲料必须新鲜，不可腐败变质。草类必须鲜嫩、无根、无泥、鱼喜食。有条件的单位可考虑配制配合饲料，以提高饲料的营养价值，或制成颗粒饲料等形式，以减少饲料营养成分在水中的损失。饲料的大小应比鱼的口裂小，以增加饲料的适口性。

(4) 定量

投饵应掌握适当的数量，不可过多或忽多忽少，使鱼类吃食均匀，以提高鱼类对饵料的消化吸收率,减少疾病,有利于生长。每天的投饵量应根据水温、天气、水质和鱼的吃食情况灵活掌握。水温在25~32℃,饵料可多投;水温过高或过低,应减少投饵甚至暂停投喂。水质较瘦,水中有机物耗氧量少,可多投饵;水质肥,有机物耗氧量大,应控制投饵量。每天16:00—17:00检查吃食情况,如当天投喂的饲料全部吃完,第二天可适当增加或保持原投饲量;如当天没吃完,第二天应减少投饲量。一般以投喂的精料2~3 h吃完、青料4~5 h吃完为适度。到10月份,大多数鱼种一般已长到12~13 cm,这时天气转冷、水温降低,投饲量可逐渐减少。

3.3.3 · 日常管理

每天早上巡塘1次,观察水色和鱼的动态,特别是浮头情况。如池鱼浮头时间过久,应及时注水。还要注意水质变化,了解施肥、投饲的效果。下午可结合投饲或检查吃食情况巡视鱼塘。

经常清扫食台、食场,一般2~3天清塘1次。每半个月用漂白粉消毒1次,用量为0.3~0.5 kg/667 m^2。经常清除池边杂草和池中草渣、腐败污物,保持池塘环境卫生。施放大草的塘,每天翻动草堆1次,以加速大草分解和肥料扩散至池水中。

做好防洪、防逃、防治鱼病工作,以及防止水鸟的危害。

搞好水质管理是日常管理的中心环节。青鱼性喜清水,因此对水质的掌握难度很高。水质既要清,又要浓,也就是渔农所说的要"浓得清爽",做到"肥、活、嫩、爽"。

所谓"肥"就是浮游生物多,易消化种类多。"活"就是水色不死滞,随光照和时间不同而常有变化,这是浮游植物处于繁殖盛期的表现。"嫩"就是水色鲜嫩不老,也是易消化浮游植物较多、细胞未衰老的反映,如果蓝藻等难消化种类大量繁殖,水色呈灰蓝或暗绿色。浮游植物细胞衰老或水中腐殖质过多,均会降低水的鲜嫩度,变成"老水"。"爽"就是水质清爽,水面无浮膜,混浊度较小,透明度以保持25~30 cm为佳。如水色深绿甚至发乌黑,在下风面有黑锅灰似的水,则应加注新水或调换部分池水。要保持良好的水质,就必须加强日常管理,每天早晚观察水色、浮头和鱼的觅食情况,并采取以下措施予以调节。

(1) 合理投饲和施肥

这是控制水质最有效的方法。做到三看:一看天,应掌握晴天多投,阴天少投,天气恶变及阵雨时不投;二看水,清爽多投,肥浓少投,恶变不投;三看鱼,鱼活动正常、食欲旺盛、不浮头应多投,反之则应少投。千万不能有余食和一次大量施肥。

(2) 定期注水

夏花放养后,由于大量投饲和施肥,水质将逐渐转浓。要经常加水,一般每半个月 1 次,每次加水 15 cm 左右,以更新水质、保持水质清新,也有利于满足鱼体增长对水体空间扩大的要求,使鱼有一个良好的生活环境。平时还要根据水质具体变化和鱼的浮头情况适当注水。一般来说,水质浓、鱼浮头,酌情注水是有利无害的,可保持水质优良、增进鱼的食欲、促进浮游生物繁殖和减少鱼病的发生。

3.3.4 · 并塘越冬

秋末冬初,水温降至 10℃以下,鱼的摄食量大幅减少。为了便于来年放养和出售,这时便可将鱼种捕捞出塘,按种类、规格分别集中蓄养在池水较深的池塘内越冬(可用鱼筛分开不同规格)。

在长江流域一带,鱼种并塘越冬的方法是,在并塘前 1 周左右停止投饲,选天气晴朗的日子拉网出塘。因冬季水温较低,鱼不太活动,所以不要像夏花出塘时那样进行拉网锻炼。出塘后经过鱼筛分类、分规格和计数后即行并塘蓄养,群众习惯叫"囤塘"。并塘时拉网操作要细致,以免碰伤鱼体而使鱼在越冬期间发生水霉病。蓄养塘面积为 1 333~2 000 m^2,水深 2 m 以上,向阳背风,少淤泥。鱼种规格为 10~13 cm 时,放养密度为 5 万~6 万尾/667 m^2。并塘池在冬季仍必须加强管理,适当施放一些肥料,晴天中午较暖和时可少量投饲。越冬池应加强饲养管理,严防水鸟危害。并塘越冬不仅有保膘、增强鱼种体质及提高成活率的作用,而且还能略有增产。

为了减少操作麻烦和利于成鱼和 2 龄鱼池提早放养,以及减少损失、提早开食、延长生长期,有些渔场取消了并塘越冬阶段,采取 1 龄鱼种出塘后随即有计划地放入成鱼池或 2 龄鱼种池饲养。

3.3.5 · 鱼种质量鉴别

优质鱼种必须具备以下条件: ① 同池同种鱼种规格均匀;② 体质健壮,背部肌肉肥厚,尾柄肉质肥满;③ 体表光滑,无病无伤,鳞片、鳍条完整无损;④ 体色鲜艳,有光泽;⑤ 游动活泼,溯水性强,在密集时头向下尾向上不断扇动;⑥ 用鱼种体长与体重之比来判断质量好坏。具体做法: 抽样检查,称取规格相似的鱼种 500 g 计算尾数,然后对照优质鱼种规格鉴别(表 3-8)。等于或小于标准尾数为优质鱼种;反之,则为劣质鱼种。

表 3-8 · 优质青鱼鱼种规格鉴别

规格(cm)	标准尾数(尾/kg)
14.00	32
13.67	40
13.33	50
13.00	58
12.00	64
11.67	66
10.67	92
10.33	96
10.00	104
9.67	112
9.33	120
9.00	130
8.67	142
8.33	150
8.00	156
7.67	170
7.33	188
7.00	200
6.67	210

3.3.6 · 1 龄青鱼大规格苗种分级培育生产新技术

(1) 清塘消毒及苗种放养

① 清塘消毒：将池塘水排干后，生石灰(50 kg/667 m^2)用水稀释后全池泼洒，消毒、除野。3 天后在池塘内施基肥，用青草 200~300 kg/667 m^2、畜禽粪 250~300 kg/667 m^2 等作堆肥。堆肥做好后开始灌清水。灌清水时，必须用 40 目的网布过滤，防止野杂鱼进入池塘。初次灌水以池塘内水深 50~60 cm 为宜。总之，在施肥与灌清水时严格做到安全

可靠,确保幼苗的成活率。

当灌好清水 18 h 后就可把幼苗投放于池塘,养殖、放养的模式以混合放养再分级饲养为宜。

② 放养时间:长江中下游地区应在 5 月 8—15 日放养。在条件允许的情况下,尽可能提早放养。选择 5 月中旬放养,气温、水温适宜,关键是亲本怀卵成熟度好,孵化的幼苗成活率高、生长快、体健而壮,为养殖大规格鱼种奠定了基础。

③ 放养模式:幼苗混合放养的模式也是养殖大规格苗种的一项关键技术。一般以 2~3 种鱼混养为宜,但不能将食性或习性上有冲突的鱼混养在一起。

④ 放养密度:幼苗放养密度主要依据养成的鱼种规格来确定。鱼种规格与各种鱼的特征及放养总量有关,详见表 3－9。

表 3－9 · 青鱼放养密度与出塘规格的关系(放养时间 21 天)

出塘规格(cm)	放苗数量(尾/667 m^2)
2~3	15 000~20 000
3~5	10 000~15 000
5~7	8 000~10 000

(2) 幼苗的饲养与管理

在幼苗下塘时,必须用鸡蛋黄捏成糊状投喂。下塘后 2~3 天开始投喂豆浆或投喂全价无公害熟化饲料。投喂时必须把饲料泼洒在池塘的四周,这样容易诱食。每天投喂 3 次,分别在上午 8 时、中午 12 时、下午 16 时。真正做到幼苗下塘后所投喂的饵料能满足幼苗生长所需的营养成分。同时,还必须调节好池塘内水体的溶氧量,依据幼苗的生长特征,一般每隔 3~5 天适当加灌清水。灌清水的水管必须直接接入池塘水体之内,不能从高空中流水型灌注清水。

有了满足幼苗生长所需的营养成分和池塘优良的生态环境,依据青鱼的生物学特性,按质比、量比放养的幼苗,经过 3 周左右时间就可以实施混合选择分级培育大规格鱼种。

(3) 营造优良的生态环境,坚持运用按质比、量比的放养技术

① 营造优良的生态环境:运用自然光合作用营造优良的生态环境,利用太阳光照曝晒池底,并用生石灰等药物清塘消毒,以消灭病原体。土质贫瘠的池塘还需施有机肥料,以培育轮虫作为营造优良生态环境的技术措施。

② 确定时期,选择规格:可在5月下旬(25—28日)进行混合选择,可以用人工溢水的方法筛选,也可以用1~5号鱼筛进行人工筛选。筛选规格:青鱼为5~6 cm。

③ 按照生态学中各自生态位特点放养苗种:放养夏花苗种时选择规格整齐、体质健壮的个体。

(4)生态养殖技术三要素

① 保持水质清新,提高饲养管理水平:池塘需要经常换清水,以增加水体溶氧量。一般5月下旬间隔7天加水1次。6月根据天气变化、池塘水质、pH、水体溶氧量进行不定时灌入清水,加水以白天太阳光照下定时进行为最佳,使池塘水体保持pH 6.5~7.0、溶氧不低于5 mg/L,防止早晨6时鱼苗缺氧死亡;同时,最关键的是,当池塘内溶氧过低时,饲料营养成分难以吸收,严重影响鱼类正常生长发育。放养的夏花经过数天培育,就可在池塘内形成良好的生态环境,达到分级饲养大规格鱼种的目的。

② 科学喂料,提高饲料利用率:池塘内通过培育微生物增加天然饵料的种类和密度,在满足一部分鱼类营养需求的情况下,适时、适量投喂无公害熟化全价饲料(含粗蛋白不低于26%)。科学掌握饲料的投放量和确保较高的饲料利用率,以满足各种鱼类生长所需的营养成分,防止饲料投喂过量、腐烂变质、污染水质等情况发生。

以青鱼为主养鱼的池塘,先用少量豆渣等精饲料引诱青鱼来食场摄食,等引上食场后,则每天投喂新鲜豆渣两次,每次每万尾鱼苗投喂12~15 kg,并投喂较少量芜萍;当鱼苗长至8 cm左右时,改投浸泡磨碎的豆饼,每天每万尾鱼苗投喂5~8 kg,分上、下午两次投喂;当鱼苗长至10~12 cm时,除投喂豆饼外,可投轧碎的螺、蚬,每天每万尾鱼苗从投喂38 kg开始逐渐增至130 kg。如池内搭配鲢、鳙鱼种,投喂方法与草鱼池相同。

③ 预防病害发生,符合标准化生产:养殖过程中基本不用药物进行病害防治。6—10月利用灌清水的方法,使池塘内的水形成微流状,以增加水体溶氧量,使水体的pH保持在6.5~7.0。池内的水质应新、清、活、肥。在炎热的高温季节,必要时可适时、适量使用生物制剂改善水质。经常肥水,以增加水体营养,并将水体水质调节至最佳状态,以促进各种水生动物生长、提高鱼苗的抗病能力。

养殖试验表明:用1龄大规格优质鱼种养殖成鱼的饲料系数从2.5减至2.2,个体增长倍数为8~10倍;用2龄大规格鱼种养殖成鱼的个体增长倍数为4~5倍。从增长倍数比较,用1龄大规格优质鱼种养殖成鱼的个体增长倍数是用2龄大规格优质鱼种养殖成鱼的2倍。从养殖周期分析比较,2龄大规格鱼种养殖(夏花—1龄鱼种—2龄大规格鱼种—成鱼)周期为3年,1龄大规格优质鱼种养殖(夏花—1龄大规格鱼种—成鱼)周期为2年,可缩短1年,实施两个周期(4年)可增加一个养殖周期,实际池塘利用率可提高30%。

2龄青鱼培育

所谓2龄鱼种培育，就是将1龄鱼种继续饲养1年，即青鱼长到500 g左右的过程。2龄鱼种培育是从鱼种转向成鱼的过渡阶段，在这个阶段中，它们的食性由窄到广、由细到粗，食量由小到大，绝对增重快，病害较多。因此，2龄鱼种的培育比较困难。

3.4.1 · 放养方式

鱼种放养要根据鱼池条件、鱼种规格、出塘要求、饲料来源和饲养管理水平等多方面加以考虑。放养方式很多，下面仅介绍几种较先进的放养方式（表3－10），供参考。

表3－10 · 2龄青鱼培育放养模式

放养鱼类	放养		收获		
	规格(cm)	数量(尾/667 m^2)	成活率(%)	规格(kg/尾)	产量(kg/667 m^2)
1龄青鱼	10～13	700	70	0.3	175
草鱼	7～10	150	70	0.3～0.5	45
团头鲂	8～10	220	90	0.2～0.25	45
鲢	13	250	90	0.55	125
鳙	13	40	90	0.75	25
鲤	3	500	60	0.5	150
合计					565

3.4.2 · 饲养管理

鱼种放养前，除对池塘进行彻底清塘、选好鱼种、提前放养、提早开食、做好鱼病防治工作外，还应根据其食性、习性和生长情况，做到投饲数量由少到多、种类由素到荤、质地由软到硬，使鱼吃足、吃匀；同时，适时注水、施肥，保持水质肥、活、嫩、爽。

① 投饲要均匀：在正常情况下，以上午 9:00—10:00 投喂较为合适。如果 15:00—16:00 吃完，次日可适当增加 10%~20%；如果 16:00—17:00 还未吃完，次日应酌情减少 10%~20%；如果到次日投饲时仍未吃完，则应停止给食，待吃完后再投喂。精饲料一般上午投，以 1 h 吃完为适度。在每天 6:00—7:00 和 16:00—17:00 应各检查 1 次食场。水质不好或过浓、天气不好、有浮头等情况，也应考虑适当减少投饲量，甚至完全停止给食。按季节来说，春季可以尽量满足鱼种的需要，夏季则要控制投饲量，白露以后可以尽量多投喂。每天的投饲量应以“看天、看水、看鱼”来加以调节，天好、水好、鱼好可以多投饲；反之，则应少投饲。

投饲量可以根据预计产量、饲料系数和一般分月投饲百分比来计算。以每 667 m^2 净产青鱼种 200 kg 为例，一般经验投饲量和分月百分比为：糖糟 125 kg，3 月占 65%、4 月占 35%；蚬秧 1 500~2 000 kg，4 月占 10%、5 月占 90%；螺蛳 6 000 kg，5 月占 1.5%、6 月占 8%、7 月占 12.5%、8 月占 18%、9 月占 22%、10 月占 29%、11 月占 9%。

② 饲料要适口：即通常所说的要过好转食关。饲料由细到粗、由软到硬、由少到多，逐级交替投喂。冬季在晴天、水温较高的中午投喂些糖糟，一般投 2~3 kg/667 m^2。以后根据放养鱼种的大小来决定投喂饲料的种类，如规格大的鱼种，在清明前后可投喂蚬秧，在没有蚬秧时，也可继续投喂糖糟、豆饼或菜饼；如放养规格小（13 cm 以下），则应将蚬秧敲碎后再投喂，或者仍投喂糖糟、菜饼或豆饼，一直到 6 月初再改投蚬秧。如果蚬秧缺少，可投喂螺蛳。6 月由于鱼种还小，螺蛳必须轧碎后投喂。7 月开始可投喂筛过的小螺蛳，随着鱼种的生长，逐渐调换筛目，7 月用 1 cm 的筛子、8 月用 1.3 cm 的筛子、9 月后用 1.65 cm 的筛子。1 龄、2 龄混养鱼种池各期筛目可换大一些，中秋后可以不过筛。由轧螺蛳改为过筛螺蛳及每次改换筛目时必须注意，在开始几天适当减少投饲量。

3.5 成鱼养殖

3.5.1 · 概述

成鱼养殖是将鱼种养成食用鱼的生产过程，也是养鱼生产的最后主要环节。我国目前饲养食用鱼的方式有池塘养鱼、网箱（包括网围和网栏）养鱼、稻田养鱼、工厂化养鱼、天然水域（湖泊、水库、海湾、河道等）鱼类增殖和养殖等。静水土池塘养鱼是我国精养食用鱼的主要形式，也是其他设施渔业的基础，特别是在淡水鱼养殖业中，其总产量占全国淡水养鱼总产量的75%以上。

我国池塘养鱼业主要是利用经过整理或人工开挖面积较小的静水水体进行养鱼生产。由于管理较方便、环境较容易控制、生产过程能全面掌握,故可进行高密度精养,以获得高产、优质、低耗、高效的结果。池塘养鱼可体现我国养鱼的特色和技术水平。

养殖周期主要与食用鱼的上市规格、饲养鱼类在各个阶段的生长速度、气候条件、鱼类的生活环境、养殖设施、放养密度、饵料的丰歉与质量、饲养技术水平等相关。生产中应根据饲养对象最佳生长期、食用价值、市场需求、消费习惯、成活率等各方面来制定较合理的养鱼周期,即在一定时间内能够获得质优、经济价值高的食用鱼。养鱼周期过长,饲料消耗多,即基础代谢的消耗增加,这完全是无用的消耗,同时死亡率增大和管理费用增加,资金和池塘周转率低;周期过短,鱼类食用价值低,鱼种消耗大,也是不经济的。应根据不同的饲养对象确定较合适的养殖周期,即要求在一定时间内能够最经济地获得有价值的食用鱼。在鱼类生长速度较快时,用较少的饲料就能得到较大数量的鱼产品。

我国的淡水养鱼业,青鱼一般需3~4年。珠江流域年平均气温较高,鱼类的生长期比长江流域长,在池塘中各种鱼类养殖周期比长江流域短0.5~1年;东北地区年平均气温较低,鱼类的养殖周期比长江流域长0.5~1年。

与其他动物(畜、禽业)饲养业相比,鱼类的养殖周期均较长。缩短养鱼周期,可节省人力、物力和财力,提高养鱼设施的利用率,加速资金周转,减少饲养过程的病害和其他损失,更多、更快地提供食用鱼,从而提高经济效益、社会效益和生态效益。

3.5.2 · 混养搭配

混养是根据不同水生动物的不同食性和栖息习性,在同一水体中按一定比例搭配放养几种水生动物的养殖方式。混养是我国池塘养鱼的重要特色。目前,我国池塘养殖的青鱼、草鱼、鲢、鳙、鲤、鲫、鳊、罗非鱼、鲮等常规鱼类已达十多种,而池塘养殖虾、蟹、鳖、龟、蛙、黄鳝等名特优新种类则更多。在池塘中进行多种鱼类、多种规格的混养,可充分发挥池塘水体的生产潜力和合理利用饵料,以提高池塘总产量(图3-2)。

(1) 混养的优点

混养是根据鱼类的生物学特点(栖息习性、食性、生活习性等),充分运用它们相互有利的一面,尽可能地限制和缩小它们有矛盾的一面,让不同种类和同种异龄鱼类在同一空间和时间内一起生活和生长,从而发挥池塘的生产潜力。混养的优点如下。

① 可以充分合理地利用养殖水体与饵料资源:我国目前养殖的食用鱼,其栖息、生活的水层有所不同,鲢、鳙生活在水体的上层,草鱼、团头鲂生活在水体的中下层,而青

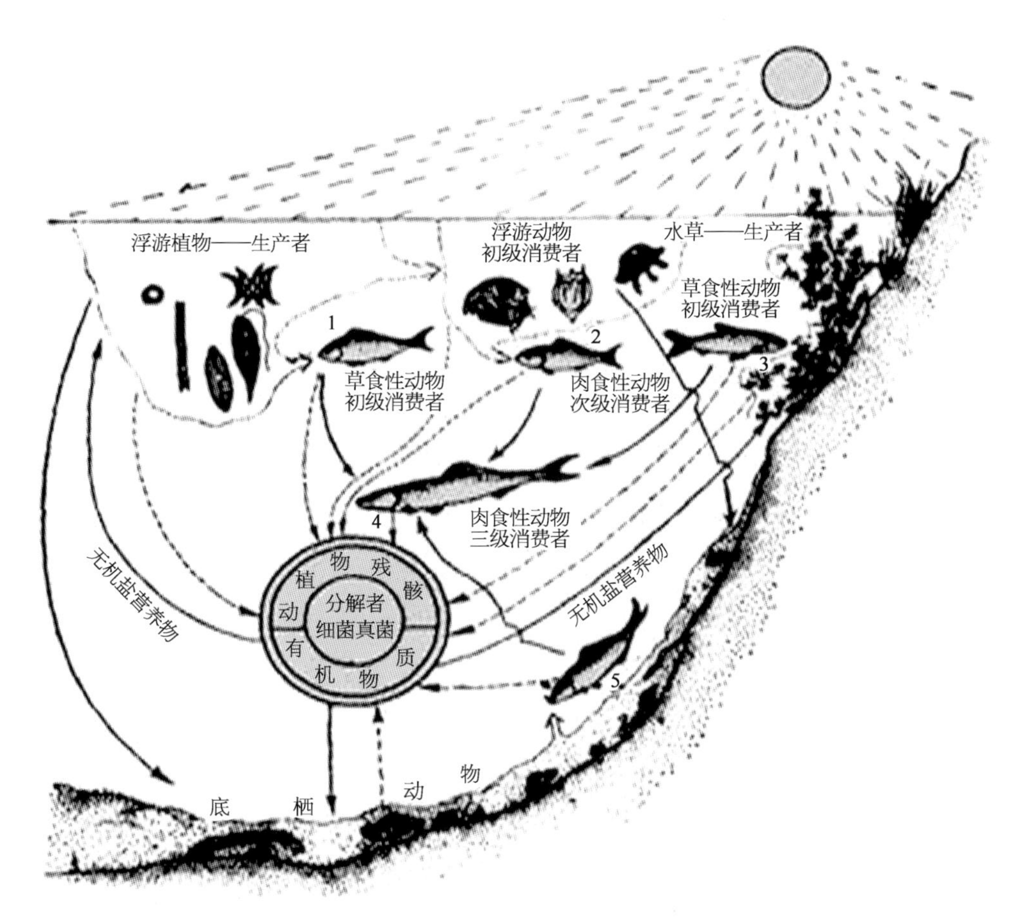

图 3-2 · 水生态系统示意

鱼、鲤、鲫则生活在水体的底层。将这些鱼类按照一定比例组合在一起同池养殖，就能充分利用养殖水体空间，充分发挥池塘养鱼的生产潜力。

我国池塘养鱼使用的饵料，既有浮游生物、底栖生物、各种水（旱）草，还有人工投喂的谷物饲料和各种动物性饵料。这些饵料投下池后，主要被青鱼、草鱼、鲤所摄食，而碎屑及颗粒较小的饵料又可被团头鲂、鲫以及多种幼鱼所摄食，而鱼类粪便又可培养大量浮游生物，供鲢、鳙摄食。因此，混养池饵料的利用率较高。

② 可以充分发挥养殖鱼类共生互利的优势：我国的常规养殖鱼类多数都具有共生互利的作用，如青鱼、草鱼、鲂、鲤等吃剩的残饵和排泄的粪便，可以培养大量浮游生物，使水质变肥；鲢、鳙以浮游生物为食，既控制了水体中浮游生物的数量，又改善了水质条件，还可促进青鱼、草鱼、鲂、鲤的生长；鲤、鲫、罗非鱼等不仅可充分利用池中的饵料，而且通过它们的觅食活动翻动底泥和搅动水层，还可起到增加溶氧、促进池底有机物的分解和营养盐类的循环等作用。

③ 降低成本：多种类、多种规格的鱼同池混养，不仅水体、饵料可以得到充分利用，而且病害少、产量高，从而降低了养殖成本、增加了经济效益。在成鱼池混养各种规格的鱼种，既能取得成鱼高产，又能解决翌年放养大规格鱼种的需要。

④ 提高社会效益和经济效益：通过混养，不仅提高了产量、降低了成本，而且在同一池塘中生产出多种食用鱼，特别是可以全年向市场提供活鱼，满足了消费者的不同要求，对繁荣市场、稳定价格、提高经济效益有重大作用。

(2) 混养鱼之间的关系

混养首先要正确认识和处理各种鱼相互之间的关系，避害趋利。混养鱼之间不能自相蚕食。

① 青鱼、草鱼、鲤、鲂(俗称吃食鱼)与鲢、鳙(俗称肥水鱼)可以混养：由于吃食鱼与肥水鱼在食性、生活水层上的不同，同池混养具有相互促进作用，在不施肥的情况下，每长 1 kg 吃食鱼可带出 0.5 kg 肥水鱼。渔谚说“一草养三鲢”就是这个道理。

② 青鱼与草鱼一般不可混养：青鱼较耐肥水，而草鱼喜欢清水，故青鱼、草鱼是不能同池混养的。若青鱼与草鱼同池混养，草鱼的放养量只能占青鱼放养量的 25%，以充分缓解青鱼、草鱼在水质要求上的矛盾。

③ 青鱼、草鱼与鲤、鲫、鲂的关系：青鱼吃螺蛳，草鱼、鲂吃草，鲤、鲫为杂食性的，若这些鱼类同池混养，也能起到共生互利的作用。一般每放 1 kg 青鱼种可配养规格为 20 g 左右的鲤 2~4 尾。

④ 同种鱼不同放养规格之间的关系：2~3 龄的青鱼和草鱼可占放养总量的 70%~75%，同时搭养 20%~25%的 2 龄以下青鱼和草鱼及 5%~10%的 1 龄青鱼和草鱼。大规格的当年养成商品鱼，中、小规格的留作下一年的鱼种。

(3) 确定主养鱼类和配养鱼类

主养鱼又称主体鱼，它们不仅在放养量(重量)上占较大比例，而且是投饵、施肥和饲养管理的主要对象。配养鱼是处于配角地位的养殖鱼类，它们可以充分利用主养鱼残饵、粪便形成的腐屑以及水中的天然饵料很好地生长。

确定主养鱼和配养鱼应考虑以下因素。一是市场需求：根据当地市场对各种养殖鱼类的需求量、价格和供应时间，为市场提供适销对路的鱼货。二是饵料和肥料来源：如螺、蚬类资源较多的地区可考虑以青鱼为主养鱼。三是池塘条件：池水较深的塘，可以青鱼为主养鱼。四是鱼种来源：只有鱼种供应充足，而且价格适宜，才能作为养殖对象。

目前，我国各地形成了多种混养模式。这些混养模式与鱼种、饵料来源、养殖习惯、市场需求紧密联系在一起。精养鱼塘，一般产量都可达 500 kg/667 m^2 以上。

在成鱼池套养鱼种是解决成鱼高产和大规格鱼种供应不足之间矛盾的一种较好的方法。套养是在轮捕轮放基础上发展起来的，它使成鱼池既能生产食用鱼，又能培养翌年放养的大规格鱼种。当前市场要求食用鱼的上市规格有逐步增大的趋势，大规格鱼种如依靠鱼种池培养，就大大缩小了成鱼池饲养的总面积，其成本必然增大。采用在成鱼池中套养鱼种，每年只需在成鱼池中增放一定数量的小规格鱼种或夏花，至年底，在成鱼池中就可套养出一大批大规格鱼种。尽管当年食用鱼的上市量有所下降，但却为来年成鱼池解决了大部分鱼种。套养不仅从根本上革除了 2 龄鱼种池，而且也压缩了 1 龄鱼种池面积，增加了食用鱼池的养殖面积。表 3－11 是江苏无锡市郊套养鱼种模式，供参考。

表 3－11 江苏无锡市郊套养鱼种模式 （单位：667 m^2）

鱼类	放养数量和规格	放养时间	成活率	养成鱼种数量和规格	说明
草鱼	70～80 尾、500～750 g	年初	80%以上		6 月开始达 1.5 kg 者上市
	90～100 尾、100～400 g		80%以上	70 尾左右、500～750 g	生长快者年终可达 1.5 kg
	150～170 尾、14～21 g	7 月	60%～70%	100 尾、100～400 g	
青鱼	35～40 尾、750～1 250 g	年初	80%以上		7 月开始达 1.5 kg 者上市
	60～70 尾、150～300 g		70%	40～50 尾、750～1 250 g	
	150～170 尾、15～20 g	7 月	50%～60%	80 尾左右、150～300 g	
团头鲂	300 尾、40～60 g	年初	90%		7 月下旬达 300 g 者即上市
	350 尾、12.5～17 g		90%		大部分年终可达 300 g
	300 尾、夏花	7 月	60%～70%	500 尾、12.5～60 g	
鲢、鳙	200 尾(鳙占 1/4)、250～350 g	年初	95%		6—7 月达 500 g 以上者上市
	450 尾(鳙占 1/4)、100～200 g		90%	300 尾、250～350 g	年终达 500 g 以上者上市
	300 尾、夏花	7 月	80%～90%	250 尾、100～200 g	
鲤	90～100 尾、50～150 g	年初	90%以上		年终达 0.5～1 kg 者上市
	150 尾、夏花	6 月	70%～80%	100 尾、50～150 g	
鲫	600 尾、20 g	年初			8 月中旬达 200 g 者上市
	900～1 000 尾、夏花	6 月	60%	600 尾、20 g	

3.5.3 · 放养密度

在一定的范围内，只要饲料充足、水源水质条件良好、管理得当、放养密度越大产量越高，故合理密养是池塘养鱼高产的重要措施之一。只有在混养的基础上，密养才能充分发挥池塘和饲料的生产潜力。

(1) 密度加大产量提高的物质基础

主要摄食投喂饲料的鱼类，密度越大、投喂饲料越多，则产量越高。但在提高放养量的同时，必须增加投饵量才能得到增产效果。

(2) 限制放养密度无限提高的因素

在一定密度范围内，放养量越高，净产量越高。若放养密度超出一定范围，尽管饵料供应充足，也难收到增产效果，甚至还会产生不良结果，其主要原因是水质限制。我国几种主要养殖鱼类的适宜溶氧为 4.0~5.5 mg/L，如溶氧低于 2 mg/L，鱼类呼吸频率加快，能量消耗加大，生长缓慢。

如放养过密，池鱼常处于低氧状态，这就大大限制了鱼类的生长。如天气变化，溶氧往往下降到 1 mg/L 甚至更低，鱼类经常浮头，有时发生泛池死鱼事故。此外，放养过密，水体中的有机物质(包括残饵、粪便和生物尸体等)在缺氧条件下产生大量的还原物质(如氨、硫化氢、有机酸等)，这些物质对鱼类有较大的毒害作用，并抑制鱼类生长。

(3) 决定放养密度的依据

在能养成商品规格的成鱼或能达到预期规格鱼种的前提下，可以达到最高鱼产量的放养密度，即为合理的放养密度。合理的放养密度应根据池塘条件、鱼的种类与规格、饵料供应和管理措施等综合考虑。

① 池塘条件：有良好水源的池塘，其放养密度可适当增加。较深的(如 2.0~2.5 m)池塘放养密度可大于较浅的(如 1.0~1.5 m)池塘。

② 鱼种的种类和规格：混养多种鱼类的池塘，放养量可大于饲养单一种鱼类或混养种类少的池塘。此外，个体较大的鱼类比个体较小的鱼类放养尾数应少，而放养重量应大。同一种类不同规格鱼种的放养密度，与上述情况相似。

③ 饵料、肥料供应量：如饵料、肥料充足，放养量可相应增加。

④ 饲养管理措施：养鱼配套设备较好的池塘，可增加放养量。轮捕轮放次数多的池塘，放养密度可相应加大。此外，管理精细、养鱼经验丰富、技术水平较高、管理认真负责

的池塘,放养密度可适当加大。

⑤ 历年放养模式在该池的实践结果:通过对历年各类鱼的放养量、产量、出塘时间、规格等技术参数的分析评估,如鱼类生长快、单位面积产量高、饵料系数不高于一般水平、浮头次数不多,说明放养量是较合适的;反之,表明放养过密,放养量应适当调整。如成鱼出塘规格过大、单位面积产量低、总体效益低,表明放养量过少,必须适当增加放养量。

3.5.4 · 投饲管理

(1) 投饵数量的确定

① 全年投饵计划和各月分配:事先根据生产需要做出饵料量的计划是养鱼生产非常重要的一环。养鱼之前,应该计划好全年的饵料量及各月的饵料分配。一般根据预计净产量,结合饵料系数,计算出全年的投饵量,然后依据各月的水温和鱼的生长规律制订出各月的饵料量。全年投饵量可以根据饲料系数和预计产量计算。

全年投饵量=饲料系数×预计净产量

月投饵量=全年投饵量×月配比

一般全价配合饲料的饵料系数为2~2.5,混合性饲料的饵料系数则为3~3.5,如果是几种饲料交替使用,则分别以各自的饵料系数计算出使用量,然后相加即为全年投饵量。

以配合饲料为主的投喂方式,除了计算月投饵百分比外,还应根据池塘吃食鱼的重量、规格、水温确定日投饵量。一般每隔10天,根据鱼增重情况调整1次。

日投饵量=水体吃食鱼总重量×日投饵率

影响投饵率的因素有鱼的规格、水温、水中溶氧量和饲养管理水平等。投饵率在适温下随水温升高而升高,随鱼规格的增大而减少。鱼种阶段日参考投饵率为吃食鱼体重的4%~6%,成鱼阶段日参考投饵率为吃食鱼体重的1.5%~3%(表3-12、表3-13)。

表3-12 · 不同鱼规格、水温的日投饵率(%)

规格(g/尾)	水温(℃)			
	10~15	15~20	20~25	25~30
1~10	1	5.0~6.5	6.5~9.5	9.0~11.7
10~30	1	3.0~4.5	5.0~7.0	5.0~9.0

续 表

规格(g/尾)	水温(℃)			
	10~15	15~20	20~25	25~30
30~50	0.5~1.0	2.0~3.5	3.0~4.5	5.0~7.0
50~100	0.5~1.0	1.0~2.0	2.0~4.0	4.0~5.3
100~200	0.5~0.8	1.0~1.5	1.5~3.0	3.1~4.3
200~300	0.4~0.7	1.0~1.7	1.7~3.0	3.0~4.0
300~500	0.2~0.5	1.0~1.6	1.8~2.6	2.6~3.5

注：当水温 10~15℃、15~20℃、20~25℃和 25~30℃时的日投饵次数分别为 2~3 次、3~4 次、4~5 次和 4~5 次；当水温上升到 35℃以上时，要适当减少投饵次数和投饵量。

表 3-13 以青鱼为主的月投饵百分比(%)

饵料种类	月 份									全 年
	3	4	5	6	7	8	9	10	11	
精饲料	1.0	2.5	6.5	11	14	18	24	20	3.0	100
草类	1.0	5.0	10	14	17	22	20	9	2.0	100
贝类	0.5	3.0	7.0	9.0	15	21	24	17	3.5	100

② 不同季节投饵的技术要求：冬、春季节水温低，鱼类的代谢缓慢、摄食量不大，但在冬、春季节的晴好天气温度稍有回升时，也需要投给少量精饲料，使鱼不致落膘。此时投喂一些糟麸类饵料较好，这些饵料易被鱼类消化，有利于刚开始摄食的鱼类吃食。初春开始稳定升温后，要避免给刚开食的鱼类大量投饵，防止空腹鱼因暴食而亡。4 月中旬至 5 月上旬是各种鱼病的高发期，必须控制投饵量，并保证饵料新鲜、适口、均匀。当水温升至 25~30℃时，鱼类食欲大增，鱼病的危险期已过，要提高投喂量。9 月上旬之后，水温 27~30℃，这个季节螺、蚬等数量多，是青鱼生长的良机，应尽量满足青鱼的吃食。9 月下旬之后，气候正常、鱼病减少，对各种鱼类都应加大投饲量，日夜摄食均无妨，以促进所有的养殖鱼类增重，这对提高产量非常有利。10 月下旬之后，水温逐渐回落，要控制投饵量，以求池鱼不落膘。一年中投饵量可用“早开食，晚停食，抓中间，带两头”来概括。

③ 每日投饵量的确定：精养鱼池每日的实际投饵量要根据池塘的水温、水色、天气和鱼类的生长及吃食情况来定，即所谓“四看”。

水温：水温在 10℃以上即可开食，投喂易消化的精饲料(或适口颗粒饲料)；水温在 15℃以上可开始投嫩草、粉碎的贝类和精饲料。1—4 月和 10—12 月水温低，应少投或不投;5—9月水温高,是鱼生长的最佳季节,应适量多投。

水色:一般肥水呈油绿色或黄褐色,上午水色较淡,下午渐浓。水的透明度在30 cm左右时,表明肥度适中,可进行正常投喂;透明度大于40 cm时,表明水质太瘦,应增加投饲量;透明度小于20 cm时,表明水质过肥,应停止或减少投饲量。

天气:晴天溶氧充足,可多投;阴雨天溶氧低,应少投;阴天、雾天、天气闷热、无风欲下雷阵雨时,应停止投饵;天气变化反复无常,鱼类食欲减退,应减少投食量。

鱼类吃食情况:每天早晚巡塘时检查食场有无残饵,投食时观察鱼类抢食是否积极,由此可基本判断所投饵料充足与否。若投食后很快吃完,应适量增加投饵量;若投食后长时间才吃完或有剩饵,可酌情少投。随着鱼类的生长,投饵量应逐渐增加。每次投饵量一般以鱼吃到七八成饱为准(大部分鱼吃饱游走,仅有少量鱼在表层索饵),这样有利于保持鱼旺盛的食欲和提高饲料利用率。

(2) 投饵技术

① 饲料投喂方法:饲料投喂方法主要有手撒、饲料台和投饵机3种。

手撒:方法简便、灵活、节能,缺点是耗费人工较多。对鱼类进行投喂驯化,可减少饲料浪费,提高利用率。在投饵前5 min用同一频率的音响(如敲击饲料桶的声音)对鱼类进行驯化,使鱼类形成条件反射。每敲击一次,投喂一些饵料。每天驯化2~3次,每次不少于30 min,驯化5~7天鱼类就可正常上浮摄食。驯化时,不可随意改变投喂点,并必须确保驯化时间。在正常化后,每次的投喂时间要控制,不宜过长,投喂过程中还应注意掌握好“慢—快—慢”的节奏和“少—多—少”的投喂量。开始时,前来吃食的鱼较少,撒饵料要少而慢;随着前来吃食鱼的数量增加不断增加投喂量,且随着鱼群扩大要加快速度并扩大撒饵范围;当多数鱼吃完游走后,撒饵应慢而少;当剩余少量鱼且抢食速度缓慢时,即可停止投喂。

饲料台:可在安静、向阳、离池堤1~2 m处的塘埂上搭设饲料台,饲料台以木杆和网布、竹片等搭建成,沉入水面下30 cm左右,并套以绳索以便拉出水面检查。青饲料需要利用木质或竹质框架固定在水面上,防止四处漂散。一般面积0.5 hm^2的池塘搭建1~2个饲料台,以便定点投喂。通过设置饲料台可以及时、准确判断鱼类的吃食情况,还有利于清除残饵、食场消毒和疾病防治。

投饵机:可自动投放颗粒饲料,适用于各类养殖池塘,一般0.5~1 hm^2池塘配备一台投饵机。自动投饵机(图3-3)是代替人工投饵的理想设备。它具有结构合理、投饵距离远、投饵面积大、投饵均匀等优点,可大大提高饵料利用率、降低养殖成本和提高养殖经济效益。自动投饵机是实现机械化养殖的必备设备。

图 3-3 · 投饵机

② “四定”投饵原则：即定质、定量、定时和定位。

定质：饲料要求新鲜、适口。草类饲料要求鲜嫩、无根、无泥，且鱼喜食。贝类饲料要求纯净、鲜活、适口、无杂质。提倡使用优质配合饲料，因配合饲料具有营养全面、配方科学合理、粒度大小适宜、水中稳定性好、饵料系数低等特点。要根据鱼类品种及不同生长阶段的营养需要配制，做到精、青搭配。不投霉烂、腐败变质的饵料。

定量：每日投饵量不能忽多忽少，且应在规定时间内吃完，以避免鱼类时饥时饱而影响消化吸收和生长，以及引发鱼病。一般生长旺季，精饲料每天按摄食鱼类体重 8%左右的量分 2~3 次投喂，每次投喂的最适食量应为鱼饱食量的 70%~80%。投食过量易引起池塘水质败坏，应尽量做到少量多次，以提高饵料利用率。青饲料按草食性鱼类体重的 30%~40%的量喂鱼。一般在傍晚巡塘检查食台时不应有剩饵，否则第二天应减少投饵量。

定时：选择每天溶氧较高的时段，根据水温情况定时投喂。当水温在 20℃以下时，每天投喂 1 次，时间在上午 9:00 或下午 16:00；当水温在 20~25℃时，每天投喂 2 次，时间在上午 8:00 及下午 17:00；当水温在 25~30℃时，每天投喂 3 次，分别在上午 8:00、下午 14:00 和 18:00；当水温在 30℃以上时，每天投喂 1 次，选在上午 9:00。季节、气候变化时可略作调整。在鱼类的生长季节必须坚持每天投饵，投饵坚持“匀”字当头，“匀”中求足，“匀”中求好，保证鱼类吃食均匀。投喂切忌时断时续，要记住“一天不吃，三天不长”，“一天不投，三天白投”。

定位：池中应设置固定投饵地点。鱼类对特定的刺激容易形成条件反射，将饲料投放在固定地点的饲料框、食台或食场上，既便于检查摄食情况、清除饲料残渣、进行食场消毒等工作，又可养成池鱼在固定地点摄食的习惯，有利于提高饵料利用率；同时，在鱼病高发季节可以进行药物挂篓、挂袋、消毒水体，防止鱼病发生。浮性饲料，如浮萍、水草、陆草、浮性颗粒饲料等，要投放在浮于水面的饲料框内；沉性饲料，如豆饼、菜饼、花生饼、硬性颗粒饲料等，要投放在水中的食场上。

3.5.5 · 日常管理

池塘的管理工作是池塘养鱼生产的主要实施过程。一切养鱼的物质条件和技术措施，最后都要通过池塘日常管理才能发挥效能并获得高产。

(1) 池塘管理的基本要求

池塘管理工作的基本要求是保持良好的池塘生态环境，以促进鱼类快速生长，达到高产、低耗和安全生产。

池塘养鱼是一项较复杂的生产活动，牵涉气候、饵料、水质、营养、鱼类个体和群体之间的变动情况等各方面的因素，而这些因素又时刻变化、相互影响。因此，管理人员既要全面了解养鱼的全过程及各种因素之间的关系，又要抓住管理中的主要矛盾，以便控制池塘生态环境，取得稳产、高产。

(2) 池塘管理的基本内容

① 经常巡视池塘，观察池鱼动态。每天早、中、晚坚持巡塘 3 次。黎明时观察池鱼有无浮头现象及浮头程度，以便决定当天的投饵、施肥量；日间结合投饵和测水温等工作，检查池鱼活动和吃食情况，以判断鱼类是否有异常现象和鱼病的发生；近黄昏时检查全天吃食情况和观察有无浮头预兆。在酷暑季节，当天气突变时，还须在半夜前后巡塘，以便及时制止浮头，防止泛池发生。检查各种设施，搞好安全生产，防止逃鱼和其他意外事故发生。

② 做好鱼病防治工作。随时除去池边杂草和池面污物，保持池塘环境卫生，预防鱼病的发生。鱼病防治应做到“以防为主，以治为辅，无病先防，有病早治”。水体、食场、渔用工具等应进行定期消毒。在鱼病流行期间，定期对池鱼投喂药饵，以增强鱼体质和抵抗力。应及时将死鱼捞出，以防病菌传染和水质恶化，并查明发病原因，做到正确诊断、及时治疗。

③ 根据天气、水温、季节、水质、鱼类生长和摄食情况确定投饵、施肥的种类和数量。在高温季节要准确掌握投饵量，尽量使用颗粒饲料而不用粉状饲料，停止施有机肥而改施化肥，并以磷肥为主。

④ 掌握好池水的注、排，保持适当的水位，做好防旱、防涝、防逃工作。根据情况，10 天或半个月注水 1 次，以补充蒸发损耗。经常根据水质变化情况换注新水，并结合定期泼洒生石灰水来改良水质。

⑤ 种好池边(或饲料地)的青饲料。选择合适的青饲料品种，做到轮作、套种、茬口安排合理，及时播种、施肥和收割，以提高青饲料的质量和产量。

⑥ 合理使用渔业机械，搞好维修保养和安全用电。

⑦ 做好池塘管理记录和统计分析。每口鱼池都有养鱼日记，对各类鱼种的放养及每次成鱼的收获日期、尾数、规格、重量，每天投饵、施肥的种类和数量，以及水质管理和病

害防治等情况,都应有相应的表格记录在案,以便统计分析,及时调整养殖措施,并为以后制定生产计划和改进养殖方法打下扎实的基础。

(3) 池塘水质管理

通过合理的投饵和施肥来控制水质变化,并通过加注新水、使用增氧机等方法调节水质。养鱼群众有"要想养好一塘鱼,先要养好一塘水"的说法,反映了池塘养鱼水质管理是十分重要的。

① 池塘水质的要求：养鱼生产中所指的水质是一个综合性的指标,往往是通过水的呈色情况来判断的。实际上,水质既包含了理化指标,也反映了水的浮游生物状态。对养鱼来说,优良的水质可用"肥、活、嫩、爽"来形容,其相应的生物学含义如下。

肥：指水色浓,浮游植物含量(现存量)高,且常常形成水华。透明度25~35 cm,浮游植物含量为20~50 mg/L。

活：指水色和透明度有变化。以鞭毛藻类为主构成的水华水,藻类的聚集和分散与光照强度的变化密切相关。一般的"活水",在清晨时由于藻类分布均匀,所以透明度较大;天亮以后,藻类因趋光移动而聚集到表层,使透明度下降,呈现出水的浓淡变化,说明鱼类容易消化的种类多。如果水色还有10天或半个月左右的周期变化,更说明藻类的种群处于不断被利用和增长的良性循环之中,有利于鱼类的生长。

嫩：是与"老水"相对而言的一种水质状态。"老水"有两个主要特征：一是水色发黄或发褐色,往往表明水中浮游植物细胞老化,水体内的物质循环受阻,不利于鱼类生长;二是水色发白,为小型蓝藻滋生的征象,也不利于鱼类生长。

爽：指水质清爽,透明度适中。这种池水中的浮游植物含量不超过100 mg/L,且水中泥沙或其他悬浮物质少。

综上所述,对养鱼高产有利的水质指标应该是：浮游植物量20~100 mg/L;鞭毛藻类丰富,蓝藻较少,藻类的种群处于增长期;浮游生物之外的其他悬浮物质不多。

鱼类在池塘中的生活、生长情况是通过水环境的变化来反映的,各种养鱼措施也都是通过水环境作用于鱼体的。因此,水环境成了养鱼者和鱼类之间的"桥梁"。人们研究和处理养鱼生产中的各种矛盾,主要从鱼类的生活环境着手,根据鱼类对池塘水质的要求,人为地控制池塘水质,使它符合鱼类生长的需要。池塘水质管理,除了前述的施肥、投饵和控制水质外,还应及时加注新水。

② 控制水质的措施：经常及时加水是培育和控制优良水质必不可少的措施。对精养鱼池而言,加水有以下4个作用。

增加水深：增加了鱼类的活动空间,相对降低了鱼类的密度。池塘蓄水量增大,也稳定了水质。

增加池水的透明度：加水后，使池塘水色变淡、透明度增大，使光透入水的深度增加，浮游植物光合作用水层（造氧水层）增大，整个池水溶氧增加。

降低藻类（特别是蓝藻、绿藻类）分泌的抗生素：这种抗生素可抑制其他藻类生长。将这种抗生素的浓度通过加水稀释，有利于鱼类容易消化的藻类生长繁殖。在生产上，老水型的水质往往在下大雷阵雨以后水质转为肥水，就是这个道理。

直接增加水中溶解氧：使池水垂直、水平流转，解救或减轻鱼类浮头并增进食欲。由此可见，加水有增氧机所不能取代的作用。在配置增氧机的鱼池中，仍应经常、及时地加注新水，以保持水质稳定。此外，在夏、秋高温季节，加水时间应选择晴天，在下午 14:00—15:00 进行。傍晚禁止加水，以免造成上下水层提前对流而引起鱼类浮头。

（4）增氧机的合理使用

增氧机的选配原则是，既要充分满足鱼类正常生长的溶氧需要，有效防止缺氧死鱼及因水质恶化而降低饲料利用率、鱼类生长速度和引发鱼病现象的发生，又要最大限度地降低运行成本和节省开支。因此，选择增氧机应根据池塘的水深、鱼池面积、养殖单产、增氧机效率和运行成本等综合考虑。

据测定：1 kg 鱼耗氧量约为 1.0 g/h。其中，生命活动耗氧约为 0.15 g/h、食物消化及排泄物分解耗氧约为 0.85 g/h。以 6 667 m^2 面积的精养鱼池为例，增氧机的配备如表 3 - 14。

表 3 - 14 · 6 667 m^2 精养鱼池不同养殖单产的增氧机配备

养殖单产（kg/667 m^2）	耗氧总量（kg/h）	1.5 kW 叶轮增氧机（台）	3.0 kW 叶轮增氧机（台）	2.2 kW 喷水增氧机（台）	1.5 kW 水车增氧机（台）
400	4.0	1~2	1	2	2
500	5.0	2	1	2	2
600	6.0	2~3	1	2~3	3
700	7.0	3	1~2	3	3
800	8.0	3	2	3~4	4
900	9.0	3~4	2	4	4
1 000	10.0	4	2	4~5	4~5

在科学养鱼的今天,许多养鱼户使用池塘增氧机缺乏科学性,直接影响增氧机的使用效果。合理使用增氧机可有效增加池水中的溶氧量,加速池塘水体物质循环,消除有害物质,促进浮游生物繁殖。同时,可以预防和减轻鱼类浮头,防止泛池以及改善池塘水质条件,增加鱼类摄食量及提高单位面积产量。下面介绍正确使用增氧机的注意事项。

① 增氧机类型和装载负荷:确定装载负荷一般考虑水深、面积和池形。增养机类型,长方形池以水车式最佳,正方形或圆形池以叶轮式为好。叶轮式增氧机 1 kW 动力基本能满足 2 500 m^2 水面成鱼池塘的增氧需要,3 000 m^2 以上的鱼池应考虑装配 2 台以上的增氧机。

② 安装位置:增氧机应安装于池塘中央或偏上风的位置,一般距离池堤 5 m 以上,并用插杆或抛锚固定。安装叶轮式增氧机时应保证增氧机在工作时产生的水流不会将池底淤泥搅起。另外,安装时要注意安全用电,做好安全使用保护措施,并经常检查、维修。

③ 开机时间和运行时间:增氧机一定要在安全的情况下运行,并结合池塘中鱼的放养密度、生长季节、池塘的水质条件、天气变化情况,以及增氧机的工作原理、主要作用、增氧性能、增氧机负荷等因素来确定运行时间,做到起作用而不浪费。正确掌握开机的时间,需做到“六开、三不开”。“六开”:晴天时午后开机,阴天时次日清晨开机,阴雨连绵时半夜开机,下暴雨时上半夜开机,温差大时及时开机,特殊情况下随时开机。“三不开”:早上日出后不开机,晴天傍晚不开机,阴雨天白天不开机。浮头早开,鱼类主要生长季节坚持每天开机。增氧机的运转时间,以半夜开机时间长、中午开机时间短,施肥、天热、面积大或负荷大开机时间长,相反则开机时间短等为原则灵活掌握。

④ 定期检修:为了安全作业,必须定期对增氧机进行检修。电动机、减速箱、叶轮、浮子都要检修,对已受到水淋浸蚀的接线盒应及时更换,同时检修后的各部件应放在通风、干燥的地方,需要时再装成整机使用。

(5) 防止鱼类浮头和泛池

水中溶氧低下时鱼类无法维持正常的呼吸活动,被迫上升到水面利用表层水进行呼吸,即出现强制性呼吸。这种鱼类到水面呼吸的现象称为鱼类浮头。鱼类出现浮头时,表明水中溶氧量已下降到威胁鱼类生存的程度,如果溶氧量继续下降,浮头现象将更为严重,如不设法制止,就会引起全池鱼类的死亡。这种由于缺氧而引起的池塘大量成批死鱼现象,称为泛池。由于鱼类浮头时不摄食,体力消耗很大,且经常浮头会严重影响鱼类生长,因此要防止浮头和泛池的发生。

① 浮头的成因：在池塘养鱼过程中，造成池水溶氧量急剧下降而导致鱼类浮头的原因有以下几个方面。

池底沉积大量有机物质，当上下水层急速对流时，造成溶氧量迅速降低。成鱼池一般鱼类密度大，投饵、施肥多，在炎热的夏天，池水上层水温高、下层水温低，出现池水分层现象：表层水溶氧量高；下层水由于光照弱，浮游植物光合作用微弱，溶氧供应很差，有机物处于无氧分解的过程中，产生了氧债。当由于种种原因引起上下水层急剧对流时，上层水中的溶氧便由于偿还氧债而急剧下降，极易造成鱼类浮头和泛池。在夏季傍晚下雷阵雨或刮大风时会出现池水上下层急剧对流，在秋季天气由热转冷、池水开始降温时也会出现池水上下层急剧对流，这时如果出现几天的雨天，更会促进这个过程而出现浮头甚至泛池。

水肥鱼多。当天气连绵阴雨、溶氧量供不应求时，会导致鱼类浮头。

水质败坏，溶氧量急剧下降。水质老化而长期不注入新水，浮游植物生活力衰退，当遇上阴天光照不足时会导致浮游植物大批死亡，继而引起浮游动物死亡，池水的溶氧量急剧下降并发黑发臭而败坏，常引起鱼类泛池。

大量施用有机肥，有机物耗氧量急剧上升。在高温季节，大量施用有机肥会使有机物耗氧量上升和溶氧量下降而出现鱼类浮头。如施用未发酵的有机肥，情况更为严重。

② 浮头的预测：预测浮头可以从 4 个方面进行。

根据天气预测：如夏季傍晚下雷阵雨，或天气转阴，或遇连绵阴雨、气压低、风力弱、大雾等，或久晴未雨鱼类吃食旺盛、水质浓，一旦天气变化，翌晨均有可能引起鱼类浮头。

根据季节预测：水温升高到 25℃以上，投饵量增大，水质逐渐转浓，如遇天气变化鱼容易发生暗浮头。此外，梅雨季节光照强度弱，也容易引起浮头。

根据水色预测：水色浓、透明度小，或产生“水华”现象，如遇天气变化，易造成浮游生物大量死亡而引起鱼类泛池。

根据鱼类吃食情况预测：经常检查食场，当发现饵料在规定时间内没有吃完而又没有发现鱼病，说明池塘溶氧条件差，有可能浮头。

③ 浮头的预防：池水过浓应及时加注新水，以提高透明度和改善水质。夏季气象预报有雷阵雨，中午应开增氧机，事先消除氧债。天气连绵阴雨，应经常、及时开增氧机，以增加溶氧量。估计鱼类可能浮头时，应停止施有机肥，并控制投饵量，不吃夜食，捞出余草。

④ 浮头轻重的判断：池塘鱼类浮头时，可根据以下几方面的情况加以判断浮头轻重程度（表 3－15）。

表 3－15　鱼类浮头轻重程度判别

开始时间	池内地点	鱼类动态	浮头程度
早上	中央、上风	鱼在水上层游动，可见阵阵水花	暗浮头
黎明	中央、上风	罗非鱼、团头鲂、野杂鱼在岸边浮头	轻
黎明前后	中央、上风	罗非鱼、团头鲂、鲢、鳙浮头，稍受惊动即下沉	一般
2:00—3:00	中央	罗非鱼、团头鲂、鲢、鳙、草鱼或青鱼（如青鱼饵料吃得多）浮头，稍受惊动即下沉	较重
午夜	由中央扩大到岸边	罗非鱼、团头鲂、鲢、鳙、草鱼、青鱼、鲤、鲫浮头，但青鱼、草鱼体色未变，受惊不下沉	重
午夜至前半夜	青鱼、草鱼集中在岸边	池鱼全部浮头，呼吸急促，游动无力。青鱼体色发白，草鱼体色发黄，并开始出现死亡	泛池

浮头开始的时间：浮头在黎明时开始为轻浮头，如在半夜开始为严重浮头。浮头一般在日出后会缓解和停止，因此越早开始越严重。

浮头的范围：鱼在池塘中央部分浮头为轻浮头，如扩及池边及整个鱼池为严重浮头。

鱼受惊时的反应：浮头的鱼稍受惊动（如击掌或夜间用手电筒照射水面）即下沉，稍停又浮头，是轻浮头；如鱼受惊不下沉，为严重浮头。

浮头鱼的种类：缺氧浮头，各种鱼的顺序不一样，可据此判断浮头的轻重。鳊、鲂浮头而野杂鱼和虾在岸边浮头为轻浮头，鲢、鳙浮头为一般性浮头；草鱼、鲢、青鱼浮头为较重的浮头，鲤浮头更重。如草鱼、青鱼搁在浅滩上，无力游动，体色变淡（草鱼现微黄，青鱼淡白），并出现死亡，表示将开始泛池。

⑤ 浮头的解救：发生浮头时应及时采取措施加以解救，如注入新水、开动增氧机等。可根据各池浮头的轻重进行解救，先解救严重浮头的鱼池。如果拖延了时间，青鱼已分散到池边才注水或开增氧机，因鱼不能集中到水流处而发生死亡。

用水泵注水解救时，应使水流成股与水面平行冲出，形成一股较长的水流，使鱼能够较容易地集中在水流处。

在抢救浮头时，切勿中途停机、停泵、停水，以免浮头的鱼又分散到池边，不易再引集至水流处而发生死亡。

（6）做好养鱼日志

一般情况下，每隔 0.5~1 个月要检查 1 次鱼体成长度（抽样尾数，每尾鱼的长度、重量，平均长度、重量），以此判断前阶段养鱼效果的好坏，以及采取改进的措施，发现鱼病也能及时治疗。

池塘养鱼日志是有关养鱼措施和池鱼情况的简明记录，是据以分析情况、总结经验、检查工作的原始数据，作为改进技术、制定计划的参考，必须按池塘为单位做好日志。

每口鱼塘都有养鱼日记（俗称塘卡），内容如下。

① 放养和捕捞：池塘面积、放养或捕捞日期、种类、尾数、规格、重量、转池或出售。

② 水质管理：天气、气温和水温、水深、水质、水色变化、注排水、开增氧机时间等。

③ 投饵、施肥：每天的投饵、施肥的种类和数量，以及吃食情况、生长测定等。

④ 鱼病防治：鱼病情况、防治措施，以及用药种类、时间、效果等。

⑤ 其他：鱼的活动、浮头、设施完好情况等。

（撰稿：刘乐丹）

青鱼营养与饲料

4.1

概　述

青鱼是我国传统养殖的“四大家鱼”之一,具有生长速度快、产量高、肉味鲜美的特点。青鱼天然分布于我国的东部、南部、中部和东北地区。目前,青鱼的养殖生产发展十分迅速,已遍及我国的大部分地区,其主产区主要集中在江苏、安徽、江西、浙江、湖北、湖南等省。青鱼为温和型肉食性鱼类,野外条件下主要以底栖动物为食,鳃耙短而少,咽喉齿呈臼齿状,适于压碎软体动物的外壳。幼鱼以浮游动物为食,体长达 15 cm 时开始摄食小螺蛳和蚬,青鱼成鱼的天然饵料组成几乎全部为软体动物。

随着我国配合饲料在水产养殖中的推广应用,青鱼养殖过程中的配合饲料使用已十分广泛。饲料是养殖青鱼营养物质的主要来源,饲料中各类营养物质的水平对青鱼的生长、健康、品质及繁育等产生重要影响。适宜的营养水平条件下,饲料原料的选择、配制及投喂策略对青鱼营养物质的吸收、利用、废物排放及养殖水环境产生重要影响。

青鱼营养需求

4.2.1 · 蛋白质和氨基酸的需求

蛋白质是一类由氨基酸构成的、具有生物学功能的含氮高分子化合物。蛋白质是构成鱼体各种组织器官的基本组成成分,占鱼体干物质的 65%~75%。蛋白质被鱼类摄食、消化后,分解为多种氨基酸,进入小肠被吸收后参与生命活动。因此,蛋白质和氨基酸是所有生物体的结构和代谢中不可或缺的成分,是鱼类生长和发育的主要营养物质之一。有关青鱼蛋白质需要量的研究,主要集中在夏花鱼苗和 1 龄鱼种方面。以酪蛋白为蛋白源所求得的夏花鱼苗的适宜蛋白质需要量为 41%(杨国华,1981);以酪蛋白和明胶为蛋白源所求得的青鱼苗(3.5 g)对饲料蛋白质的需要量为 35%~40%(戴祥庆,1988)。王道尊等(1984)认为,青鱼鱼种(37.12~48.32 g)对蛋白质的适宜需要量为 30%~41%,这与青鱼的天然饵料螺蛳、黄蚬的粗蛋白含量相近(分别为 38.8% 和 32.2%)。陈建明等

(2014)研究表明,2 龄青鱼种(95.5 g)适宜的饲料蛋白水平为 40%(饲料干重)。

蛋白质的营养主要是氨基酸的营养,鱼类不能合成所有的氨基酸,所以必须从饲料中摄取必需氨基酸。与其他淡水鱼类一样,青鱼所需要的 10 种必需氨基酸为赖氨酸(Lys)、色氨酸(Trp)、蛋氨酸(Met)、异亮氨酸(Ile)、亮氨酸(Leu)、精氨酸(Arg)、组氨酸(His)、苯丙氨酸(Phe)、缬氨酸(Val)和苏氨酸(Thr)。目前,对青鱼氨基酸需要量的报道仅限于赖氨酸、蛋氨酸和亮氨酸。以不同赖氨酸水平的饲料(以酪蛋白、鱼粉和晶体氨基酸混合物为蛋白源,粗蛋白水平 38%)饲喂 1.31 g 的夏花鱼种,在赖氨酸水平为 2.41%时,青鱼具有最大增重率;对蛋氨酸需求量的研究表明,当饲料中蛋氨酸含量为 1.57%时,青鱼鱼种增重率最大(叶金云等,2011);对亮氨酸需求量的研究表明,当饲料中亮氨酸含量为 2.35%时,青鱼幼鱼增重率最大(Wu 等,2017)。同时,亮氨酸缺乏显著降低青鱼血清溶菌酶活性、C3 含量;亮氨酸缺乏或过量均会显著降低血液中天然抗性相关巨噬细胞蛋白、溶菌酶、C3、C9、干扰素 α、肝杀菌肽等基因的表达量,从而影响鱼类非特异性免疫功能(Wu 等,2017)。然而,有关氨基酸调控青鱼体蛋白合成、肌纤维发育和品质形成机制的研究还未见相关报道,这将是未来青鱼氨基酸营养生理研究的重点。

4.2.2 · 脂类和必需脂肪酸的需要量

脂类作为鱼类的重要营养素,对鱼类的生长发育和维持正常的生理代谢具有重要的作用,其在构成细胞膜的成分、提供能量和必需脂肪酸及作为脂溶性溶剂等方面发挥作用。由于鱼类不能由单不饱和脂肪酸合成多不饱和脂肪酸,需要从外界获取特定的 n-3 和 n-6 多不饱和脂肪酸才能满足需求。必需脂肪酸缺乏对鱼类生长和健康都会产生负面影响。饲料中脂肪的需求量依赖于脂肪来源和脂肪酸组成。同时,鱼类对脂肪的需求量受饲料中的蛋白质和糖类水平的影响,蛋白质和糖类也可以通过脂肪合成途径生成脂肪。

王道尊等以马面鲀鱼油为脂肪源,以增重率为评价指标,得出 2 龄青鱼鱼种和当年青鱼鱼种对脂肪需要量的最佳点分别为 6.2%和 6.7%;当饲料脂肪含量在 3%以下或 8%以上时,青鱼均表现出鱼体消瘦、生长不良和增重率下降,因此认为青鱼鱼种饲料中脂肪最佳需要量为 6.5%。鉴于成鱼阶段对脂肪的需要量低,建议 1 冬龄鱼种和成鱼饲料中脂肪含量分别以 6.0%和 4.5%左右为宜。王道尊等开展了必需脂肪酸对青鱼生长影响的初步观察,发现当饲料中缺乏脂肪(无脂肪组)或缺乏必需脂肪酸(仅添加 5%月桂酸)时,均表现出眼球突出、竖鳞、体色变黑、鳍充血和死亡率较高等现象;添加 6%鱼油组青鱼的增重效果最佳;单一添加 1%亚油酸或 1%亚麻酸,生长情况良好;添加 1%亚油酸+2%亚麻酸,或 2%亚油酸+1%亚麻酸,或 1%花生四烯酸(20:4n-6)时,对改善青鱼的生长效果均不理想。彭爱明(1996)研究表明,1龄青鱼鱼种对饲料脂肪的最适需要量为6.03%。淡水鱼类的必需脂肪酸有4种:亚油酸(18:2n-6)、亚麻酸(18:3n-3)、二十碳五烯酸(20:5n-3)和二十二碳六烯酸(22:6n-3)。不同脂肪源对青鱼生长的影响不同,其原因与必需脂肪酸组成和含量有关。在鱼油、牛油、豆油和玉米油4种脂肪源中,以鱼油对1龄青鱼鱼种的增重效果最佳(王道尊等,1989)。

4.2.3 · 糖类的需要量

通常情况下,糖类(碳水化合物)不是鱼类必需的营养素。糖类按其生理功能可分为可消化糖类(或称无氮浸出物,NFE)和粗纤维(CF)两大类。水产饲料中的糖类含量通常比较低,鱼类对糖类的消化率低于蛋白质和脂肪,且受来源、加工方式和添加量的影响较大。同时,不同鱼类对糖类的利用存在显著不同。饲料中的可消化糖类主要为淀粉,在精制饵料的研究中也采用糊精、葡萄糖等作为糖源。通常认为,肉食性鱼类对糖类的利用率低于草食性鱼类。由于青鱼属于肉食性鱼类,对糖类的利用率有限。长期摄入含糖类较高的饲料会导致脂肪在肝脏和肠系膜大量沉积,进而发生脂肪肝,肝脏的解毒能力减弱,鱼体呈病态性肥胖。

王道尊等(1984)研究了饲料中不同蛋白质和糖(糊精)含量对青鱼鱼种(48.32 g)的作用效果,发现饲料蛋白质含量30%~41%时,青鱼鱼种对饲料糖的适宜需要量为20%左右。周文玉等(1988)以增重率、饲料系数为评定指标,得出青鱼饲料中糖类的适宜含量为25%~35%。蔡春芳等(2009)分别以葡萄糖、糊精为糖源,配制了糖含量为20%、40%的半精制饲料饲喂青鱼鱼种,发现青鱼增重率并无显著差异,但葡萄糖组肝胰脏超氧化物歧化酶、血浆超氧化物歧化酶活力和血浆总抗氧化能力均显著高于糊精组,可见青鱼能耐受40%的日粮糖,且一定量的日粮糖尤其是葡萄糖有利于提高青鱼的抗氧化能力。因此,在饲料总能为16.4 kJ/g左右时,建议青鱼饲料中糖含量应控制在40%以下,同时指出青鱼利用糊精的能力比葡萄糖强。Wu等(2016)发现青鱼幼鱼对饲料糖的适宜需要量为24.9%左右,并且适宜的糖含量能够显著提高青鱼幼鱼肝脏中代谢、抗氧化和先天性免疫能力。通过上述研究可以认为,当年青鱼幼鱼、鱼种、2龄青鱼鱼种和食用鱼饲料中可消化糖类的适宜含量分别为24.9%、30%、30%和35%。

青鱼自身不具备分解纤维素的酶类,但饲料中适宜含量的纤维素对于维持消化道正常功能是必需的。杨国华等(1981)研究表明,当饲料纤维素含量过低(不含)或过高(24%)时,青鱼生长不佳;当饲料纤维素含量为8%时,青鱼具有最低的饲料系数和最高的蛋白质效率。因此,建议青鱼饲料中纤维素含量以不高于8%为宜。有关鱼类的糖尿病体质形成机制还未全面解析,这将是未来青鱼营养生理研究的热点。

4.2.4 · 矿物质的需要量

鱼类除了能从饲料中获得矿物元素外，还可以从生存水体中吸收矿物质。关于青鱼复合无机盐的研究，目前仅局限于钙、磷、铁、铜、镁、锌和锰。石文雷等对青鱼配合饲料中 5 种矿物质元素的适宜含量进行了研究，试验结果表明，磷为 0.57%、钙为 0.68%、镁为 0.06%、铁为 41 mg/kg、锌为 92 mg/kg。汤峥嵘等(1988)研究表明，青鱼对钙、磷的需要量分别为 0.58%～0.78%、0.42%～0.62%(水中含钙、磷为 39.1 mg/kg 和 0.005 mg/kg)。已有研究表明，青鱼对钙、磷的需要量为 0.58%～0.78%、0.42%～0.62%(水中含钙、磷为 39.1 mg/kg 和 0.005 mg/kg)；对铜、镁的需要量为 3 mg/kg 和 0.04%。冷向军等(1998)通过研究表明，饲料中添加 4.5 mg/kg 的铜可以满足青鱼鱼种和夏花对铜的需要。锰被认为是鱼类必需的微量元素，其不足或过量添加都可能影响鱼类的正常代谢和生长。研究发现，在日粮中添加 5～10 mg/kg 的锰足以满足青鱼生长需要。李贵雄(2008)用投喂螺蛳组为对照组，研究 1 龄青鱼鱼种在相同的基础饲料中添加 2%无机盐、4%无机盐、4%无机盐+1%复合维生素和 6%无机盐的生长情况，结果指出，添加 4%无机盐+1%复合维生素试验组青鱼鱼种生长性能最佳。周志刚(2009)以氨基酸微量元素螯合物替代饲料中的硫酸盐无机矿物元素，饲喂平均体重 254.9 g 的青鱼鱼种 8 周，较对照组增重率提高 5.26%、饲料系数降低 7.14%、成本降低 6.88%，且显著提高了青鱼的非特异性免疫力。张辰等(2022)以富硒壶瓶碎米荠为硒源，通过试验发现，饲料中添加 0.5～1.0 g/kg 富硒壶瓶碎米荠(硒的实际含量分别为 0.43 mg/kg 和 0.75 mg/kg)时，鱼体的 FBW、WG 和 SGR 显著高于对照组(0.04 g/kg)和过量组(1.57 g/kg)，FCR 则显著降低($P<0.05$)。

4.2.5 · 维生素的需要量

在维生素营养方面，王道尊等(1996)以维生素 C－2－硫酸酯为维生素 C 源，配制了不同维生素 C 含量的饲料饲喂青鱼，各组试验鱼于 2 周后均表现出运动迟缓，脊柱弯曲，肌肉、皮肤、口、鳍出血，表明青鱼必须依赖食物提供维生素 C，但不能利用维生素 C－2－硫酸酯作为维生素 C 源。冷向军等(2002)确定了以维生素 C－2－多磷酸酯、包膜维生素 C 为维生素 C 源时，青鱼鱼种对维生素 C 的需求量分别为 200 mg/kg、400 mg/kg。李军等用去维生素酪蛋白和明胶作饲料蛋白源，以青鱼小规格鱼种为研究对象，在 11 个试验饲料中每组缺 1 种水溶性维生素，并以不缺乏维生素的饲料作为对照组进行试验研究，结果表明，对青鱼的生长具有较为严重影响的维生素依次为氯化胆碱、泛酸、生物素、肌醇、烟酸、维生素 C 和维生素 B_2，并建议以上物质今后应该进一步确定其在青鱼维生素配方的需要量，而叶酸、维生素 B_{12}、维生素 B_6 影响较弱，维生素 B_1 几乎无影响；对试验鱼死亡率有影响的维生素依次为维生素 B_6、维生素 C、维生素 B_2、肌醇、生物素、烟酸。根据以上结果，认为胆碱、肌醇、烟酸、生物素、泛酸、维生素 B_6、维生素 C、维生素 B_2 等对青鱼种生长发育至关重要。维生素 A 是饲料添加剂中必须添加的维生素，其含量直接影响鱼类的正常生长和生理代谢。研究发现，当青鱼饲料粗蛋白水平为 37.5%、脂肪含量为 6.5%、维生素 A 含量为 2 569.12 IU/kg 时，青鱼鱼种具有最大的增重率。

胡毅等(2013)研究发现，青鱼幼鱼获得最好生长的饲料有效维生素 C 添加量为 63.0 mg/kg(维生素 C 磷酸酯)，补充维生素 C 可有效增强机体免疫力、缓解机体免疫应激和改善青鱼抗氨氮胁迫能力。以不同维生素 A 添加量的饲料饲喂青鱼幼鱼的试验表明，饲料中维生素 A 添加量为 2 246.64 IU/kg 时，青鱼幼鱼具有最大增重率(陈炼，2018)；同时，在饲料中添加适量维生素 A 不仅能增强其生长、抗氧化和非特异性免疫能力，还可以提高肝脏对葡萄糖的转运能力、促进糖酵解和糖异生代谢平衡、促进脂肪酸合成和转运(陈炼，2018；陈书健等，2020)。Wu 等(2020)研究发现，青鱼幼鱼对饲料维生素 D 的适宜需要量为 534.2 IU/kg 左右，且适宜的维生素 D 含量能够显著提高青鱼幼鱼肝脏中抗氧化能力和先天性免疫能力。青鱼幼鱼获得最大生长的维生素 E 需求量为 45.0 mg/kg，且较高维生素 E 能有效提高青鱼机体免疫力、缓解氨氮胁迫对机体的负面影响(黄云等，2013)。通过不同泛酸添加量饲料饲喂青鱼幼鱼的试验表明，饲料中泛酸添加量为 10~20 mg/kg 时，青鱼幼鱼具有最大增重率(Jia 等，2022)。在饲料中缺乏泛酸时，青鱼脑中促摄食相关基因表达水平被显著抑制，而抑摄食相关基因表达水平被显著提高，说明饲料中添加适量泛酸能够有效促进青鱼摄食。同时，饲料中添加适量泛酸也能够增强其抗氧化能力，并提高青鱼幼鱼肝脏中非特异性免疫相关基因表达水平，进而增强青鱼机体免疫力(Jia 等，2022)。

4.2.6 · 鱼类的能量需求

鱼类摄取食物首先要满足能量需求，鱼类摄入饲料后，经过消化吸收，通过一系列的生化反应过程，将饲料中的化学能释放出来并转变成鱼体可利用的能量。将摄入饲料获得的外源能量称为摄食能。进入鱼体后，其中一部分以粪能的形式排出体外，剩余部分称为吸收能。吸收能又有一部分以排泄能的形式排出体外，剩下的为同化能。同化能包括代谢能和生长能两部分，前者主要在维持生命活动及能量物质的转化、分解过程中以热能的形式被消耗；后者被贮存在鱼体内，用于生长。饲料能蛋比适宜，既能满足能量的需求，又能经济地利用蛋白质，从而提高饲料的效率。饲料中能量和蛋白质含量在营养上关系密切，蛋白质含量相对过多时因食物代谢的提高而增加能量损耗，蛋白质缺乏时可导致能量利用率降低。

戴祥庆等(1988)研究认为，青鱼饲料蛋白含量为35%～40%时，其总能为13 377～15 288 kJ/kg，能蛋比为38.2 kJ/g蛋白质较为适宜。王道尊等研究表明，青鱼饲料的可消化能为14 952～16 426.2 kJ/kg，能蛋比(DE/P)为41.034～49.56 kJ/g蛋白质，这与青鱼的天然饵料螺蛳、黄蚬的能量为14 330.4～17 682 kJ/kg去壳干物质较为接近。

青鱼饲料选择

叶金云等通过对青鱼营养需求与配合饲料的系统研究，制订了青鱼配合饲料行业标准(SC/T1073—2004，中华人民共和国农业部，2005年1月4日发布)。青鱼饲料的选择主要是指饲料类型、原料组成、营养水平及粒径大小等。青鱼为肉食性鱼类，在初期的配合饲料研制中往往采用较高含量的鱼粉，由于近年来鱼粉供不应求，价格居高不下，人们更关注低动物蛋白饲料的配制。在青鱼食用鱼低动物蛋白饲料的配制中，可采用下列营养指标：粗蛋白28%～30%，粗脂肪4.5%～6%，可消化碳水化合物35%，粗纤维<8%。动物性蛋白源的用量为5%～10%，占饲料蛋白质水平的15%。可考虑选用的动物性蛋白源有鱼粉、血粉、蚕蛹(血粉、蚕蛹的用量以2%～4%为宜)等，植物饼粕类(豆饼、菜粕、棉粕等)的用量可达50%～70%。根据饲料原料的脂肪水平可考虑添加少量植物油。在防病促生长方面，喹乙醇、呋喃唑酮等药物曾经在水产养殖业中较多应用，但由于药物残留和耐药性问题，目前已禁止使用。人们越来越关注无污染、无残留的绿色饲料添加剂。目前比较公认的饲料添加剂包括大蒜素、肉碱、β葡聚糖等。蒋敏敏等(2020)研究了酵母水解物对青鱼幼鱼生长性能、肌肉品质及肝脏抗氧化酶和组织形态的影响，结果表明，在饲料中添加1.56%～2.02%的酵母水解物能提高青鱼幼鱼的生长性能；同时，酵母水解物能提高青鱼幼鱼全鱼及肌肉的氨基酸组成、肝脏抗氧化酶活性，改善肌肉品质，并且不会对青鱼幼鱼的肝脏组织形态产生不良影响。因此，酵母水解物等新型饲料添加剂在青鱼配合饲料中推广应用前景广阔。青鱼适宜的饲料颗粒直径：当年鱼种前期≤2 mm、后期≤3 mm，1冬龄鱼种≤4 mm，食用鱼≤6 mm；饲料颗粒直径与长度比限制在1∶2以内；饲料颗粒感官为颗粒均匀、色泽一致、表面光滑、无霉变；饲料水中稳定性指饲料盛杯入水30 min，轻轻摇动而不崩解；饲料含水率不高于12.5%(冷向军等，2003)。

4.4

青鱼饲料配制

4.4.1 · 原料消化率

在配制青鱼配合饲料过程中，除了准确掌握各种原料的基本营养成分以外，还要了解各种原料的消化利用率。刘玉良等（1990）以三氧化二铬为指示剂，测定了青鱼鱼种对14种常用饲料原料的消化率，发现饲料中粗纤维含量与总消化率呈明显的负相关；粗蛋白含量与蛋白质消化率呈抛物线相关，且当蛋白质含量为35%～40%时消化率最高。游文章等（1993）也测定了青鱼对11种饲料原料的消化率。明建华等（2014）采用套算法（70%基础饲料+30%被测原料），以三氧化二铬为指示剂，测定了2龄青鱼对7种原料的消化率，结果显示，干物质的表观消化率是玉米蛋白粉>花生粕>大豆粕>国产鱼粉>蝇蛆粉>菜籽粕>棉籽粕；粗蛋白质的表观消化率是大豆粕>国产鱼粉>花生粕>玉米蛋白粉>菜籽粕>棉籽粕>蝇蛆粉；粗脂肪的表观消化率是大豆粕>菜籽粕>花生粕>国产鱼粉>棉籽粕>蝇蛆粉>玉米蛋白粉；总磷的表观消化率是玉米蛋白粉>大豆粕>花生粕>菜籽粕>蝇蛆粉>国产鱼粉>棉籽粕；总能的表观消化率是大豆粕>玉米蛋白粉>花生粕>国产鱼粉>蝇蛆粉>菜籽粕>棉籽粕。

4.4.2 · 低鱼粉饲料应用

青鱼为肉食性鱼类，传统青鱼配合饲料配方中常采用较高含量的鱼粉，但近年来因鱼粉资源紧张、价格昂贵，有关应用植物蛋白源替代鱼粉以及低鱼粉饲料的配制技术已引起了众多水产动物营养与饲料科技工作者的关注。孙盛明等（2009）以豆粕和菜粕按蛋白含量1∶1的比例替代25%、50%、75%、100%的鱼粉（基础饲料鱼粉含量为26.36%），饲喂体重1.32 g的青鱼鱼种，研究发现，豆粕和菜粕替代25%、50%鱼粉组的鱼体增重率和饲料系数均与对照组差异不显著，而替代75%鱼粉后，鱼体生长性能显著下降。黄云等（2012）以体重5.77 g的青鱼为研究对象，以双低菜粕分别替代饲料中不同比例的豆粕，研究发现，当双低菜粕含量大于11%时，青鱼特定生长率、蛋白质表观消化率，以及肠道蛋白酶、淀粉酶和脂肪酶活性均显著降低，从而认为青鱼幼鱼饲料中双低菜粕含量以不超过11%为宜。毛盼等（2013）以豆粕等蛋白原料部分替代鱼粉，配制了鱼粉为30%、25%、20%、15%的饲料，饲喂初始体重为5.9 g的青鱼鱼种8周，研究发现，豆粕替代鱼粉用量的1/3时(即20%鱼粉组),鱼体生长性能无显著变化;当豆粕替代鱼粉用量的1/2时(即15%鱼粉组),增重率显著降低,饲料系数显著增加。周俊杰等(2010)以棉粕替代豆粕饲养青鱼,当棉粕用量30%时,对青鱼生长并无不利影响;当棉粕用量达40%时,青鱼生长性能显著降低。实际上,近年来由于鱼粉、豆粕等优质动植物蛋白源的价格高涨,棉粕和菜粕在青鱼饲料中的用量大增,但其安全用量和合理使用尚有待进一步研究。

4.4.3 · 饲料加工与膨化饲料的应用

青鱼饲料加工工艺参数包括原料粉碎细度、调质温度、调质时间、蒸汽压力等。传统青鱼配合饲料加工工艺流程为：原料→配料→粉碎→微粉碎→混合(添加微量添加剂及喷油脂)→调质糊化→制粒→后熟化→冷却→分级筛→成品包装。青鱼成鱼饲料的原料粉碎粒度需通过40目筛,鱼苗、鱼种饲料的粉碎粒度要求更高,应以通过60目为宜。调质温度为90℃左右,温度过低糊化效果不好,影响颗粒的水中稳定性;温度过高对提高饲料的稳定性不明显,且过高温度会加速维生素等营养成分的破坏。调质时间以2 min左右为宜,通常采用二道或三道调质器。蒸汽压力的大小与原料配比、含水量和粉碎细度等因素有关,一般控制在0.2~0.4 MPa;蒸汽量一般为5%左右,使通蒸汽后原料水分为17%~18%。饲料制粒后,应有后熟化过程,以进一步提高颗粒的熟化度和水中稳定性。通过充分的调质、制粒及后熟化过程后,淀粉的熟化度可达50%~60%,所生产的颗粒饲料具有良好的水中稳定性。

目前,膨化颗粒饲料已在青鱼养殖中广泛应用。膨化饲料是指通过调质、升温、增压、熟化、挤出模孔和骤然降压后形成的膨松多孔饲料。在套筒内,强烈的剪切力、挤压力、摩擦力和外在加热作用产生高温高压,物料呈熔化的塑性胶体状,淀粉充分糊化;当物料以很高的压力从模孔喷出时,压力骤降为常压,高温水瞬间气化,使颗粒体积扩大成多孔网络状结构,即为膨化饲料。膨化加工工艺是近年来在我国获得广泛推广应用的饲料加工新技术。饲料在挤压腔内膨化实际上是高温瞬时的过程,即饲料处于高温(110~200℃)、高压(25~100 kg/cm^2)、高剪切力、高水分(10%~20%甚至30%)的环境中,通过连续混合、调质、升温、增压、熟化、挤出模孔和骤然降压后形成膨松多孔饲料。饲料原料经膨化处理后,香味增加、适口性提高,能刺激动物食欲;同时,膨化使蛋白质、脂肪等有机物的长链结构变为短链结构的程度增加,故变得更易消化。饲料膨化最基本的作用就是减少了原料中的细菌、霉菌和真菌含量,提高了饲料的卫生品质,为动物提供无菌化、熟化饲料,从而减少动物患病风险,减少各种药物成分的添加量,还提高了淀粉的糊化度,生成改性淀粉,具有很强的吸水性和粘结功能。池塘养殖成鱼和大规格鱼种的饲养效果表明，在同等条件下，与传统的硬颗粒饲料相比，投喂膨化配合饲料具有鱼体生长快、饲料系数低、净收益高、水质改善明显等效果（叶金云，2012）。李家庆（2015）对华中地区青鱼养殖中使用膨化饲料的情况进行了调查，并对膨化饲料和颗粒饲料的使用效果进行了比较，同样表明了膨化饲料的优势。

青鱼养殖模式研究现状

传统养殖青鱼的方式是在池塘中作为搭配品种，与鲢、鳙、草鱼、鲫等混养。由于青鱼主要摄食螺类等软体动物，养殖水域有限的饵料资源严重制约了青鱼养殖业的发展。但是，随着饲料工业的发展，配合饲料大量使用，青鱼养殖量大幅增加，随之而来的就是鱼病大规模暴发，其中以肝胆综合征最为普遍。从实践经验来看，引起青鱼肝胆综合征的原因有四大类：一是长期生活在养殖密度过大的水体；二是用药不规范；三是病原微生物感染；四是营养性因素。因此，探索新的养殖模式，实现青鱼健康生态养殖越来越受到关注。

王利风等（2012）在 1.3 hm^2 池塘内采用青鱼、草鱼、鲢、鳙、鳊和鲫进行混养，6—9 月鱼类摄食旺盛、生长最快，结合颗粒配合饲料和螺蛳及蚬子投喂，在收获后利润为 4 096 元/667 m^2。肖启东等（2012）在 0.4 hm^2 左右、水深 2.2 m 的池塘内放养青鱼，搭配放养优质的黄颡鱼、鳜、鲢和鳙，收获后平均效益 10 502 元/667 m^2。殷文健等（2014）对比了两种不同的养殖模式，结果表明，在主养青鱼的池塘中套养少量的甲鱼，以池中野杂鱼为食，不另外投放人工饵料，既减少了野杂鱼与青鱼争氧争食，又可增加养殖经济效益。张从义等（2014）比较了青鱼、草鱼、鲢、鳙、黄颡鱼、甲鱼和鲫混合放养的 3 种养殖模式，结果表明，养殖模式效果最好的是，池塘中放养青鱼、草鱼、鲢、鳙、黄颡鱼和鲫；同时，池中采用漂浮性蕹菜生态浮岛加少量莲藕，生态浮岛搭设面积占池塘总面积的 28%，经济效益达到 4 999 元/667 m^2。由此可见，在池塘养殖过程中，采用漂浮性水生植物生态浮岛模式对调节池塘水质的效果优于挺水植物。

近年来，青鱼池塘环境友好型养殖模式已日益受到广大学者的关注，以青鱼为主养鱼类的池塘环境友好型养殖模式已成为近年来研究开发的重点工作之一。该模式由主养池塘和辅养池塘组成，主养池塘以青鱼成鱼养殖为主，辅养池塘以青鱼鱼种养殖和滤食性鱼类养殖为主，且辅养池塘可以由多个池塘组成。该模式以投喂高质量的配合饲料为基础,主要投喂青鱼专用高效环保型膨化配合饲料,平均饲料系数在 1.5 以内;辅养池塘通过配置一定比例的挺水植物、漂浮植物等吸收水体中的氮、磷等营养素,并在养殖过程中结合微生态制剂进行水质调控,实现了养殖水体自身的生态净化和自体循环。通过示范点的试验与实践,该模式最终实现了青鱼养殖的高产、高效和环境友好,取得了良好的经济效益和生态效益(叶金云等,2012)。

青鱼池塘环境友好型养殖模式的关键技术如下。

(1) 青鱼环境友好型养殖模式池塘布局

以青鱼为主养鱼的环境友好型养殖模式池塘布局如图 4-1。

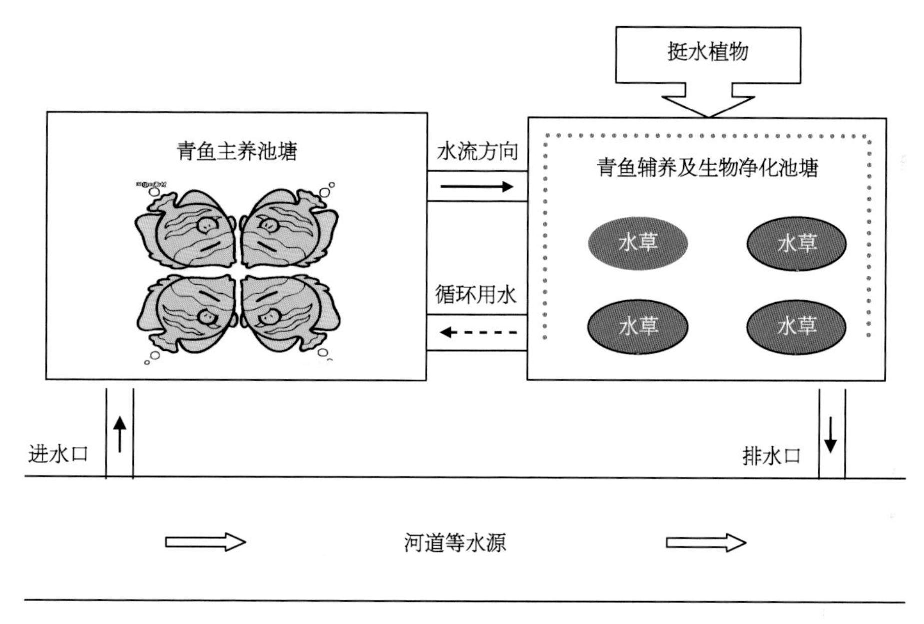

图 4-1 · 环境友好型养殖模式池塘布局

(2) 青鱼环境友好型养殖模式的主要技术要点及参数

① 池塘条件:由主养鱼塘和辅养鱼塘组成,面积比为 1∶1.5;池塘靠近水源,进排水方便,电力配套,水陆交通便利。主养池塘面积 3 300~13 300 m^2,水深 1.5~2.0 m;辅养池塘可由多个池塘组成,水深 1.5~2.0 m。辅养池塘周边种植 30~50 cm 宽的芦苇或莲藕等挺水植物带,池中种植水菱、水葫芦等漂浮植物,分隔成团块状平均分布于池塘中,种植水生植物的面积以总水面的 15%~20% 为宜。池底淤泥均不宜超过 15 cm。所有池塘应配备 0.3 kW/667 m^2 的增氧设备。

② 饲料投喂:定点设置食台,饱食投喂青鱼专用高效环保型膨化配合饲料,饲料系

数 1.2～1.5。青鱼膨化配合饲料质量及投喂技术是控制水质和实现水体循环使用的关键。

③ 苗种及放养密度：主养池塘放养 750～1 500 g 的大规格青鱼苗种，放养密度 200～300 尾/667 m^2。套养 200 g 左右的鲢、鳙各 50 尾/667 m^2。

辅养池塘放养 2 龄鱼种，要求平均规格 100 g，放养密度 600～800 尾/667 m^2。套养 200 g 左右的鳙 100 尾/667 m^2、鲢 200 尾/667 m^2；辅养池中还可以放养少量的鳊和草鱼等。

④ 水质调控：在主要生长季节，应用水泵使主养池塘和辅养池塘间进行水体交换。水体交换量视主养池塘中的水体肥瘦程度而定，必要时补充少量新水。7—9 月每隔 10 天使用枯草芽孢杆菌等微生态制剂 1 次，以调节水质。

⑤ 饲养管理：该模式既不同于传统的池塘养殖，也不同于单一池塘的生态养殖，而是把传统精养池塘与生态养殖相结合，有效地利用了池塘内的生物链，把精养池塘中的养殖废水通过辅养池塘进行生物净化，降低了对环境的面源污染。在日常管理上没有特殊要求，也不需要进行大规模的池塘改造。目前，该模式已在浙江湖州等地推广应用，经济和生态效益明显，前景广阔。

⑥ 产量和效益：应用该模式，主养池塘青鱼产量可达 1 500 kg/667 m^2 左右，辅养池塘青鱼产量可达 1 000 kg/667 m^2 左右，平均利润约 5 000 元/667 m^2。

以高质量的膨化颗粒饲料为基础的环境友好型养殖模式是青鱼养殖的发展趋势。随着我国青鱼养殖技术水平的不断升级，养殖青鱼的营养品质将会进一步提高，而且养殖排放水体对天然水域的负面影响将会减少到最小程度。

青鱼规模化养殖存在的问题及对策

4.6.1 · 青鱼营养与配合饲料研究仍需加强

众所周知，青鱼主要以底栖的软体动物为食。因此，对于青鱼的饲料，其营养需求有别于鲤科其他鱼类。然而，北方地区规模化养殖青鱼多采用鲤高蛋白饲料进行养殖。目前，对于青鱼饲料中所必需添加的维生素、微量元素等已开展了不少研究工作，但还不够系统，较多地借用了鲤和草鱼的饲料配方。青鱼对于各种饲料原料，特别是不同加工条件下的各种饲料原料中氨基酸、能量等营养素的消化率有待进一步测定。可见，要完善青鱼的营养需要数据库,仍需开展大量的基础研究工作,尤其是青鱼不同生长阶段(包括幼鱼、鱼种和成鱼)的营养需要及其对不同原料消化率的基础研究。此外,还有不少小型配合饲料企业生产的配合饲料产品,因其饲料配方中的主要营养成分——蛋白质很少使用动物性蛋白源,容易导致青鱼出现肝胆综合征,造成青鱼大量死亡。因此,规模化养殖首先必须采用真正适合青鱼营养需求的配合饲料,尤其是采用膨化颗粒饲料进行养殖才能取得更好的经济效益。

4.6.2 · 加强青鱼品质改善研究,建立营养调控技术

随着人们生活水平的不断提高,广大消费者对水产品质量的要求越来越高,既要营养美味又要求安全卫生。近年来,青鱼养殖发展迅速,但在产量增加的同时,养殖产品的品质离市场要求仍然有较大的差距。养殖产品的色泽、口感、肌肉品质、营养价值、风味等均是消费者关注的焦点,如何让养殖产品的品质最大程度与"野生"的相近,保证青鱼养成产品安全卫生并且美味是今后青鱼养殖的研究方向之一。饲料配方和投喂模式不但影响水产动物生长速度、养殖水质,而且也影响到养成水产品的品质,因此饲料营养与水产养殖产品的品质密切相关,必须加大饲料营养对养殖产品品质调控的研究,包括分子调控及基因调控机理的研究,建立营养调控品质的技术体系。

4.6.3 · 加强精确投喂技术研究,建立青鱼精确投喂体系

对于水产养殖业,准确、适宜的饲料投喂量是养殖技术中最重要的一环,不仅是降低饲料系数的关键因素,也是降低对水体环境污染最有效的方法之一。在现有的青鱼投喂技术体系中,不论是饲料的投喂量(饱食投喂和限食投喂)还是投喂方式(投喂次数和投喂时间)基本上都是养殖户根据多年的经验得到的,或者是一些初步的研究结果。养殖户既不能定量地确定投喂量,也不能根据养殖鱼类的生长变化和水温变化及时调整投喂量,带来的后果是投喂量的不足或过量,造成经济损失和养殖环境的破坏,甚至导致病害增多,不仅影响到产量和效益,而且带来环境保护和健康养殖的问题。因此,加强对青鱼投喂技术的研究,精准地预测养殖过程中不同水温、不同生长阶段青鱼的日生长率和日摄食量,从而提高饲料效率和养殖效益,降低饲料成本和养殖次生污染,对青鱼养殖环境的保护具有重要意义。

4.6.4 · 调整养殖模式,更新养殖观念

近几年,全国大宗淡水鱼如鲤、鲫、草鱼、青鱼、鲢和鳙养殖量和产量逐年增加,但是由于品质下降,市场价格持续低迷,养殖户所得经济效益有限。同时,青鱼养殖过程中疾

病频发现象逐年增多,给养殖业带来了巨大的经济损失。因此,更新养殖观念、调整养殖模式、适时更换养殖品种显得很有必要。已有一些地区在采用主养青鱼池内套养名特优鱼类养殖模式,取得了较好的养殖效果。该模式不但可以降低养殖生产中渔药的使用,同时也可使养殖户获得更大的经济效益。

4.6.5 · 调节养殖水质,加强鱼病预防

池塘养殖最关键的就是养好一池水,只有水质好,养殖的鱼类才能生长快,饲料系数才能降低。目前,调节水质的产品较多,但应用效果不一,且很多产品使用后基本没有效果,所以,调节水质应该根据池塘水质的情况来进行,不要盲目地进行调节水质。由于规模化养殖都采用人工配合饲料进行饲喂,因此,池塘内水质中氮的含量过大,调节水质时基本不用再加入含氮的生物肽肥,应该适当添加磷肥、调节氮磷比,这样水体内的有益浮游生物才会大量增加。此外,调节水质要多用 EM 菌、芽孢杆菌和光合细菌,加快水体内氮元素的循环和有害物质的分解,保证水质,进而促进池塘青鱼养殖业的健康发展。

(撰稿:叶金云、吴成龙)

青鱼养殖病害防治

5.1

病害发生的原因与发病机理

疾病是致病因素作用于机体(宿主)后,扰乱了正常生命活动的异常现象。一切干扰机体的因素,不论是病原生物,或是物理的、化学的环境因子,或是内在的生理紊乱、免疫力(抗病力)下降等,都会引起疾病。因此,疾病是病原、环境、机体三者相互作用的结果,这三者相互影响并决定疾病的发生和发展。其中,病原、环境是引起疾病的外因,机体是引起疾病的内因。无论内因还是外因,均受人为因素的影响。

5.1.1 · 病害发生的内因

当病原体攻击时,免疫力高的鱼类可以抵御病原体的侵袭,而免疫力低的鱼类就无法抵御病原体的侵袭。免疫力的强弱取决于内因,其主要体现在两个方面: 其一,疾病的发生与不同养殖种类相关,即使是同一种类,由于它们的性别、年龄、营养摄食、内分泌、皮肤、黏液层等的差异,其疾病发生与否也不一样;其二,病原体入侵鱼体的过程中受到鱼体黏液、鳞片、皮肤等一系列非特异性免疫系统和特异性免疫系统的阻止,阻止的能力有大有小,当不足以阻止病原体入侵时就发生了病害。鱼、虾、贝类养殖群体对病原体易感性的程度会随着个体的非特异性免疫力和特异性免疫力的降低而发生改变,其中生理因素主要有遗传、年龄、吞噬作用、炎症反应等,而皮肤(鳞片、甲壳)、黏液是引起养殖群体非特异性免疫的身体结构因素。所以,选择外表没有残疾、没有特殊病原体的健康苗种进行饲养,是防治病害发生的基本条件。特异性免疫又称获得性免疫或适应性免疫,这种免疫只针对一种病原体,它是机体经后天感染(病愈或无症状的感染)或人工预防接种(菌苗、疫苗、类毒素、免疫球蛋白等)而使机体获得的抵抗感染的能力,一般是在微生物等抗原物质刺激后才形成的(免疫球蛋白、免疫淋巴细胞),并能与该抗原起特异性反应。鱼类等低等动物一般缺乏特异性免疫,机体经后天感染或人工预防接种后仅可维持一段时间,不能终生免疫,即鱼类的病毒病、细菌性疾病等可反复感染。

5.1.2 · 病害发生的外因

主要包括生物性因素和非生物性因素两大类。

（1）生物性因素

鱼类病害是由多种病原体感染或侵入鱼体造成的。导致鱼病的病原体有病毒、细菌、霉菌、藻类、原生动物、蠕虫和甲壳类。其中，一些病原体非常微小，如细菌、病毒、真菌等，它们造成的疾病具有传染性，因此也被称作传染病。一些体型较大的病原体，如原生动物、蠕虫、甲壳类等，引起的病害称为侵入性疾病或寄生虫病。病原体对鱼体的损害一般有夺取营养、机械损伤和分泌有害物质等。

病原体是否能够入侵鱼体并导致疾病，取决于病原体的毒性和数量。毒性较弱的病原体要大量侵入体内才能导致疾病，而毒性较强的病原体数量较少即可造成疾病。很明显，当饲料或养殖用水里含有大量病原体时，必然会导致某些疾病，所以，鱼病的防治可以简单地概括为杀灭水体中和鱼体内的病原体。养殖水体中的生物种类很多，有些虽然不是病原体，但它们是病原的传播者或中间寄主，所以在鱼病的防治中也应当杀灭。此外，同一水体中饲养鱼的品种、大小要搭配得当，饲养的数量、密度要合理。

（2）非生物性因素

主要指水体、天气等外部环境因素。环境因素对病原体的毒性、数量和鱼类对病原体的抵抗力都有一定的影响。许多病原都是在一定的环境中发生的。一些环境条件较差的养殖水体，即使没有病原体，也会导致鱼类生病，甚至死亡。

① 水质：水是鱼、虾、蟹、贝、蛙、藻类等养殖生物赖以生存的基本条件，当养殖水体的理化因子，如温度、盐度、硬度、溶解氧、pH、透明度等的变化超出了它们所能忍受的临界限度就可能引起生理失调而致病。鱼类是变温动物，随着水温的改变，其体温也会随之改变。水温的骤升或骤降会导致鱼类的体温不能正常地改变，从而导致机体免疫力下降而发病。在养殖水体酸性较高的情况下，鱼类的生长速度较慢，而在酸性水体中很多有机物的毒性也较强；如果水体太过碱性，鱼体就会被碱刺激而产生大量的黏液，影响呼吸。溶解氧指溶解在水中的氧。如果溶解氧不够，鱼类就会浮出水面；如果鱼缺氧，就会窒息而死。此外，水又是一种优良的溶剂和悬浮剂，可溶解多种物质，包括鱼、虾、贝类等自身排泄的废物及人为污染的有害物质，如氨氮、硫化氢、亚硝酸盐，以及汞、镉、铅、锌等多种重金属盐类、农药、石油及其制品、各种有机药物等，它们不仅会对鱼类造成直接的伤害，还会降低鱼类的免疫力，从而导致病原体侵入。如果鱼类急性中毒，则会在短时间内表现中毒症状甚至很快死亡。在有毒物质浓度较低时，鱼类可出现慢性毒性，短期无明显的临床症状，但生长迟缓或变形，易发病。水作为悬浮剂，可悬浮各种有机碎屑，以及细菌、单细胞藻类、原生动物、各种虫卵等，这些有形或无形的物质和成分中有许多种类对养殖生物是

有害的，由于它们的存在和作用，可间接或直接地损害鱼类，甚至导致疾病的发生。

② 底质：养殖水体的底质，除原有的土壤、沙砾或人造的水泥池底以外，主要是养殖过程中产生的污泥（包括残饵、粪便、生物尸体和污泥等），其中的有机物会消耗溶解氧，产生二氧化碳、氨氮、硫化氢和有机酸，同时也是病原菌的良好培养基或各类寄生虫的藏身之处。

③ 共栖生物：各种开放式养殖水体都可能共生养殖品种以外的其他生物，如某些软体动物、甲壳类等，既可能是许多寄生虫生活史中的中间宿主，又可能是带毒（病毒）或带菌（细菌）者，是疾病的传染媒介，其中的许多种类也可能是与养殖生物争夺饲料和空间的竞争者。一些有毒的藻类，如甲藻、蓝藻、金藻等，在湖泊、水库、近海、港湾等地都有存在，在适宜的环境下，这些藻类可以大量繁殖，并在一定程度上形成“水华”（池塘）、“赤潮”（近海）；在其发生期或发生后，会产生大量的有毒物质，导致水体理化指标异常、破坏生物饵料基础、改变水体中生物群落的构成等。水中常存在的细菌等微生物群体（包括在水生生物体表和消化道内），在正常环境条件下与宿主共存，对宿主无害，且是必需的。然而，当环境变差时，微生态平衡被破坏，进而失调，正常的微生物就会发生易位，转移到新的宿主上，或者导致原宿主发生疾病。

④ 人为因素：是指由于人工养殖的管理不善，进而导致鱼类发生疾病。人为因素主要包括放养密度、饲料营养、机械损伤等。

放养密度：养殖群体的放养密度应根据池塘（网箱）、水源、水质等条件来决定。高密度必须有相应的高新技术和设施与之相配套，如工厂化养殖水的处理和消毒等。一般池塘或网箱养殖，如果放养密度过高或多年进行单一品种养殖，往往容易诱发各种疾病。

饲料营养：当投喂饲料的数量或饲料中所含的营养成分不能满足养殖鱼、虾类维持生活的最低需要时，机体往往会生长缓慢或停止生长，身体瘦弱，抗病力降低，严重时就会出现疾病甚至死亡。营养成分中最容易发生问题的是维生素、矿物质和氨基酸，其中最容易缺乏的是维生素和必需氨基酸。腐败变质的饲料也是导致水产养殖动物疾病的重要因素。

机械损伤：在转移、运输和饲养过程中，往往因人为操作不当导致养殖鱼体表发生碰撞，造成体表皮肤损伤、体液流失、渗透压发生变化、功能紊乱等，造成各种生理障碍，甚至导致死亡。除了这些直接危害外，伤口又是各种病原体侵入鱼类机体的途径（刘焕亮等，2008）。

5.1.3 · 致病因素的刺激

（1）生物性刺激

① 病毒类：病毒是一种比细菌更小、进化更少的病原体。病毒是一种非常微小的生

物,其大小一般为20~300 nm。病毒具有特定的形态和结构,能够在合适的环境下快速繁殖,显示出旺盛的生命力。一个病毒,其实质就是一段遗传物质或称核酸(DNA 或 RNA)及其蛋白质外壳。这层蛋白质外壳叫衣壳,有保护病毒核酸的作用,同时也是病毒核酸由一个寄主细胞转移到另一个寄主细胞的工具。衣壳与核酸合称为核衣壳。一些简单病毒(如草鱼出血病病毒)的核衣壳就是病毒粒子,但一些比较复杂的病毒(如对虾白斑症病毒)在衣壳外面还披有一层含蛋白质或糖蛋白的类脂质的双层外膜(囊膜)。囊膜的组成成分主要来自寄主细胞。在电子显微镜下观察,囊膜的表面常可看到杆状、球状或穗状突起,这些是病毒特异的糖蛋白,称为囊膜突起或纤突。病毒衣壳是由蛋白亚单位(壳粒)按物理基本原理构造的规律性几何堆积,其形成是蛋白亚单位的组合和装配过程。每个蛋白亚单位由单个或多个多肽链构成,分子质量10 000~100 000 Da。病毒粒子的形态有3种类型,或称3种基本对称结构。立体对称:这类病毒体绝大多数呈圆球形,是20面体立体对称,即有20个等边三角形的面、12个顶角和30条棱边,如虹彩病毒等。螺旋对称:这类病毒体呈长杆状,其蛋白亚单位沿核酸螺旋体排列,如弹状病毒。复合对称:这类病毒体的蛋白亚单位排列与上述两种情况不同,比较复杂,其实质是上述两种对称结合的结果,如痘病毒(田波等,1986;刘焕亮等,2008;倪达书等,1999)。

以草鱼病毒(GCRV)和春季鲤鱼病毒(SVCV)构建青鱼病毒感染模型进行研究表明,青鱼MAVS(线粒体抗病毒信号蛋白)开放阅读框包括2 352个核苷酸、579个氨基酸。其由多个功能域组成,包括1个N端CARD域、1个中央富脯氨酸结构域、1个假定的TRAF2结合基序和1个C端TM结构域,结构与哺乳动物的MAVS相似。青鱼MAVS在组织中都是持续性转录的,包括鳃、肾、心脏、肠、肝脏和其他组织。在感染GCRV或SVCV后,青鱼MAVS在肠、肝、肌肉中的mRNA水平增加,但在脾中减少。当青鱼MAVS在组织培养中表达时,在Western印迹中检测到多个条带,这与哺乳动物的MAVS相似。免疫荧光实验确定青鱼MAVS是一种线粒体蛋白,荧光素酶报告实验证明,青鱼MAVS可以在组织培养中诱导斑马鱼IFN和EPC IFN的表达。进一步研究明确了青鱼MAVS在宿主细胞中对SVCV和GCRV感染的转录过程。表达青鱼MAVS的EPC细胞对SVCV和GCRV的抗病毒活性明显增强。免疫荧光(IF)染色数据表明,病毒感染后,青鱼MAVS分子在EPC细胞的线粒体上重新分布并形成聚集。在HEK293T细胞中进行的共免疫沉淀(co-IP)实验表明,青鱼MAVS蛋白相互结合,表明这种免疫蛋白在体内拥有自我结合能力。免疫荧光(IF)实验表明,青鱼MAVS的跨膜(TM)结构域对其线粒体定位至关重要。青鱼MAVS突变体之间的协同IP实验表明,N端CARD结构域和TM结构域对青鱼MAVS的二聚化是不可或缺的。线粒体上青鱼MAVS的寡聚化对青鱼MAVS的抗病毒能力至关重要,而这取决于青鱼MAVS的CARD和TM结构域。此外,青鱼LGP2的全长 cDNA 包括 2 941 个核苷酸、682 个氨基酸,其 mRNA 在组织中都可被检测到表达量;除鳃组织外,其表达水平在 GCRV 或 SVCV 感染时均有所增加。青鱼鳍(MPF)细胞的 qPCR 显示,青鱼 LGP2 的转录在 Poly(I: C)处理、GCRV 或 SVCV 感染下被上调,但不受 LPS 或 PMA 处理的影响。Western 印迹分析表明,LGP2 分子量约为 80 kDa;HeLa 细胞和 EPC 细胞的免疫荧光染色显示,青鱼 LGP2 是一种细胞膜蛋白。转染了表达 LGP2 质粒的 EPC 细胞对 SVCV 和 GCRV 的抗病毒能力明显提高。青鱼 Mx1 开放阅读框包含 2 781 个核苷酸、631 个氨基酸,其 mRNA 在组织中持续表达;在 GCRV 或 SVCV 感染后,除鳃组织外,青鱼 Mx1 表达水平都有所增加。对 MPF 细胞的 qPCR 分析表明,在不同的感染倍数下,GCRV 或 SVCV 感染后 Mx1 的表达水平均增加。蛋白印迹法表明,青鱼 Mx1 分子量约为 75 kDa;HeLa 细胞和 EPC 细胞的免疫荧光染色数据显示,其是一种细胞膜蛋白。转染了表达 Mx1 质粒的 EPC 细胞显示出对 SVCV 和 GCRV 的抗病毒活性增加。青鱼 MDA5 开放阅读框包括 3 244 个核苷酸、984 个氨基酸,在各组织中表达量都非常低。然而,在 GCRV 或 SVCV 感染后表达量大大增加。免疫印迹实验表明,MDA5 约为 120 kDa;在 EPC 和 HeLa 细胞中,通过免疫荧光染色被确定为细胞膜蛋白。在 EPC 细胞中表达 MDA5 会诱导斑马鱼 IFN3 或胖头鱼 IFN 的启动子活性。表达青鱼 MDA5 的 EPC 细胞对 SVCV 和 GCRV 的抗病毒能力都得到了提高。当 EPC 细胞与表达 MDA5 和 LGP2 质粒共转染时,MDA5 诱导的 IFN 表达明显增强;同时,表达 MDA5 和 LGP2 的 EPC 细胞比只表达 MDA5 或 LGP2 的细胞拥有更好的抗病毒能力。青鱼 TRAF2 的开放阅读框由 1 611 个核苷酸组成,包含 536 个氨基酸。青鱼 TRAF2 在 EPC 和 HEK293T 细胞的免疫印迹分析中迁移到 65 kDa 左右。在实验中,青鱼 TRAF2 激活了 NF－κB 转录而不是 IFN 转录。青鱼 MAVS 介导的 IFN 产生以剂量依赖的方式被青鱼 TRAF2 上调。因此,与只表达青鱼 MAVS 的 EPC 细胞相比,转染了 MAVS 和 TRAF2 的 EPC 细胞显示出更强的抗病毒活性。当与 MAVS 共同表达时,TRAF2 在细胞质中重新分布,其亚细胞位置与 MAVS 的亚细胞位置重叠,表明这两个分子之间存在关联。青鱼 TRAF2 被招募到宿主先天免疫反应中,并积极调节 MAVS 介导的抗病毒信号(Zhou 等,2015;Xiao 等,2017、2016a、2016b;Liu 等,2017;Chen 等,2017)。

② 细菌类:细菌是微生物中的一大类群,为原核生物,在自然界分布很广,种类繁多,与人类的生产和生活关系十分密切,除了许多有益细菌外,其中许多种类都可以成为病原菌,引起人体、生物体包括水域中养殖的动、植物患病。虽然细菌种类繁多,但其基本形态比较简单,可分为球状、杆状和螺旋状 3 类,分别称为球菌、杆菌和螺旋菌。常用革兰氏鉴别染色法把细菌区分为革兰氏阳性菌和革兰氏阴性菌两大类。细菌的大小通常用微米(μm)量度,球菌以直径表示、杆菌以长×宽表示、螺旋菌以细胞两端直线的长度

表示。细菌在固体培养基上生长时,可以形成肉眼可见的菌落,菌落的形状及其表面状态可作为区分细菌种类的特征。细菌是最小的细胞生物,其结构可分为两部分:一是基本结构,如细胞壁、细胞膜、细胞质、核区等,为全部细胞所共有;二是特殊结构,如鞭毛、菌毛、荚膜、芽孢等,在部分细胞中发现,其常与某些特定功能相关。细胞壁是整个细菌的外包被,是一层无色透明、质地较坚韧、略具弹性的膜壁,具有保护细菌细胞免受机械性或渗透压的破坏、维持细胞外形的功能。细胞膜是紧贴于细胞壁内侧、包围细胞浆的一层柔软而富有弹性的半透性薄膜,主要作用是严格控制物质的出入,是细菌细胞内部结构与外界环境之间最重要的分界。细胞质,在细菌生活状态下呈溶胶状,主要由蛋白质、核酸、脂类和水等构成;在电子显微镜下可观察到核糖体、质粒、空泡等。细菌细胞没有细胞核,只有由染色体构成的核区;核区结构简单,没有核膜与核仁,由单分子 DNA 组成。运动性气单胞菌、假单胞菌和弧菌等细胞的表面,着生一根或数根由细胞内伸出的细长、波曲、毛发状的丝状结构即为鞭毛("运动器官");在某些细菌的体表,有一种细短而直的毛(称为菌毛),可能与细菌两个细胞的结合有关。一些种类的细菌,在其细胞壁的外围包着一层黏液性物质(称为荚膜),具有保护细菌细胞壁免受杀菌剂的伤害等功能。芽孢是指有的细菌在生活周期中可形成一个内生孢子,以抵抗不良环境,对热、寒冷和药物均有抗性。

张学书等(2020)利用绿色荧光蛋白标记嗜水气单胞菌后,利用浸泡感染方法研究了嗜水气单胞菌对青鱼的侵染途径。研究发现,青鱼的主要病灶器官为鳃、肠、受伤的皮肤,并且嗜水气单胞菌可以通过血液入侵到其他组织,且在此过程中肝脏和脾脏对病原菌的抵御起到了关键作用。利用非易感青鱼和易感青鱼的脾脏组织进行差异转录组分析表明,非易感青鱼和易感青鱼的差异表达基因主要参与结合/黏附、病原识别、细胞免疫、细胞因子、补体系统、铁转运等途径。利用 KEGG 和 GO 分析发现,Toll-like receptor 信号通路较为显著,其中 *MyD88* 基因存在显著差异。通过 cDNA 末端快速扩增技术得到了这条基因的 cDNA 全长序列并进行了序列分析,并通过 qRT - PCR 检测了 *MyD88* 在健康青鱼体内和感染 AH 后青鱼体内的表达情况(Zhang 等,2019)。研究发现,*MyD88* 在健康鱼体中广泛表达,感染后组织中显著上调,在感染的 7 天内 *MyD88* 的变化情况是先下降后上升,12 h 左右开始下降,在 72 h 左右达到正常值,表明 *MyD88* 参与青鱼抵御病原体过程中的先天免疫,而且产生免疫应答前期可能与某些基因存在拮抗关系。通过过表达和敲降青鱼 MPK 细胞中的 *MyD88* 发现,TNF - α、IFN - α、IL - 6、IL - 8 均显著上调和下降,NF - κB 被显著激活,且过表达 *MyD88* 基因后,对细菌具有极强的抗菌能力,表明 *MyD88* 参与青鱼的先天免疫且在此过程中具有十分关键的作用。

刘问等(2019、2020)采用同种同位素标记相对与绝对定量(iTRAQ)结合液相色谱串联质谱(LC－MS/MS)技术,以致病性嗜水气单胞菌菌株 BCK0712 注射感染健康青鱼,24 h 后采集感染组和对照组青鱼肝脏,开展蛋白质组学分析。通过数据库检索,共鉴定到 4 475 个肝脏组织蛋白,从中筛选到 188 个差异表达蛋白,其中表达上调的蛋白 70 个、表达下调的蛋白 118 个。对其中 86 种差异蛋白质进行了定量分析,包括 78 个下调蛋白和 8 个上调蛋白,下调蛋白主要包括补体 C1q 亚单位 C、补体因子 B/C2A、补体因子 B/C2B、补体 C3－Q1、补体 C3 和补体 C4－2,表明差异蛋白主要与补体和凝血级联有关。经生物信息学分析表明,这些差异表达蛋白除了参与补体和凝血级联反应外,还参与细胞内吞作用、氧化磷酸化、碳代谢、精氨酸和脯氨酸代谢、色氨酸代谢等通路。qPCR 分析显示,在血细胞、肝脏、肾脏、鳃和肠道中,C3 和 B/C2A 的基因表达都有变化,但表达水平与相应的蛋白水平并不一致。

铁蛋白(FT)作为普遍存在的保守蛋白,在免疫系统和铁储存系统中发挥着重要作用。Chen 等(2020)利用同源克隆和 cDNA 末端快速扩增技术,从青鱼中克隆了 4 个编码铁蛋白(MpFT)的 cDNA。在 MpFT－H1α、MpFT－H1β、MpFT－M 和 MpFT－L 中分别有 177 个、177 个、176 个和 173 个氨基酸。BLAST 分析显示,MpFT 与斑马鱼、虹鳟和人类等其他已知的 FT 有很高的相似性。在 MpFT－H1α 和 MpFT－M 的 5′-非翻译区(UTR)中,预测了一个典型的铁反应元件(IRE)。根据 RT－PCR 检测,MpFT1α 在青鱼的血液、肝脏和心脏中的相对表达水平较高($P<0.05$),MpFT1β 在青鱼的肝脏和心脏中的表达水平较高($P<0.05$),在肝脏、血液和大脑中可以观察到 MpFT－L 的相对较高的转录水平($P<0.05$),MpFT－M 在肝脏和肠道中的表达水平高于在肌肉中的表达水平($P<0.05$),在感染后的青鱼血液中 MpFT－M 和 MpFT－L 的表达变化比 MpFT－H1α 和 FT－H1β 的表达更敏感。同样,4 种 FT 的 mRNA 表达也有不同程度的上调,并在嗜水气单胞菌感染后的 12 h、12 h、6 h 和 48 h 达到表达峰值。在肠道中,所有 4 个 FT 的转录变化在感染后 24 h 达到最高水平。总的来说,这些结果表明,4 个 MpFT 可能在嗜水气单胞菌感染期间的先天免疫防御中发挥重要作用。

③ 寄生虫类:鱼类寄生虫大体上可分为两类,即原虫和蠕虫。

原虫是指能引起可以导致人体和动物体(包括水产养殖动物)疾病的寄生(或共栖)原生动物。原虫是一个完整的生物体,由鞭毛、纤毛、伪足、吸管、泡口、伸缩泡等多种特殊的细胞器官完成运动、摄食、营养、代谢、生殖和应激等。原生动物的体型很小,大部分在 10~200 μm 之间,所以只有在显微镜和电子显微镜下才能看到它们的形态和结构;它们的分布非常广泛,凡是有水的地方都有其踪迹。从河流、湖泊到各种暂时的水洼,从泥土到冰雪的缝隙,从温泉到活性污泥,都有它们的栖身之所;营寄生或共栖的种类则遍及真菌、植物、人体和动物体内。目前,原生动物已知有 3 万余种,其中约有 1/3 的种类营寄生或共栖生活。

蠕虫不是动物学上的分类阶元,而是指无脊椎动物中身体柔软、无骨骼、借蠕动而移动的一大类群,尤指那些营寄生生活的种类。寄生于水产养殖动物的蠕虫主要包括扁形动物门中的单殖吸虫、复殖吸虫、盾腹殖吸虫和绦虫、线虫动物门中的寄生种类,棘头动物门和环节动物门中营暂时性寄生的蛭类等(刘焕亮等,2008)。

1953—1955 年,陈启鎏通过对江苏、广东和浙江等地养殖渔场的系统调查,对引起青鱼病害的原生动物进行了系统研究,发现的原生动物有青鱼钟体虫、鳃隐鞭虫、尾波豆虫、青鱼艾美虫、肠艾美虫、肠格留虫、赫氏格留虫、鲈肤胞虫、巨口半眉虫、鲤斜管虫、多子小瓜虫、虱性车轮虫、球形车轮虫、鼻腔车轮虫、筒形舌杯虫和中华毛管虫(陈启鎏等,1956)。

(2) 非生物性刺激

① 机械损伤:机械损伤是指在鱼类养殖生产中人为操作如捕捞、运输、排污等引起鱼体体表完整性破坏。在实际生产中,以上操作是不可避免的,并会对鱼类产生一定的胁迫。操作不当可造成养殖鱼类鱼体受伤,体表有出血症状显现,内部鳃、肾脏和消化道等器官出现功能性障碍,造成体质下降,易感染环境中的病原微生物(许源剑等,2010)。

机械损伤可引起养殖鱼类机体产生理化指标变化,从而影响养殖鱼类健康。有研究表明,青鱼在捕捞后血浆皮质醇、葡萄糖和乳酸浓度均显著升高,同时肝脏中糖原含量迅速下降。其中,血浆皮质醇的增高是应激反应的主要特征,它的持续升高会导致鱼体抗病能力降低、繁殖性能下降及生长发育缓慢;葡萄糖和糖原均为重要的供能物质,青鱼在刺激后短时间内需消耗大量的能量来恢复自身的稳定状态(姜丹莉等,2016;孔淑碧等,2015)。

② 物理性刺激:物理性刺激包括温度、光照、水流、声音等物理因子的胁迫作用,其中影响较大的是水温。水温的突变会引起养殖鱼类严重不适,对鱼类的各项生理功能造成危害。一般苗种温差突变不超过±2℃,成鱼不超过±5℃,温差过大会造成养殖鱼类发病或死亡。光照(光强或光质)的改变会使鱼类产生好奇或惊吓。光照与鱼类的趋光性、摄食、生殖等行为具有密切联系,不适当的光照会对鱼类造成胁迫作用。水流流速的快速增加会引起鱼类产生应激,从而使鱼类血浆中的总蛋白含量下降,影响其免疫能力(李继勋等,2014;何大仁等,1998;Li 等,2018)。

③ 化学性刺激:化学因素包括溶解氧、pH、亚硝酸盐、氨氮等。溶解氧是鱼类生存的必要条件,溶解氧的变化还会引起水质变化,间接地影响鱼类的抗应激能力。pH 作为影

响鱼类生存的另一个重要化学因素，在维持鱼类机体平衡中发挥着重要作用，pH 过高或过低对鱼的生长均会产生不良影响。水中亚硝酸盐可反映水体溶解氧的情况，亚硝酸盐浓度过高说明水体中溶解氧偏低、水质不良，会导致鱼类内源性缺氧，从而影响鱼类的抗应激能力。

高浓度的氨氮对鱼的生长、存活和代谢有严重的制约作用。相关研究发现，青鱼受到氨氮胁迫时会严重干扰抗氧化系统，随着鱼体抗氧化系统受到破坏，部分抗氧化物质含量及酶活性下降，机体清除自由基的能力也随之降低，脂质过氧化产物增多，从而破坏鱼体非特异性免疫防御系统，导致免疫力下降；与此同时，水体中的高氨氮含量还会导致青鱼的鳃组织受到损伤，病原的易感性增加（胡毅等，2012；汪开毓等，2007）。

5.1.3 · 机体必需物质缺乏

随着科研的深入和饲料工业的不断发展，青鱼人工配合饲料在养殖过程中已普遍应用。饲料中的营养物质为鱼类的正常生长和发育提供物质基础，但饲料营养过多、过少或不平衡可能会引起机体营养过剩或营养缺乏以及营养代谢异常等问题，从而对鱼类健康产生负面影响。

蛋白质、脂肪和糖类是鱼类重要的三大营养素。当饲料中蛋白质不足时，鱼体会表现出生长缓慢、发育不良等现象。当饲料中缺乏脂肪（无脂肪组）或缺乏必需脂肪酸（仅添加 5%月桂酸）时，均表现出眼球突出、竖鳞、体色变黑、鳍充血和死亡率较高等现象；当饲料中脂肪过量时，会导致内脏脂肪过度积累、肝脏受损等现象；当饲料中脂肪含量在 3%以下或 8%以上时，青鱼均表现出鱼体消瘦、生长不良和增重率下降。由于青鱼属于肉食性鱼类，对糖类的利用率有限，若长期摄入含糖分较高的饲料会导致脂肪在肝脏和肠系膜大量沉积，进而发生脂肪肝，肝脏的解毒能力减弱，鱼体呈病态性肥胖。

对青鱼微量元素与维生素需求的研究相对较少。铜缺乏会引起鱼体骨骼脆性增加、骨畸形、心肌肥大和心脏衰竭等症状。饲料中缺乏锰通常会导致青鱼生长性能低下、骨骼畸形、胚胎死亡率增高或孵化率低下等现象。当饲料中缺乏维生素 C 时，青鱼鱼种表现出生长缓慢、脊柱弯曲、体表出血等症状。若青鱼饲料中缺乏维生素 A 或其前体——类胡萝卜素，可能导致其出现视力障碍、眼眶和鳍部出血、鳃盖变形以及死亡率增加等明显的症状；如果鱼类摄食过量的维生素 A，会导致鱼类脊柱损伤、生长缓慢以及繁殖能力下降等。

5.2 青鱼养殖病害生态防控关键技术

5.2.1 · 种源要求

“种”是水产养殖重要的物质基础，优质苗种在生长、抗病等方面体现的优势可在养殖生产中转化为经济效益的提升。目前，青鱼还未有通过国家审定的新品种，不同苗种场生产的苗种在质量上存在一定差异，因此在养殖苗种选择上以各级原良种场生产的苗种为宜；同时，注意苗种生产地的病害流行情况，避免从疫病暴发区域引进苗种。

5.2.2 · 投饲管理

与常规投饲管理相同，青鱼投喂也应遵守“四定”原则。2 龄青鱼养殖成活率低是生产中的常见问题。一些养殖企业在 4—6 月采取减少投喂的方式，在实际生产中取得较好的效果，养殖成活率有一定程度的提高。青鱼在天然水域中摄食螺、蚌、蚬等天然饵料，在养殖中可适当投喂螺蛳，对提高鱼体免疫力具有一定的效果，尤其是作为亲本使用时，投喂螺蛳可提高青鱼产卵的质量。

5.2.3 · 养殖模式调整

青鱼养殖以池塘主养或混养为主，同一区域长期进行一个品种的养殖易导致病原生物的累积，病害暴发的概率增加。因此，通过不同品种的轮养或混养对减低青鱼养殖病害的发生具有一定的效果。以青鱼为主养品种，混养鲢、鳙、鲫、草鱼、鲂、珍珠蚌等品种在实际生产中有大量的应用案例，一方面提升了池塘的综合效益，另一方面在疾病控制方面也取得了一定的效果。

5.2.4 · 水质调控

清塘、定期消毒、合理换水、使用微生态制剂、混养滤食性鱼类等常规措施在青鱼养殖过程中均适用，使用方式与常规水产养殖方法相同。同时，池塘水体溶氧情况在青鱼养殖中也十分关键，缺氧不仅会影响摄食，也会导致鱼体应激，降低鱼体的免疫力。

5.3 青鱼主要病害防治

5.3.1 · 病毒性疾病

青鱼出血病

① 病原：一种 RNA 病毒，属于呼肠弧病毒科。

病毒颗粒呈球形，直径为 50～56 nm，颗粒中央具有一电子密度较高、直径为 25～30 nm 的核心，在核心周围包有约 16 nm 的外膜。该病毒可在 50℃下保存 1 h，但在 65℃下保存 1 h 后几乎失去活性。

② 流行与危害：青鱼出血病是 2 龄青鱼的一种急性传染病，在江苏、浙江、上海等地的青鱼养殖区域发生。该病的流行期一般是 6 月底到 10 月初。该病的病死率较高，病死率约为 50%，高的可达 80%。

③ 症状及病理变化：在脑腔、口腔、鳃盖骨下缘、眼眶等部位有少量的血斑。肛门肿胀，有血丝。肌肉症状以鲜红、淡红或块状充血为主，类似于草鱼的出血病。内脏的主要特点是小肠或部分小肠呈红色，肝、肾均有损伤。

④ 诊断方法：在光镜下，青鱼的正常肾脏结构与草鱼等淡水鱼类极为相似。当青鱼患出血病时，肾脏的管腔上皮细胞变形、细胞核萎缩。此时，通过电镜观察，可以在细胞质内的线粒体中观察到大的空泡，同时在造血组织的包涵体中能清楚地看到病毒颗粒。经 0. 15 μm 孔径的滤膜过滤的病原悬液可反复在鱼体内传 3～4 代，使健康鱼发病。

⑤ 防治方法：目前未见有理想治疗方法，需做好预防工作（翟子玉等，1982、1985、1986、1987、1993；汪开毓等，2007；汪建国等，2012；李继勋等，2014；田波等，1986）。

a 清除养殖塘底淤泥，并用生石灰清塘处理，条件允许的可在干塘后晒塘半个月。

b 加强检疫。对购置的鱼苗、鱼种进行检疫，避免从疫区采购鱼苗、鱼种。

c 鱼种放养要控制放养密度，放养前需经 10 mg/L 的聚维酮碘溶液浸泡 6~8 min。

d 加强饲养管理，定期调节水质，投喂营养丰富的全价配合饲料。

e 接种疫苗。采用注射灭活疫苗的方法，可显著提高青鱼成活率。

5.3.2 · 细菌性疾病

(1) 烂鳃病

① 病原：柱状黄杆菌。

② 流行与危害：主要发生在江苏、浙江等的青鱼养殖区，发病鱼类集中在池养的草鱼、青鱼，鲢、鳙很少发病。水温 20℃左右开始发病，流行温度 28～35℃，流行时间在 4—10 月。

③ 症状及病理变化：主要症状是鱼鳃坏疽。鳃丝边缘附着污泥，个别病鱼的鳃丝顶端肿大，有时粘在一起。病变严重时，鱼鳃失去红润颜色，宿主因血液的正常循环被破坏，最终因窒息而死亡。

④ 诊断方法：包括肉眼观察、细菌检测和分子检测等。

肉眼观察：根据发病症状进行诊断。细菌检测：使用细菌学方法从内脏中分离菌株进行生化检验可以作为一种诊断手段。分子检测：基于分离菌株的 16S rRNA 基因序列测定及系统发育学分析可作为一种诊断手段。

⑤ 防治方法：包括预防方法和治疗方法。

预防方法：彻底清塘，保持水质清洁。鱼种放养前用 2%～2. 5%食盐水溶液浸泡 10～20 min。发病季节每半个月泼洒 1 次生石灰，每 667 m^2(1 m 水深)用生石灰 20 kg。

治疗方法：可用漂白粉在食场挂袋用药；采用 10～15 mg/kg 体重的氟苯尼考进行拌饲内服；外用二氧化氯消毒剂 0. 3 mg/L(王德铭，1958；汪开毓，2007；汪建国，2012；李继勋，2014)。

(2) 赤皮病

① 病原：荧光假单胞菌。该菌对小鼠、家兔等均致病，不产生外毒素，对青鱼的 LD_{50} 为 2.081×10^8。草鱼、青鱼以及家兔注射或口服该菌菌苗均可产生凝集素，兔免疫血清对该菌的保护指数为 152。

② 流行与危害：主要发生在江苏、浙江等的青鱼养殖区，发病鱼类主要为青鱼、草鱼，鲢、鳙很少发病。

③ 症状及病理变化：根据外部症状可分为两类。一类：鱼体出血发炎，鳞片脱落，特别是鱼体两侧及腹部最明显；背鳍、胸鳍或全部鱼鳍基部充血，鳍的末端腐烂，鳍条间的组织破坏(又称蛀鳍)；鱼的上、下颚及鳃盖部分充血，出现块状红斑，鳃盖中部有时色素消退，甚至透明；多数鱼肠道充血发炎。另一类较少见，主要症状是肌肉组织生脓疮(溃

疡),用手摸有浮肿的感觉,脓疮内部充满血脓;鱼鳍基部充血,鳍条裂开;病变严重时鱼的肠道可见充血发炎。

④ 诊断方法:同烂鳃病。

⑤ 防治方法:包括预防方法和治疗方法。

预防方法:彻底清塘,保持水质清洁;防止鱼体受伤,牵网、运输时需谨慎操作。

治疗方法:用漂白粉全池泼洒,用药 1 g/m^3;磺胺类药物拌饲给药内服(王德铭,1956;汪开毓,2007;李继勋,2014;汪建国,2012)。

(3) 肠炎

① 病原:肠型点状气单胞菌。该菌株不产生硫化氢,可还原硝酸盐至亚硝酸盐。当青鱼、草鱼发生传染性肠炎时,鲤却不发病。但在欧洲,这类细菌主要是鲤的致病菌。因此,该菌株应为点状气单胞菌的同种异型。

② 流行与危害:每年的4—9月是该病的流行季节。细菌性肠炎对养殖青鱼、草鱼的危害很大,尤其是2龄青鱼,有的池塘死亡率高达90%。

③ 症状及病理变化:病鱼肛门肿胀,呈紫红色;沿腹部中线剖开鱼腹,往往有很多腹腔液流溢。肠管发炎,呈红色或紫红色,这是由于微血管充血发炎扩大,甚至破裂溢血所致。同时,肠黏膜细胞往往溃烂脱落,血液和溃烂的黏膜细胞混合而成血脓,充塞于肠管中。有的病鱼则肠管中仅有乳黄色的黏液,因此用手轻压病鱼腹部会有黏液从肛门流出。开始发病时,只在靠近肛门 6~10 cm 的地方或食道、胃部充血发炎,以后逐渐扩大,直至全肠呈紫红色。病鱼一般食欲丧失,体色发黑,有气无力地在池边水面缓慢地游动。

④ 诊断方法:同烂鳃病。

⑤ 防治方法:包括预防方法和治疗方法。

预防方法:生石灰清塘,干塘清塘用 50~75 kg/667 m^2,带水用 100~150 kg/667 m^2;加强饲喂管理,投喂优质饵料;使用病鱼脏器组织制成的疫苗可作免疫预防。

治疗方法:拌饲内服抗菌药物,每 100 kg 鱼体重用恩诺沙星或氟苯尼考 10 g;外用二氧化氯消毒剂 0.3 mg/L(王德铭等,1959、1962;汪开毓,2007;李继勋,2014;汪建国,2012)。

(4) 细菌性败血症

① 病原:该病的病原报道不一,已报道的病原主要有3种,分别为嗜水气单胞菌、类志贺邻单胞菌和布氏柠檬酸杆菌。

② 流行与危害:该病对2龄青鱼鱼种和青鱼成鱼危害最大,发病率和死亡率高。流

行季节在 4—9 月，高峰季节在 7—8 月。青鱼细菌性败血症常与烂鳃病和赤皮病并发。

③ 症状及病理变化：患病鱼行动缓慢，反应迟钝，常离群独游；体表无症状或局部充血、出血，不同程度脱鳞，个别病鱼鳍基出血、肛门红肿。肠道和肠系膜出血，肠道内壁有严重炎症，并出现糜烂。肝脏和脾脏等内脏器官充血、出血或不同程度肿胀，腹腔内有少许腹水或无腹水。

④ 诊断方法：同烂鳃病。

⑤ 防治方法：包括预防方法和治疗方法。

预防方法：放养前用生石灰清塘，干塘清塘用 50～75 kg/667 m^2，带水用 100～150 kg/667 m^2；加强饲喂管理，投喂优质饵料，并可定期适量添加多种维生素；每半个月可用大蒜素拌饲料投喂，使用量为每 100 kg 鱼用药 5～10 g。

治疗方法：投喂量降低至 50%～70%；拌饲内服抗菌药物，每 100 kg 鱼用恩诺沙星或氟苯尼考 10 g；生石灰化水后全池泼洒，生石灰用量为 30 g/m^3 水体（张波等，2010；梁利国等，2013；秦国民等，2010；叶键等，2016；王家祯等，2016）。

5.3.3 · 寄生虫性疾病

（1）车轮虫病

车轮虫病是青鱼常见的寄生虫病，由车轮虫寄生在青鱼体表及鳃部引起，对青鱼鱼苗危害较大（戴志华等，2017；孙俊美，2020）。

① 病原：车轮虫、小车轮虫两属。

② 流行与危害：该病流行于 5—8 月，主要感染青鱼鱼苗。少量寄生时无明显症状，寄生数量增加时可引起青鱼缺氧或继发性感染条件致病菌，造成鱼苗大批死亡。

③ 症状及病理变化：虫体主要寄生在鱼的体表、鳍条、口腔、鼻腔和鳃部。当被感染时，体表及鳃丝受虫体刺激会分泌大量的黏液，严重影响鱼的呼吸和行动；被大量寄生时，从水上可见类似“白头白嘴”症状，且鱼群会绕塘边狂游，出现“跑马”症状，并逐渐体色变黑、不摄食，直至死亡。

④ 诊断方法：光学显微镜检查确定病原体。

⑤ 防治方法：包括预防方法和治疗方法。

预防方法：放养前用生石灰清塘；鱼苗、鱼种用 8 mg/L 硫酸铜水溶液浸浴 15～30 min 后入塘养殖；定期对水体进行消毒和调水处理。

治疗方法：3%～4%食盐水浸洗病鱼 10～15 min；用 0.7 mg/L 的硫酸铜、硫酸亚铁（5∶2）全池泼洒，视病情严重程度连用 2～3 次。

（2）指环虫病

指环虫是鲤科鱼类中最常见的单殖吸虫，由此类吸虫导致的疾病，统称为指环虫病（王玉群等，2006；王兴仿等，2017）。

① 病原：鳃片指环虫。

② 流行与危害：指环虫的流行季节在春末和秋末，水温23℃左右时是鳃片指环虫大量繁殖的时期。指环虫主要危害青鱼苗种。

③ 症状及病理变化：青鱼大量寄生指环虫时，病鱼体色发黑，游动缓慢，食欲减退，鳃部显著肿胀，黏液增多。指环虫利用锚钩及边缘小钩钩住寄主的鳃组织，并不断在鳃上作尺蠖虫式的移动，破坏鳃丝的表皮细胞，并刺激鳃细胞分泌过多的黏液，妨碍寄主呼吸，并可造成贫血现象，使单核白细胞和多核白细胞的百分数增多，影响鱼的正常代谢作用。

④ 诊断方法：光学显微镜检查确定病原体。

⑤ 防治方法：包括预防方法和治疗方法。

预防方法：放养前用生石灰彻底清塘；引进新水后需静置几天再放鱼苗或鱼种；引种放养前用2%～3%食盐溶液浸洗10 min。

治疗方法：用晶体敌百虫（90%）遍洒，用药量为0.5 g/m^{3}水体，严重感染池塘间隔1天后需重复用药1次；拌饵投喂复方甲苯咪唑粉（剂量20～25 mg/kg体重），5天一个疗程。

（3）锚头鳋病

锚头鳋病又称为针虫病、铁锚鳋病、蓑衣病等，是青鱼养殖中常见的一种甲壳类寄生虫病（汪建国，2012）。

① 病原：鲤锚头鳋。

② 流行与危害：锚头鳋在12～33℃的水温环境中均能繁殖生长，发病高峰期在3—4月及9—10月。锚头鳋寄生后不仅能引起青鱼的吃食不佳、生长发育受阻，也可引起鱼种死亡。

③ 症状及病理变化：患病鱼发病初期呈现烦躁不安或失去平衡，行动迟缓，吃食量下降；严重感染时，患病鱼体表出现许多红肿斑点或针状物，有时出现“蛀鳞”病变。锚头鳋以头部钻入寄主肌肉，可引起慢性增生性炎症；寄生于体表的锚头鳋脱落后会在寄主的体表上形成明显的溃疡性红点或红斑，进而可能继发性感染其他病原。

④ 诊断方法：肉眼可观察到虫体。

⑤ 防治方法：包括预防方法和治疗方法。

预防方法：生石灰带水清塘，用 150 kg/667 m^2 水体（水深 1 m）。在锚头鳋繁殖季节，用晶体敌百虫（90%）遍洒，用药量为 0.5 g/m^3。间隔 2 周 1 次，连用 2~3 次。

治疗方法：使用晶体敌百虫（90%）遍洒，用药量为 0.5 g/m^3，并根据锚头鳋成虫形态确定是否继续用药；用 4.5%氯氰菊酯兑水稀释后泼洒，用药量为 20 ml/667 m^2 水体（水深 1 m）。

（4）毛细线虫病

毛细线虫是青鱼常见的一种肠道内寄生虫，它夺取鱼体营养，使寄主体质减弱，常导致其他病原体侵入而引起并发症（侯文久等，2014）。

① 病原：毛细线虫。

② 流行与危害：该病流行于 6—8 月，在江苏、浙江地区部分养殖青鱼的感染率较高，个别严重流行的养殖场可以持续到 11 月上旬。当寄生有 4 条以上毛细线虫时，青鱼就会表现出病理症状；当寄生达到 7 条以上时，可致青鱼死亡。

③ 症状及病理变化：寄生有毛细线虫的青鱼鱼体消瘦，体色发黑，离群独游。解剖可见肠道内寄生大量毛细线虫的成虫及幼虫。该虫主要通过头部钻入青鱼肠壁的黏膜层内来破坏肠壁组织，引起肠壁发炎。

④ 诊断方法：剪开鱼肠，用解剖刀刮下肠内含物和黏液，放在载玻片上，加清水压片后在解剖镜下观察。

⑤ 防治方法：包括预防方法和治疗方法。

预防方法：彻底干塘、暴晒；用漂白粉（10~15 mg/L）+生石灰（120~150 mg/L）清塘消毒。

治疗方法：使用晶体敌百虫（90%）遍洒，用药 0.5 g/m^3 水体；用中草药“贯仲汤”治疗，按每 50 kg 鱼体重用药 290 g（4 种中药的比例为贯众 16∶土荆芥 5∶苏梗 3∶苦楝树根皮 5），加入相当总量 3 倍的水，煎煮至原水量的一半后倒出药液，再按上法加水煎第二次，把先后两次的药汁混合在一起，拌入 2.5 kg 鱼饲料中制成药饵，每日 1 次，连喂 5~7 天。

5.3.4 · 其他类疾病

（1）肝胆综合征

青鱼肝胆综合征是青鱼养殖过程中常见且危害严重的疾病之一。该病一旦发生，如不采取有效措施，可引起青鱼大面积死亡，给青鱼养殖户造成巨大的经济损失，严重阻碍青鱼养殖业的健康发展（秦洁等，2018；邓永强等，2010；何志刚等，2015）。

① 病原（病因）：对于该病的发病原因，目前尚没有统一定论。根据现有文献报道来分析，青鱼肝胆综合征的主要病因为青鱼所用饲料蛋白过高，投喂量偏大，造成生长过快，加重了青鱼肝脏负担；在过度投喂的情况下，水体环境恶化，导致青鱼自身免疫力下降，易遭受环境中的病原体感染。

② 流行与危害：该病高发期在5—8月，发病水温多在22~28℃，易发于高温时期，主要危害1 kg以上的青鱼。继发细菌性感染后，死亡率可达到10%~30%。

③ 症状及病理变化：大部分病鱼体表完好，少数有赤皮症状，未发现体表出血现象，但部分病鱼在腹鳍末端和尾鳍末端有出现明显颜色浅白的条形带。剪开鳃盖，鳃丝外缘发白，部分鳃丝黏液增多、末端腐烂成锯齿状缺口，并有杂物和污泥黏附。解剖常见内脏脂肪较多，充满体腔，肝脏、胰脏、肠道等内脏器官不易分离；肝脏肿大、质脆易碎，颜色为土黄色或部分变为绿色，有的肝脏呈花斑状；胆囊常肿大，为正常胆囊的2~3倍，部分胆囊壁变薄、破裂，胆汁颜色加深或变青黑色；部分青鱼会继发性感染病原菌，导致体表鳞片松动、脱落，部分皮肤裸露，严重时呈赤皮现象，同时可见鳃丝肿胀或腐烂，肠道充血、发红，且腔内充满炎性渗出物。

④ 诊断方法：根据临床症状的病理变化判断。

⑤ 防治方法：包括预防方法和治疗方法。

预防方法：合理投喂饲料，投喂不要过饱，并注意各时期饲料蛋白含量；注意调节水质，定期对水体作消毒处理，保持优良水质；适时在饲料中添加保肝护肝药物。

治疗方法：肝胆综合征为多因素引起的疾病，目前并无特效药可以治愈，一般采用方法为：内服保肝、护肝药物，外用消毒、调水的药物。

控制投喂，降低饲料蛋白含量；内服保肝护胆药物；内服10~15 mg/kg鱼体重的氟苯尼考，控制继发性感染；外用二氧化氯消毒剂0.3 mg/L。

（2）水霉病

水霉病也叫肤霉病、白霉病，是一种青鱼比较常见的皮肤病（汪开毓等，2007；汪建国，2012）。

① 病原：病原为水霉科中的水霉属、绵霉属、丝囊霉属和网囊霉属的一些种类。

② 流行与危害：水霉菌对温度的适应性较广，在10~32℃均能生长繁殖，每年的2—4月及10—12月是水霉病的流行季节。水霉菌是条件致病菌，在青鱼体表受伤、感染其他病原或饲养管理不当等原因导致鱼体本身免疫力低下时均可被感染。催产的亲鱼由

于受伤感染水霉菌后,不仅怀卵量大大减少,而且影响卵的质量;鱼卵在孵化时受水霉的影响,鱼胚不能正常发育,严重影响孵化率。

③ 症状及病理变化：感染早期一般看不出异状,当肉眼能看出时,菌丝不仅已侵入伤口,而且已向外长出外菌丝。菌丝和病鱼组织缠绕,使组织不易愈合;霉菌能分泌大量蛋白质分解酶,机体受刺激后会分泌大量黏液,病鱼开始焦躁不安、与其他固体物发生摩擦,直至鱼体游动失常、食欲减退,最后衰竭而亡。

④ 诊断方法：肉眼观察可初步判断,必要时用显微镜确诊。

⑤ 防治方法：包括预防方法和治疗方法。

预防方法：越冬鱼塘需保持较深水深,并保持一定肥度,以防鱼体冻伤;根据越冬鱼类的摄食情况增加投喂优质饲料,以提高鱼的体质;鱼种放养时操作要轻,用网具捕捞时一次性捕捞量不能过大,以防鱼体表受伤;苗种运输时,合理确定运输密度,并注意增氧和选择平坦的道路,尽量减少鱼类皮肤受伤;鱼种放养后,需注意预防寄生虫病,以防止寄生虫造成鱼体表损伤。

治疗方法：采用2%~5%的食盐溶液浸泡病鱼5~10 min;食盐(400 mg/L)+小苏打(400 mg/L)混合液浸泡病鱼24~48 h;全池泼洒苯扎溴铵溶液,使水体浓度达到5 mg/L。

(撰稿：谢楠、刘凯、戴瑜来)

6

贮运流通与加工技术

青鱼是我国大宗淡水鱼类的主要品种之一。根据《中国渔业年鉴》(2021 版)的统计数据,2020 年我国青鱼养殖产量达 69.4 万吨。湖北、江苏、湖南、安徽、浙江、江西等是我国青鱼养殖的主产区,其中湖北年产量近 20 万吨、位居全国第一。青鱼味道鲜美,富含优质蛋白质,营养价值高,是我国居民消费的主要养殖水产品。青鱼体型较大,出肉率较高,目前已形成了以速冻品、罐头、腌制品等为主的加工产品和相应的加工产业。但是,由于人们传统的消费习惯和青鱼肌间骨刺多的特点,现有的加工产品形式仍较少,加工比例较低。随着预制菜产业快速发展及人们对更营养、更方便、更美味、更安全水产食品日益增长的消费新需求,青鱼加工产业必将迎来新的机遇。为促进青鱼加工产业发展和青鱼产业提质增效,国内学者围绕青鱼加工提质和方便食品开发等开展了系列应用基础研究与技术开发工作,为青鱼加工产业发展提供了科技支撑。

6.1 青鱼肌肉化学组成与加工特性

6.1.1 · 肌肉组织与主要化学组成

鱼的形体参数、各部分比例和鱼肉营养成分是影响鱼加工利用的重要因素。青鱼肉占鱼体总重量的 50%以上,鱼头占鱼体总重量的 15%~20%,内脏、鱼鳃、鱼鳞等加工副产物占鱼体总重量的 30%左右(蔡宝玉,2004;杨京梅,2012)。青鱼是一种高蛋白、低脂肪、营养丰富的淡水产品。青鱼肌肉化学组成主要包括水分(79.85%)、蛋白质(17.08%)、脂肪(1.50%)、灰分(1.08%)及少量碳水化合物和维生素等(杨京梅,2012)。青鱼肌肉化学组成及营养价值与养殖模式、饲喂方式等有关。与池塘传统养殖模式相比,青鱼在池塘内循环水槽式养殖模式下的蛋白质、脂肪酸、氨基酸等成分组成近似,但腥味物质含量更低(邹礼根等,2018)。鱼肉蛋白质的营养价值不仅取决于肌肉蛋白质的含量,还与肌肉蛋白质的氨基酸组成有密切关系。在我国大宗淡水鱼中,青鱼肌肉中氨基酸含量和必需氨基酸所占比例均较高。青鱼肌肉中氨基酸总含量约为 92.63%(以干基计),必需氨基酸所占比例为 37.48%;与陆生动物相比,青鱼肌肉中不饱和脂肪酸相对含量占比高达 75.40%,其中多不饱和脂肪酸含量为 40.50%。因此,青鱼具有高蛋白、高不饱和脂肪酸的特性,且氨基酸种类齐全、富含多种矿物元素,按照 FAO/WHO 标准,青鱼蛋白消化吸收率高(97%~99%),是人类理想的优质蛋白来源之一(夏文水,2014)。

6.1.2 · 加工特性

鱼肉的加工特性,通常是指与加工得率、感官品质、质构特性等密切相关的理化特性,主要包括凝胶特性、冷冻变性和加热变性等。

(1) 凝胶特性

凝胶特性是反应鱼糜制品品质的重要指标,是鱼肉蛋白质的重要加工特性。肌原纤维蛋白是鱼糜凝胶形成过程中最重要的蛋白质。鱼糜凝胶化主要包括蛋白质变性和聚集两个步骤。在一定的盐浓度下,鱼肉肌原纤维蛋白大量溶出,肌球蛋白与肌动蛋白在解离状态下诱导肌球蛋白重链聚合,形成连续的三维网状结构,水分、脂肪等被束缚在网状结构中,使得鱼糜凝胶具有一定的弹性和持水性等。鱼糜凝胶化方式有加热、酶交联、酸化、高压处理和生物发酵等,其中热凝胶化是鱼糜制品凝胶形成的主要方式。鱼糜凝胶特性与鱼肉的新鲜度、年龄、捕获季节,以及加工过程中的漂洗方法、擂溃条件、加热方式、环境 pH 及离子强度等相关(夏文水,2014)。

青鱼鱼糜凝胶具有较高的破断强度、凹陷深度、弹性、持水性、亮度和白度,且有较低的硬度及较好的咀嚼性。将四大家鱼进行相同条件的加工处理,凝胶强度大小依次为青鱼>鲢>鳙>草鱼(吴润锋,2013)。青鱼肌球蛋白变性展开程度高于鲢,暴露更多的疏水性氨基酸残基,使得青鱼热诱导凝胶形成能力高于鲢(高宇,2021)。添加 Ca^{2+} 可显著增强青鱼鱼糜凝胶特性,促进致密网格状结构的形成。青鱼鱼糜凝胶破断强度及凹陷深度达到最大值所需的 Ca^{2+} 浓度为 80~100 mmol/kg,而当 Ca^{2+} 浓度过高时则会阻碍鱼糜凝胶的形成(贾丹,2016)。尽管青鱼蛋白具有较好的凝胶形成能力,但与鲢相比,青鱼的原料价格较高,目前淡水鱼冷冻鱼糜生产仍主要以鲢为主。

(2) 冷冻变性

冷冻变性是指鱼肉在冻结过程中细胞内冰晶形成产生高内压,导致肌原纤维蛋白空间结构发生变化,引起解冻后蛋白质原有的性质发生改变的现象。当贮藏温度低于鱼肉的冰点时,一方面鱼肉组织中会形成冰晶,导致肌肉中部分空间网状结构以及一些膜结构被冰晶破坏;当鱼肉解冻时,肌细胞空间网状结构中不易流动水和空间网络状结构之外的自由水失去了束缚,鱼肉中水流动性变强,汁液流失增加。另一方面,水结晶析出会造成肌肉中不冻结溶液浓度的升高,导致离子强度增大和 pH 的变化,进而引起肌肉蛋白变性。蛋白冷冻变性会引起蛋白质功能、理化和生化性质发生改变,具体表现为蛋白持水性能变差、肌原纤维蛋白溶解性降低、蛋白凝胶形成能力和肌肉组织弹性下降等,最终影响鱼肉的加工品质。

鱼肉蛋白冷冻变性程度与原料鱼的种类、新鲜度、冻结速冻、冻藏条件、解冻速度以及解冻方法等因素密切相关。评价鱼肉蛋白质冷冻变性程度的指标主要有蛋白溶解度、ATPase 活性、巯基数和表面疏水性等。杨宏旭等(2016)研究发现,青鱼肉在-20℃贮藏过程中鱼肉蛋白和组织结构发生了变化,进而加速汁液流失,导致鱼肉质构品质降低。鱼肉冷冻变性不仅会导致蛋白凝胶能力下降,也会影响鱼肉肌肉组织的质构、风味、色泽等食用品质,长时间冷冻的鱼肉往往会出现不同程度的肉质氧化、鲜味下降等品质劣化问题。目前,控制鱼肉冷冻变性的方法主要是通过添加抗冻剂,如糖类物质、氨基酸和磷酸盐等。在生产应用过程中,根据产品特点可选择不同的抗冻剂或多种抗冻剂组合应用,以降低生产成本、提高抗冻效果。

(3) 加热变性

加热是导致鱼肉蛋白质变性的最重要因素。随着加热温度的升高,鱼肉肌肉纤维结构以及蛋白质的组成、空间结构和溶解度发生显著变化,从而影响产品品质和出品率。评价鱼肉蛋白质热变性程度的指标与冷冻变性相似,主要有蛋白溶解度、ATPase 活性、巯基数和表面疏水性等。影响青鱼蛋白质热变性的因素包括原料鱼新鲜度、栖息水域温度以及加工处理方法等。

加热变性是鱼肉蛋白凝胶化的重要过程,在肌球蛋白热诱导凝胶形成过程中,由于青鱼肌球蛋白自身的 α-螺旋含量较低,β-转角含量较高,蛋白结构更为伸展,使得青鱼的肌球蛋白聚集速度加快,聚集程度和变性较强,利于肌球蛋白的热凝胶作用,因而其蛋白凝胶形成能力强于鲢(高宇等,2021)。

此外,蒸煮、油炸等也是青鱼烹饪和加工过程中重要的热处理方式。了解青鱼在不同热处理过程中的蛋白变性规律对其加工品质的控制具有重要指导意义。

保鲜贮运与加工技术

6.2.1 · 低温保鲜技术

鱼类宰杀后,在内源酶和微生物作用下发生一系列生理反应和物理、化学变化,导致鱼体新鲜度下降、品质变差和腐败变质。整个过程可分为宰杀初期和僵直、解僵和自溶、腐败。鱼类死后，一方面肌肉中的糖原通过无氧酵解产生乳酸，另一方面体内三磷酸腺苷（ATP）也会分解成磷酸，导致肌肉 pH 降低。此外，ATP 分解释放热量使得鱼体温度上升，蛋白质发生酸性凝固，肌肉开始收缩而变得僵硬。随着 ATP 分解完成，肌肉失去弹性，缓慢解僵进入自溶阶段。自溶前期，蛋白质经内源性蛋白酶分解成氨基酸、肽等含氮化合物；自溶后期，鱼体表面和内部的微生物迅速繁殖，肌肉中的蛋白质、氨基酸等含氮化合物进一步分解成三甲胺、硫化氢、硫醇、吲哚、尸胺以及组胺等化合物，使鱼体腐败变质，并产生异味（夏文水，2014）。

因此，鱼类在加工、流通过程中必须采取有效的保鲜措施，以防止其鲜度快速下降和腐败变质。保鲜是指采用冷藏、速冻、气调或使用食品添加剂等方法，使产品基本保持原有风味、形态和营养价值，延长产品保质期的过程。鱼类保鲜方法主要有低温保鲜、保鲜剂保鲜、气调保鲜等。目前，低温保鲜是淡水鱼保鲜中最常用、最直接、最有效的保鲜方法，能够较大限度地抑制微生物和酶的活性，较好地保持鱼肉的鲜度和品质。根据食品是否发生冻结可以将低温保鲜分为冷藏和冻藏两大类。随着保鲜技术的发展，近年来也出现了冰温保鲜、微冻保鲜等方法。

（1）冷藏保鲜

冷藏保鲜又称冷却保鲜，是指在低于常温但不低于冻结点温度的条件下贮藏水产品的方法。一般在 0~8℃条件下保藏。冷却方法主要有冷风冷却、接触冰冷却、冷水冷却和真空冷却。冰藏保鲜是鱼类保鲜中使用最早、应用较普遍的一种冷藏保鲜方式。该方法将冰或冰水混合物与鱼体接触，利用冰或冰水降温，达到低温保鲜的效果。鱼体的冷却速度与鱼体的大小、初始温度以及冰量有关。鱼类冰藏保鲜期与鱼的种类、用冰前的鲜度、碎冰大小、冰撒布均匀度、隔热效果和环境温度相关。目前，通过机械制冷来进行低温冷藏的方式在工业和生活中应用越来越多。在实际冷藏作业中，一般需要预先将冷却间环境温度降低并保持在-1~0℃，将产品放入冷却间后需要继续用冷风冷却产品至中心温度接近 0℃，再放入冷库或者直接放在冷却间贮存。由于冷藏是在非冻结条件下贮藏，并不能完全抑制微生物生长和酶活性，因此鱼肉冷藏保鲜时间较短。腌制调理等预处理方式能够进一步延长保鲜期，有研究表明，在青鱼冰温贮藏保鲜之前进行盐水预处理，有利于抑制鱼肉中细菌的生长和挥发性盐基态氮（TVB－N）的产生，可延长青鱼片的贮藏时间（梁琼等，2010）。此外，针对低温保鲜青鱼货架期短的实际问题，在低温基础上组合应用具有抗菌、抗氧化等生物活性的天然物质来延长鱼肉货架期的研究也逐渐开展。王正云等（2020）发现，0.3%竹叶抗氧化物结合 1.5%壳聚糖保鲜工艺，可使冷藏青鱼片的贮藏期延长 6 天。

（2）微冻保鲜

微冻保鲜是在鱼肉冰点和-5℃之间的温度范围内（一般为-3℃左右）进行贮藏的一种轻度冷冻的保鲜方法，又称部分冷冻或过冷却冷藏。与冷藏保鲜相比，微冻保鲜可更有效地抑制微生物生长和内源酶活性，延缓 TVB－N 和 K 值的增加，延长鱼肉的贮藏期。一般情况下，微冻鱼肉的货架期比冷藏产品延长 1.5～3 倍。但需要注意的是，微冻过程中鱼肉表面发生部分冻结现象，生成的冰晶也会在一定程度上造成鱼肉组织结构的损伤，引起汁液流失增加和鱼肉品质下降。目前，鱼类的微冻保鲜方式主要有冰盐混合法、鼓风冷却法和低温盐水法，其中冰盐混合法研究较多。杨宏旭等（2016）研究发现，青鱼肉在微冻（-3℃）条件下贮藏 2～3 周仍保持了较好的品质。青鱼片在微冻（-2.0℃±1.0℃）和冷藏（4.0℃±1.5℃）的环境下分别在第 8 天和第 5 天开始腐败，表明微冻保鲜优于冷藏保鲜（梁琼等，2010）。由于微冻温度带范围较窄，对于控温设备要求较高，因此微冻保鲜目前多处于研究阶段，在工业生产上的应用还比较有限。

（3）冻藏保鲜

冻藏保鲜是在低于产品冻结点的条件下（一般在-18℃以下）贮藏的方法。在-18℃以下的冻藏过程中，鱼体组织中绝大部分自由水冻结形成冰晶，一方面微生物生长和内源酶活性被抑制，生化反应变慢，鱼体腐败变质的速率降低，产品具有较长的货架期；另一方面，在长期冻藏过程中冰晶的生长会导致肌肉组织机械损伤和蛋白变性。同时，在冻藏过程中由于冷库温度波动、空气中氧气存在等原因，发生干耗、色泽变化和脂肪氧化及解冻后汁液流失加剧等现象，导致冷冻青鱼的质量下降。适用于青鱼的冻结方法主要有鼓风冻结、平板冻结和液氮冻结。在冻结过程中，冻结速度和冻结终点温度对产品品质影响较大。

目前，国内学者对青鱼冻藏保鲜的研究主要集中于冻结方式对产品品质的变化以及新型保水剂开发利用等方面。研究发现，在-20℃冻藏过程中，青鱼肌球蛋白的结构发生明显变化，且变化程度与冻藏时间呈正相关，导致青鱼肉较高的汁液流失率和剪切力降低（杨宏旭，2016；Bao 等，2020）。与-36℃冻结方式相比，青鱼在-26℃温度条件下冻结后解冻的质量损失较小。此外，有研究报道，常温静置空气解冻和静水解冻法均不适用于无薄膜包裹的冻结青鱼块的解冻（谢堃等，2007）。鉴于鱼肉蛋白冷冻变性对鱼肉品质的不利影响，蛋白抗冻剂的使用在食品冷冻行业已成为共识。目前，低聚糖类、蛋白水解物、酶解物、糖醇和盐类等抗冻剂对冷冻鱼肉的抗冻作用已成为近年来的研究热点（邵颖等，2018），并在冷冻水产品中进行应用。

6.2.2 腌制发酵加工技术

腌制发酵加工技术是传统保藏食品的一种有效方法,已广泛应用于水产品和肉制品的加工贮藏。腌制是通过外界环境较高的渗透压使细胞失水,并使大量盐分扩散至鱼肉制品的过程。腌制不仅可以使鱼肉中内源蛋白酶和微生物活性下降,减缓鱼肉品质下降及腐败变质的速度,也可改变产品组织结构,增强风味(吴涵等,2021)。近年来,随着腌制技术的发展,各种新技术被逐步应用到鱼肉腌制中,提升了腌制品的生产效率。陈实等(2021)探究了 3 种浓度食盐水(7%、10%和 13%)腌制对青鱼品质的影响,发现采用 7%食盐水腌制 4 h 后青鱼肉品质达到最佳,但 3 种方式腌制 48 h 后,青鱼仍保持较好的鲜度。盐溶液的渗透对青鱼介电常数影响较小,而对介电损失率影响较大;温度升高引起蛋白质的热变性,使鱼肉中水分含量降低,造成预加热样品介电常数减小(杨振超,2013)。王逸鑫等(2020)研究发现,超声波辅助食盐(NaCl)腌制处理可以增加青鱼肉的弹性和咀嚼性,同时促进鲜味氨基酸的生成,对青鱼腌制品的风味产生积极影响。轻盐高湿腌制青鱼在冷藏过程中的菌相变得单一,摩氏杆菌属和嗜冷杆菌属的细菌下降明显(郭全友等,2008)。温度对淡腌青鱼货架期的菌落数有影响,5℃条件下淡腌青鱼的货架期终点只存在木糖葡萄球菌,15℃条件下淡腌青鱼的货架期终点存在 12%冷解芽孢杆菌和 88.0%木糖葡萄球菌,而 25℃条件下淡腌青鱼的货架期终点存在 91.7%木糖葡萄球菌(董艺伟等,2015)。淡腌青鱼中必需氨基酸和鲜味氨基酸分别占总氨基酸的 36.17%和 40.83%,不饱和脂肪酸占脂肪酸总量的 77.40%(郭全友等,2017)。

为了延长淡盐腌制青鱼的货架期,通常将低盐腌制与气调保鲜相结合。研究表明,采用氮气和二氧化碳的混合气体替代空气,可以有效抑制淡水鱼中微生物的生长,延长鱼品的货架期。陈椒等(2003)发现二氧化碳气调包装通过延长细菌生长阶段中的滞后期和传代时间,从而抑制产品中细菌生长,延缓 TVB－N 值的增加,有效延长产品的货架期。同时,不同材质和厚度的包装袋对气体和水蒸气的阻隔性不同,其透气率因气体种类、气体浓度和温度的不同而异。郭全友等(2008)发现,市场上真空包装淡腌青鱼栅栏因子种类和强度存在一定差异。黄海源等(2022)发现,乙烯-乙烯醇共聚物(EVOH)丁香精油包装袋可抑制半干青鱼中菌落总数的增长,延缓 TVB－N 的生成和脂肪氧化的速率,延长半干青鱼常温贮藏期。气调包装一般不单独使用,通常与低温贮藏保鲜技术组合应用,以达到较好的保鲜效果。

此外,微生物发酵技术在淡水鱼加工中的应用和研究也越来越多。发酵鱼制品是我国和东南亚地区的一种传统水产食品,贵州酸鱼、安徽臭鳜鱼等因其独特的风味成为我国具有典型民族特色的传统固态发酵鱼的代表。通过微生物发酵作用不仅赋予产品独特风味和质构，而且能够增加食品的营养价值和功能特性，提高产品安全性。但是，目前发酵鱼多以鲤、鳜等为原料，关于青鱼发酵的研究比较少，且主要围绕青鱼肉香肠的制备工艺和品质特性研究。迟明旭等(2015)研究了微生物菌种接种量、发酵温度和时间对青鱼肉香肠品质的影响，结果表明，发酵青鱼肉香肠品质明显优于未发酵组，通过发酵可降低青鱼肉香肠的硫代巴比妥酸值及 TVB－N 含量，促进产酸并抑制腐败，增加氨基酸态氮含量并提高凝胶强度。王帆等(2013)研究发现，乳酸菌、葡萄球菌和酵母菌混合接种发酵具有延缓青鱼肉香肠油脂氧化和腐败变质的作用，提高了青鱼肉香肠的营养价值和保藏性能。

6.2.3 · 干制加工技术

干制脱水是水产品加工与保藏的一种重要技术手段。通过去除水产品中的水分，可以抑制酶活性及微生物生长繁殖，从而延缓水产品腐败变质，延长保藏期。水产干制品具有体积小、保藏期长、不需冷链和便于贮藏运输等优点。食品保藏特性与其水分活度(Aw)紧密关联，不同微生物都有其最适生长的 Aw。一般而言，多数细菌生长繁殖所需的最低 Aw 值为 0.90，嗜盐细菌为 0.75，耐干燥霉菌和耐高渗透压的酵母为 0.65。因此，将青鱼的 Aw 值降至 0.70 以下，可抑制大部分微生物生长繁殖，这是青鱼干制品具有耐贮藏的重要原因。目前，鱼类干燥方式主要包括自然晾晒、热风干燥、冷风干燥、冷冻干燥、微波干燥和红外线干燥及不同干燥方式的组合应用等。

目前，简单脱水制成青鱼干的加工较少，而通过结合赋味工艺生产调味鱼干是青鱼干制品加工的重要方向。庞文燕等(2013)比较了 3 种不同干燥方式对青鱼肉鲜度的影响，结果显示，冰温真空干燥和真空冷冻干燥的青鱼片鲜度优于热风干燥。冷冻干燥工艺对青鱼片品质的影响因素顺序为：真空室压力、解析时加热板温度、预冻温度、升华时加热板温度(钱炳俊等，2010)。此外，有研究表明，冷冻干燥过程中通过反转异位法调整冻结与升华干燥阶段的水气迁移，可以提高青鱼片的干燥效率(江兆清等，2013)。

6.2.4 · 罐藏加工技术

罐头食品又称罐藏食品，是食品原料经加工处理、罐装、密封、加热杀菌等工序加工而成的商业无菌食品。罐藏加工技术是世界上公认的安全、可靠的食品保藏方法。罐头食品的保藏原理是通过热杀菌杀灭容器内影响食品安全和保藏的微生物与酶，通过密封的容器防止外界微生物入侵。罐头食品经过适度的热杀菌后，不含有致病微生物和常温下能繁殖的非致病微生物，从而使产品得以长期保藏。鱼罐头产品具有携带和食用方便和能够常温贮藏流通的特点，成为国内外水产加工产品中的一大类产品。但是，由于鱼肉水分含量高,经高温杀菌后易导致鱼肉质构、品质下降,通过腌制调理、适度脱水等前处理工艺及杀菌工艺优化是目前提升鱼罐头品质的主要途径。

青鱼罐头是目前青鱼加工的一种重要形式,其品种较多,常见的种类主要有青鱼调味罐头、青鱼油浸罐头和青鱼圆罐头等。青鱼调味罐头是在原料鱼生鲜状态或进行预热处理后,加入调味液进行装罐杀菌制成的产品。青鱼调味罐头按照加工口味可分为红烧、茄汁、葱烤、鲜炸、五香、豆豉和咖喱等多种类型。此类罐头注重加工口味和调味液的配方,体现了我国烹饪技术的传统特色。油浸调味是油浸鱼罐头所特有的加工方法。注入罐头的调味液由精制植物油及其他调味料如糖、盐等组成。罐装和加注植物油有多种不同的方法:将生鱼肉装罐后直接加注精制植物油;将生鱼肉装罐蒸煮脱水后加注精制植物油,将生鱼肉经预煮再装罐后加注精制植物油;将生鱼肉经油炸再装罐后加注精制植物油。在实际生产过程中可根据产品品质要求采用不同的预处理、罐装和杀菌工艺。热杀菌技术和工艺是影响最终产品品质的关键工序,也是优化和提升产品品质研究的重要方向。

6.2.5 · 副产物利用技术

在青鱼加工过程中,会产生鱼鳞、鱼内脏、鱼皮和鱼骨等副产物。这些副产物中含有丰富的蛋白质、酶、油脂,以及多糖、维生素和矿物质(如 Ca、Fe 和 Zn)等多种成分。副产物中除了蛋白质外,其余各类成分在种类上或数量上都远高于可食部分的肌肉。因此,开展青鱼加工副产物的综合利用,实现变废为宝的产业效应,对促进青鱼加工产业链的延伸与效益提升具有重要意义。

目前,鱼鳞的深加工利用研究主要集中于鱼鳞胶原蛋白和鱼鳞抗菌肽的提取与产业化应用。鱼鳞和鱼皮中含有丰富的蛋白质和矿物质,其中蛋白质以胶原蛋白为主(Jia等,2012)。胶原蛋白的提取方法根据介质的不同可以分为酸提取法、酶提取法、热水提取法和碱提取法等。为了提高胶原蛋白的得率,常采用超声波、酶法等多种方法结合提取鱼皮或鱼鳞中胶原蛋白。王正云等(2020)采用超声波辅助酶法优化青鱼皮胶原蛋白提取工艺,工艺优化后胶原蛋白的提取率达 45.30%。此外,新型物理场技术也开始应用于青鱼副产物的加工利用中。杨哪等(2016)确定了感应电场辅助提取青鱼骨钙的最优工艺参数为电压 160 V、电压频率 450 Hz,钙的提取率为 88.65%±4.60%。

鱼内脏中含有丰富的油脂、蛋白质及其他生物活性物质。目前,国内外鱼的内脏主要用于提取鱼油、发酵鱼露或生产鱼粉等。青鱼内脏油脂中富含 DHA、EPA 等 ω-3 系列多不饱和脂肪酸,有助于防治心血管疾病、延缓大脑衰老、提高免疫力等。王正云等(2020)利用微波辅助蛋白酶提取青鱼内脏油,在此条件下鱼油得率为 26.26%±0.13%。

由于青鱼规模化加工产业尚未发展起来，青鱼副产物的加工利用程度仍比较低。基于青鱼加工副产物的原料特点开发适用的高值化综合利用技术对于提高青鱼加工产业效益具有重要意义。

6.3 品质分析与质量安全控制

青鱼肉水分含量高，富含蛋白质，内源酶丰富，在加工与贮运过程中易发生腐败变质。因此，围绕青鱼加工原料、加工过程及加工产品建立相应的品质评价与质量控制方法，对保障产品质量安全具有重要意义。目前尚没有专门针对青鱼加工产品的品质评价与质量控制方法，青鱼原料及加工产品质量评价与控制指标主要依据相关水产品的评价方法，包括感官检验、理化检验和微生物检验等。

感官检验主要包括体表、眼睛、肌肉、鳃和腹部等部位的外观状态，以及滋味、气味评定。根据食品安全国家标准 GB 2733—2015《鲜、冻动物性水产品》规定，生鲜鱼应具有鱼肉应有的色泽、气味(无异味)、正常组织状态，肌肉紧实有弹性等感官要求；对于熟制水产品而言，主要通过外观、气味、滋味、质地等指标进行产品品质评价。

用于评价青鱼质量的理化指标主要包括 pH、TVB－N、K 值、脂肪氧化、生物胺和电导率等。根据食品安全国家标准 GB 2733—2015《鲜、冻动物性水产品》规定，鲜冻青鱼肉 TVB－N 应≤20 mg/100 g。K 值也是评价鱼肉新鲜度的一种有效指标，K 值越小鲜度越高，新鲜鱼的 K 值一般小于 10%。近年来，能够方便、实时监测水产品新鲜度的智能标签或新鲜度指标卡快速发展。何华鹏等(2019)将智能标签与青鱼的鲜度指示相结合，开发出利用溴甲酚紫指示剂制备的智能标签，能较好地对青鱼新鲜度进行实时监控。当青鱼的 TVB－N 达 20 mg/100 g 时，智能标签变为蓝色，满足便捷、准确的分析要求。

微生物检验法是利用细菌总数来评价鱼肉鲜度的一种方法。一般认为当菌落总数大于 10^6CFU/g 则表明鱼肉开始腐败。目前，国家相关标准对水产制品中微生物已有相应的限量规定。GB 10136—2015《动物性水产品》规定即食生制动物性水产制品中菌落总数和大肠菌数应分别小于 10^5 CFU/g 和 10^2 CFU/g；对于熟制动物性水产制品和即食生制动物性水产制品的致病菌限量符合食品安全国家标准 GB 29921—2021《预包装食品中致病菌限量》中的相应规定。

目前，对于多种品质和质量安全评价指标的检测方法已建立了相应的国家或行业标准,为具体评价指标的分析提供了标准方法。青鱼养殖过程中存在水质变化及渔药使用等问题,为了保证青鱼的质量,根据青鱼原料及产品的特点,有时还要进行重金属元素、药物残留、添加剂及其他有害物质的检验。根据 GB 5009—2016《食品安全》系列国家标准中所规定的方法,可对青鱼原料及加工产品中的水分、蛋白质、脂肪、灰分、矿物质、重金属元素及添加剂成分等进行检测;根据 SC/T 3015—2002《水产品中土霉素、四环素、金霉素残留量的测定》等标准可对孔雀石绿、结晶紫、氯霉素、硝基呋喃等农(兽)药残留进行检测。

HACCP 体系是通过对原料生产、加工作业、贮藏、销售和消费过程中的生物的、化学的和物理的危害加以识别、评估并加以控制的食品安全管理体系,已被广泛应用于水产品加工生产过程控制和管理。在青鱼加工过程中应按照 GB/T 19838—2005《水产品危害分析与关键控制点(HACCP)体系及其应用指南》进行加工过程质量安全控制。随着智能监测及可追溯体系等技术的不断发展和应用,将进一步提升青鱼加工及贮运流通过程中的质量安全管理水平,更好地保障产品安全。

(撰稿:许艳顺、高沛)

参考文献

[1] 柏海霞，彭期冬，李翀，等. 长江四大家鱼产卵场地形及其自然繁殖水动力条件研究综述[J]. 中国水利水电科学研究院学报，2014，12(3)：249－257.

[2] 鲍生成，包天杰，王沈同，等. 基于线粒体 COI 基因的 9 个青鱼群体遗传变异分析[J]. 水生生物学报，2022，46(7)：933－938.

[3] 蔡宝玉，王利平，王树英. 甘露青鱼肌肉营养分析和评价[J]. 水产科学，2004，23(9)：34－35.

[4] 蔡春芳，陈立侨，叶元土，等. 日粮糖种类和水平对青鱼生长性能和生理指标的影响[J]. 动物营养学报，2009，21(2)：212－218.

[5] 常玉梅，孙效文. 水产养殖动物遗传连锁图谱及 QTL 定位研究进展[J]. 动物学研究，2006，27(5)：533－540.

[6] 陈大庆. 长江渔业资源现状与增殖保护对策[J]. 中国水产，2003(03)：17－19.

[7] 陈会娟. 长江中游四大家鱼放流亲本对早期资源和遗传多样性的影响研究[D]. 西南大学，2019.

[8] 陈建明，沈斌乾，潘茜，等. 饲料蛋白和脂肪水平对青鱼大规格鱼种生长和体组成的影响[J]. 水生生物学报，2014(4)：699－705.

[9] 陈椒，周培根，吴建中，等. 不同 CO_2 气调包装对冷藏青鱼块质量的影响[J]. 上海水产大学学报，2003，12(4)：331－337.

[10] 陈炼，吴成龙，张易祥，等. 维生素 A 对青鱼幼鱼生长、代谢、抗氧化能力和免疫能力的影响[J]. 动物营养学报，2018，30(7)：2594－2605.

[11] 陈明千，脱友才，李嘉，等. 鱼类产卵场水力生境指标体系初步研究[J]. 水利学报，2013，44(11)：1303－1308.

[12] 陈启鎏. 青、鲩、鳙、鲢等家鱼寄生原生动物的研究 Ⅱ. 寄生青鱼的原生动物[J]. 水生生物学集刊，1956(1)：19－42.

[13] 陈实，柳琳，王逸鑫，等. 不同盐度腌制下青鱼品质变化[J]. 上海海洋大学学报，2021，30(6)：1153－1163.

[14] 陈淑群，李万程，唐会国，等. 青鱼(♀)和三角鲂(♂)不同亚科之间的杂交研究—Ⅱ、青鱼(♀)、三角鲂(♂)及其子一代乳酸脱氢酶同工酶的比较研究[J]. 湖南师范大学自然科学学报，1987(3)：75－81.

[15] 陈淑群. 青鱼(♀)和三角鲂(♂)不同亚科之间的杂交研究 1、青鱼(♀)、三角鲂(♂)及其子一代的比较细胞遗传学研究[J]. 湖南师范大学自然科学学报，1984(4)：71－80.

[16] 迟明旭，李春阳，王帆，等. 青鱼肉发酵香肠发酵工艺的优化研究[J]. 黑龙江大学工程学报，2015，6(1)：69－73.

[17] 戴祥庆，杨国华，李军. 青鱼饲料最适能量蛋白比的研究[J]. 水产学报，1988(1)：35－41.

[18] 戴志华,刘湘香. 青鱼人工繁育技术[J]. 湖南农业,2017(11):18.

[19] 邓永强,黄小丽. 青鱼肝胆综合征的诊断与防治[J]. 科学养鱼,2010(8):50-51.

[20] 董艺伟,郭全友,李保国,等. 加工过程与贮藏温度对淡腌青鱼品质变化与优势腐败菌种群变化的影响[J]. 食品工业科技,2015,36(23):306-315.

[21] 段辛斌. 长江上游鱼类资源现状及早期资源调查研究[D]. 华中农业大学,2008.

[22] 段辛斌,陈大庆,刘绍平,等. 长江三峡库区鱼类资源现状的研究[J]. 水生生物学报,2002(6):605-611.

[23] 方耀林,余来宁,许映芳,等. 长江水系青鱼遗传多样性的研究[J]. 湖北农学院学报,2004(1):26-29.

[24] 付晓艳. 长江和珠江水系青鱼线粒体细胞色素 b 基因遗传多样性分析[D]. 暨南大学,2011.

[25] 高宇,毕保良,贾丹,等. 青鱼和鲢鱼肌球蛋白热诱导凝胶特性的比较[J]. 食品工业科技,2021,42(3):1-12.

[26] 龚江,王腾,李霄,等. 长江天鹅洲故道鱼类群落结构特征及其年际变化[J]. 水生态学杂志,2018,39(4):46-53.

[27] 郭全友,董艺伟,李保国,等. 淡腌青鱼加工过程、制品品质特征和安全性评价[J]. 浙江农业学报,2017,29(2):315-322.

[28] 郭全友,钱志伟,杨宪时,等. 轻盐高湿青鱼制品加工贮藏过程中细菌学定性和定量分析研究[J]. 海洋水产研究,2008,29(5):75-82.

[29] 郭全友,许钟,杨宪时. 真空包装淡腌青鱼品质和细菌类型及数量[J]. 海洋渔业,2008,30(2):170-175.

[30] 何大仁,蔡厚才. 鱼类行为学[M]. 厦门:厦门大学出版社,1998.

[31] 何华鹏,张愍,陈慧芝,等. 青鱼新鲜度智能标签的研究[J]. 食品与生物技术学报,2019,38(1):100-106.

[32] 何力,张斌,刘绍平,等. 汉江中下游水文特点与渔业资源状况[J]. 生态学杂志,2007(11):1788-1792.

[33] 何志刚,张俊,潘逢文. 一例青鱼"富贵病"的诊治[J]. 科学养鱼,2015(3):64-65.

[34] 侯文久,李冬梅. 兽用敌百虫片对青鱼线虫病的触杀作用试验[J]. 科学养鱼,2014(4):66.

[35] 胡毅,黄云,文华,等. 维生素 C 对青鱼幼鱼生长、免疫及抗氨氮胁迫能力的影响[J]. 水产学报,2013,37(4):565-573.

[36] 胡毅,黄云,钟蕾,等. 氨氮胁迫对青鱼幼鱼鳃丝 Na^{-}+/K^{-}+ATP 酶、组织结构及血清部分生理生化指标的影响[J]. 水产学报,2012,36(4):538-545.

[37] 湖北省水生生物研究所鱼类研究室. 长江鱼类[M]. 武汉:科学出版社,1976.

[38] 黄海源,沈思远,施文正,等. 不同包装材料对半干青鱼常温贮藏过程中品质的影响[J]. 食品与发酵工业,2022,48(2):110-115.

[39] 黄云,胡毅,文华,等. 维生素 E 对青鱼幼鱼生长、免疫及抗氨氮胁迫能力的影响[J]. 水生生物学报,2013,37(3):507-514.

[40] 黄云,胡毅,肖调义,等. 双低菜粕替代豆粕对青鱼幼鱼生长及生理生化指标的影响[J]. 水生生物学报,2012,36(1):41-48.

[41] 霍堂斌,宋聃,刘伟,等. 松花江下游富锦江段鱼类早期资源状况[J]. 中国水产科学,2022,29(1):91-101.

[42] 贾丹. 青鱼肌肉蛋白质及其凝胶特性的研究[D]. 华中农业大学,2016.

[43] 江兆清,陈天及,于吉乐,等. 提高非饱和含湿食品冻干过程升华干燥速率的实验研究[J]. 食品工业科技,2013,34(17):60-63.

[44] 姜丹莉,林雅云,吴玉波,等. 草鱼、银鲫和青鱼捕捞后的应激反应[J]. 水产学报,2016,40(9):1479-1485.

[45] 孔淑碧,江德中,祖学勤,等. 鱼类应激生物学研究进展[J]. 现代农业科技,2015(16):255-256.

[46] 冷向军,王道尊,李小勤. 青鱼鱼种饲料中不同剂型维生素 C 适宜添加量的研究[J]. 四川农业大学学报,2002,20(2):141-143.

[47] 冷向军,王道尊. 青鱼的营养与饲料配制技术[J]. 上海水产大学学报,2003,12(3): 265-270.

[48] 冷向军,王道尊. 青鱼对铜需要量的研究[J]. 上海海洋大学学报,1998,7(增刊): 130-134.

[49] 黎小东,曹艳敏,王崇宇. 湘江干流四大家鱼产卵期生态水文情势变化分析[J]. 人民长江,2021,52(04): 81-87.

[50] 李贵雄. 青鱼配合饲料添加剂研究[J]. 水利渔业,2008,28(4): 78-79.

[51] 李继勋. 鱼病防治关键技术及实用图谱[M]. 北京: 中国农业大学出版社,2014.

[52] 李家庆. 使用膨化料是华中区青鱼养殖的必然趋势[J]. 海洋与渔业·水产前沿,2015(8): 95-96.

[53] 李建,夏自强,王远坤,等. 长江中游四大家鱼产卵场河段形态与水流特性研究[J]. 四川大学学报(工程科学版),2010,42(04): 63-70.

[54] 李俊. 青鱼 IKKε/TBK1/IRF 信号通路在抗病毒天然免疫中的功能机制研究[D]. 湖南师范大学,2019.

[55] 李思发,吕国庆,L. 贝纳切兹. 长江中下游鲢、鳙、草、青四大家鱼线粒体 DNA 多样性分析[J]. 动物学报,1998(01): 83-94.

[56] 李思忠,方芳. 鲢,鳙,青,草鱼地理分布的研究[J]. 动物学报. 1990,36(3): 244-250.

[57] 李思忠. 黄河鱼类志[M]. 青岛: 中国海洋大学出版社,2017.

[58] 梁利国,谢骏. 青鱼病原嗜水气单胞菌分离鉴定、毒力因子检测及药敏试验[J]. 生态学杂志,2013,32(12): 3236-3242.

[59] 梁琼,万金庆,王国强,等. 盐水预处理青鱼片冰温贮藏的实验研究[J]. 食品科技,2010,35(10): 172-175.

[60] 梁琼,万金庆,王国强. 青鱼片冰温贮藏研究[J]. 食品科学,2010,31(6): 270-273.

[61] 刘焕亮,黄樟翰. 中国水产养殖学[M]. 北京: 科学出版社,2008.

[62] 刘明典,高雷,田辉伍,等. 长江中游宜昌江段鱼类早期资源现状[J]. 中国水产科学,2018,25(1): 147-158.

[63] 刘绍平,段辛斌,陈大庆,等. 长江中游渔业资源现状研究[J]. 水生生物学报,2005(6): 708-711.

[64] 刘问. 嗜水气单胞菌感染青鱼肝脏的蛋白质组学分析[J]. 水生生物学报,2019,43(2): 330-339.

[65] 刘玉良,朱雅珠,陈慧达. 青鱼对十四种饲料的消化率[J]. 水产科技情报,1990(6): 166-169.

[66] 毛盼,胡毅,李金龙,等. 豆粕替代鱼粉对青鱼幼鱼生长及生理生化指标的影响[J]. 淡水渔业,2013,43(5): 50-56,67.

[67] 明建华,叶金云,张易祥,等. 2 龄青鱼对 7 种饲料原料中营养物质的表观消化率[J]. 动物营养学报,2014,26(1): 161-169.

[68] 南昌市水产科学研究所. 青鱼和草鱼杂交育种试验简报[J]. 农业科技,1973(7): 8-11.

[69] 倪达书,汪建国. 草鱼生物学与疾病[M]. 北京: 科学出版社,1999.

[70] 庞文燕,万金庆,姚志勇,等. 不同干燥方式对青鱼片鲜度的影响[J]. 广东农业科学,2013,40(15): 124-141.

[71] 彭爱明. 应用回归分析法确定饲料脂肪在青鱼种饲养中最佳含量[J]. 中国饲料,1996(11): 40-42.

[72] 蒲思川,冯启明. 我国水体污染的现状及防治对策[J]. 中国资源综合利用,2008(5): 31-34.

[73] 钱炳俊,程美蓉,邓云. 青鱼片真空冷冻干燥工艺研究[J]. 现代农业科技,2010,3: 360-362.

[74] 秦国民,张晓君,陈翠珍,等. 草鱼和青鱼细菌性败血感染症的病原菌研究[J]. 江苏农业科学,2010(1): 236-239.

[75] 秦洁,任孟忠. 防治青鱼肝胆综合征一例经验总结[J]. 渔业致富指南,2018(22): 60-61.

[76] 屈宜笑. 青鱼 IRF3 及 IRF7 基因的克隆及功能初探[D]. 湖南师范大学,2016.

[77] 邵颖,姚洁玉,江杨阳,等. 抗冻剂对鱼肉蛋白质冷冻变性的保护作用[J]. 食品科学,2018,39(7): 291-297.

[78] 帅方敏,李新辉,黄艳飞,等. 珠江水系四大家鱼资源现状及空间分布特征研究[J]. 水生生物学报,2017,41(6): 1336-1344.

[79] 苏玉红,沈玉帮,鲍生成,等.青鱼不同地理群体生长差异比较分析[J].淡水渔业,2021,51(3):20-26.

[80] 苏玉红,谢楠,郭加民,等.长江水系青鱼不同地理群体肉质差异的比较研究[J].水产科技情况,2022,49(4):200-205.

[81] 孙俊美.青鱼和草鱼常见疾病的防控措施[J].当代畜禽养殖业,2020(1):58-59.

[82] 孙盛明,叶金云,陈建明,等.配合饲料中豆粕、菜粕替代鱼粉对青鱼鱼种生长、体组成的影响[J].浙江海洋学院学报(自然科学版),2009,28(1):25-31.

[83] 汤峥嵘,王道尊.异育银鲫及青鱼对饲料中钙、磷需要量的研究[J].上海水产大学学报,1998,7(增刊):140-147.

[84] 田波,龚祖损.病毒与农业[M].北京:科学出版社,1986.

[85] 汪登强,高雷,段辛斌,等.汉江下游鱼类早期资源及梯级联合生态调度对鱼类繁殖影响的初步分析[J].长江流域资源与环境,2019,28(08):1909-1917.

[86] 汪建国,王玉堂,战文斌,等.鱼病防治用药指南[M].北京:中国农业出版社,2012.

[87] 汪开毓.鱼病防治与安全用药回答[M].北京:中国农业出版社,2007.

[88] 王道尊,陈琳.青鱼对抗坏血酸-2-硫酸酯吸收利用性能的研究[J].水产科技情报,1996(4):7-14.

[89] 王道尊,丁磊,赵德福.必需脂肪酸对青鱼生长影响的初步观察[J].水产科技情报,1986(2):4-6.

[90] 王道尊,梅志平,潘兆龙.青鱼配合饲料中可消化能需要量的研究[J].水产科技情报,1992(2):38-42.

[91] 王道尊,潘兆龙,梅志平.不同脂肪源饲料对青鱼生长的影响[J].水产学报,1989(4):370-374.

[92] 王道尊,宋天复,杜汉斌,等.饲料中蛋白质和醣的含量对青鱼鱼种生长的影响[J].水产学报,1984(1):9-17.

[93] 王德铭,葛蕊芳,吴兰彰,等.鲩、青鱼传染性肠炎的研究Ⅰ.肠炎致病细菌的研究[J].水生生物学集刊,1959(3):241-254.

[94] 王德铭,葛蕊芳,吴兰彰,等.鲩、青鱼传染性肠炎的研究Ⅱ.肠炎菌苗免疫的研究[J].水生生物学报,1962(1):22-30.

[95] 王德铭.鲩、青鱼烂鳃及赤皮病致病菌的研究[J].水生生物学报,1958(1):9-25.

[96] 王德铭.青鱼赤皮病致病菌的初步研究[J].水生生物学集刊,1956(1):1-17.

[97] 王帆,李春阳,闫征,等.混合菌种制备发酵鱼肉香肠的研究[J].中国调味品,2013,38(1):75-79.

[98] 王丰,张家华,沈玉帮,等.青鱼野生群体与养殖群体遗传变异的微卫星分析[J].水生生物学报,2019,43(5):939-944.

[99] 王丰,张猛,沈玉帮,等.青鱼微卫星标记的开发与特性分析[J].动物学杂志,2019,54(1):57-65.

[100] 王家祯,耿昕颖,朱世馨,等.青鱼源布氏柠檬酸杆菌的分离鉴定及药敏试验[J].中国兽医科学,2016,46(5):602-606.

[101] 王利风,钱进.池塘主养青鱼高效生态养殖技术[J].科学养鱼,2012(11):83.

[102] 王兴仿,庄耿,谢承西,等.鱼类寄生指环虫的生物学特性及指环虫病检查[J].科学养鱼,2017,9:89.

[103] 王艺舟,潘启华,王乾,等.青鱼 Dazl 基因的原核表达及其多克隆抗体制备[J].淡水渔业,2019,49(3):27-31.

[104] 王艺舟.中华鲟五种组织细胞系建立及青鱼生殖细胞标记基因 dazl 的鉴定[D].华中农业大学,2020.

[105] 王逸鑫,吴涵,黄海源,等.超声波辅助腌制对青鱼腌制品品质的影响[J].食品与发酵工业,2020,46(22):142-160.

[106] 王玉群,姜金忠.指环虫生物学特性及防治(上)[J].科学养鱼,2006,11:77.

[107] 王正云,曹凌月,陈芷莹,等.竹叶抗氧化物结合壳聚糖对青鱼片贮藏品质的影响[J].食品研究与开发,2020,41(14):91-97.

[108] 王正云,蒋慧亮. 超声波辅助酶法提取青鱼鱼皮胶原蛋白工艺[J]. 食品研究与开发,2020,41(5):133－137.

[109] 王正云,蒋慧亮,周洁,等. 微波辅助酶法提取青鱼内脏鱼油工艺优化及脂肪酸组成分析[J]. 食品工业科技,2020,41(3):182－187.

[110] 吴涵,施文正,王逸鑫,等. 腌制对鱼肉风味物质及理化性质影响研究进展[J]. 食品与发酵工业,2021,47(2):285－297.

[111] 吴润锋. 草鱼鱼肉中组织蛋白酶对鱼糜品质影响的研究[D]. 江西科技师范大学,2013.

[112] 吴伟军,何安尤,施军,等. 红水河四大家鱼资源现状调查分析[J]. 南方农业学报,2016,47(1):134－139.

[113] 夏文水,罗永康,熊善柏,等. 大宗淡水鱼贮运保鲜与加工技术[M]. 北京: 中国农业出版社,2014.

[114] 肖启东,钱会达. 池塘主养青鱼亩产一吨效益一万元技术[J]. 渔业致富指南,2012(19):26－28.

[115] 谢堃,陈天及,徐瑛,等. 冻结和解冻方式对青鱼切块冻融质量损失的影响[J]. 食品研究与开发,2007,28(12):155－158.

[116] 谢启明,李卿青,陈甜甜,等. 基于线粒体 DNA 分析青鱼养殖群体的遗传多样性[J]. 安徽农业大学学报,2020,47(3):362－367.

[117] 许源剑,孙敏. 应激胁迫对鱼类运输的影响及其应对措施[J]. 科学养鱼,2010(11): 16－17.

[118] 阳灿. 青鱼 IRF5 基因的克隆及功能初探[D]. 湖南师范大学,2020.

[119] 杨国华,李军,郭履骥,等. 夏花青鱼饵料中的最适蛋白质含量[J]. 水产学报,1981(1):49－55.

[120] 杨宏旭. 不同低温贮藏对青鱼肉品质的影响[D]. 江南大学,2016.

[121] 杨宏旭,刘大松,李珺珂,等. 低温贮藏条件下青鱼肉中蛋白和组织结构的变化对鱼肉品质的影响[J]. 食品与发酵工业,2016,42(8):208－213.

[122] 杨京梅,夏文水. 大宗淡水鱼类原料特性比较分析[J]. 食品科学,2012,33(7):51－54.

[123] 杨哪,金亚美,段翔,等. 感应电场辅助提取鱼骨钙工艺优化[J]. 中国食品学报,2016,32(7): 258－262.

[124] 杨振超,程裕东,金银哲. 915 MHz 和 2450 MHz 频率下温度和盐溶液浸渍对青鱼介电特性的影响[J]. 食品工业科技,2013,34(10):138－158.

[125] 杨宗英,汪登强,陈大庆,等. 基于 mtDNA 序列分析青鱼群体遗传结构[J]. 淡水渔业,2015,45(2): 3－7.

[126] 叶键,刘晓宁,王晓,等. 青鱼(*Mylopharyngodon piceus*)新发病病原类志贺邻单胞菌(*Plesiomonas shigelloides*)的分离鉴定[J]. 海洋与湖沼,2016,47(3):633－639.

[127] 叶金云,陈建明,潘茜. 青鱼配合饲料. 中华人民共和国农业部. SC/T 1073－2004.

[128] 叶金云. 青鱼营养与配合饲料研究现状与展望(二)[J]. 科学养鱼,2011(12):12－14.

[129] 叶金云. 青鱼营养与配合饲料研究现状与展望(三)[J]. 科学养鱼,2012(1):19－21.

[130] 叶金云. 青鱼营养与配合饲料研究现状与展望(一)[J]. 科学养鱼,2011(11):12－14.

[131] 叶金云,王友慧,陈建明,等. 青鱼池塘环境友好型养殖标准化生产技术规范[J]. 科学养鱼,2011(1):44.

[132] 易伯鲁,余志堂,梁秩燊. 长江干流草、青、鲢、鳙四大家鱼产卵场的分布,规模和自然条件//葛洲坝水利枢纽与长江四大家鱼[M]. 武汉: 湖北科学技术出版,1988.

[133] 殷文健,张宪中,何俊. 对青鱼两种精养模式的比较研究[J]. 水产养殖,2014,35(8):8－9.

[134] 游文章,雍文岳,吴达辉,等. 十一种青鱼饲料原料营养价值的评定[J]. 淡水渔业,1993(1):8－12.

[135] 于红霞,唐文乔,李思发. 长江老江河国家级四大家鱼原种场鲢的生长特征[J]. 动物学杂志,2009,44(2):21－27.

[136] 俞立雄. 长江中游四大家鱼典型产卵场地形及水动力特征研究[D]. 西南大学,2018.

[137] 翟子玉,陈慧达,郭海燕,等. 青鱼出血病病毒的分离和鉴定[J]. 水产科技情报,1993(1):20－22.

[138] 翟子玉,柯鸿文,李秀珍,等. 对青鱼出血病的初步试验[J]. 水产科技情报,1982(1): 10－11+7.

[139] 翟子玉,柯鸿文,俞豪祥,等. 青鱼 Mylopharygodon piceus 出血病的初步研究[J]. 动物学研究,1987(4): 379-386+444.

[140] 翟子玉,柯鸿文,俞豪祥,等. 青鱼出血病的初步研究[J]. 水产科技情报,1985(1): 9-12.

[141] 翟子玉,俞豪祥. 青鱼肾脏(正常和患出血病)的组织学与超微结构的初步观察[J]. 水生生物学报,1986(3): 224-227+297-299.

[142] 张波,曾令兵,罗晓松,等. 青鱼肠道出血症病原菌的分离与鉴定[J]. 华中农业大学学报,2010,29(5): 607-612.

[143] 张辰,贾小巍,钱鹏丞,等. 富硒壶瓶碎米荠对青鱼幼鱼生长、生理生化、硒代谢、抗氧化及先天免疫的影响[J]. 水生生物学报,2023,47(3): 523-534.

[144] 张从义,李金忠,朱勇夫,等. 青鱼池塘不同养殖模式经济效益分析比较[J]. 科学养鱼,2014(9): 22-24.

[145] 赵金良,李思发. 长江中下游鲢、鳙、草鱼、青鱼种群分化的同工酶分析[J]. 水产学报,1996,20(2): 104-110.

[146] 周俊杰,黄超,胡毅,等. 饲料中棉粕对青鱼生长的影响[J]. 当代水产,2010(8): 66-67.

[147] 周文玉. 青鱼配合饲料中碳水化合物适宜含量的研究[C]. 饲料科技发展新途径——全国畜牧水产饲料开发利用科技交流论文集(水产部分). 中国科协学会工作部(北京),1988: 118-122.

[148] 周志刚. 全螯合矿对青鱼生长、饲料转化及非特异性免疫力的影响[J]. 饲料与畜牧,2009(6): 58-61.

[149] 邹礼根,郭水荣,翁丽萍,等. 两种不同养殖模式对青鱼肌肉营养品质的影响[J]. 宁波大学学报(理工版),2018,31(4): 25-30.

[150] Bao S, Xie N, Xu X, et al. Complete mitochondrial genome of gray black carp (Mylopharyngodon piceus)[J]. Mitochondrial DNA Part B: Resources, 2020, 5(3): 2076-2077.

[151] Bao Y L, Wang K Y, Yang H X, et al. Protein degradation of black carp(*Mylopharyngodon piceus*) muscle during cold storage[J]. Food Chemistry, 2020,308: 125576.

[152] Bu T, Xu L, Zhu X, et al. Influence of short-term fasting on oxidative stress, antioxidant-related signaling molecules and autophagy in the intestine of adult Siniperca chuatsi [J/OL]. Aquaculture Reports, 2021, 21: 100933.

[153] Chen H, Xiao J, Li J, et al. TRAF2 of black carp upregulates MAVS-mediated antiviral signaling during innate immune response[J]. Fish Shellfish Immunol, 2017,71: 1-9.

[154] Chen S, Wu C, Xie Y, et al. Molecular cloning, characterization and expression modulation of four ferritins in black carp Mylopharyngodon piceus in response to Aeromonas hydrophila challenge[J]. Aquaculture Reports, 2020,16.

[155] Dai Y, Shen Y, Guo J, et al. Glycolysis and gluconeogenesis are involved of glucose metabolism adaptation during fasting and re-feeding in black carp (Mylopharyngodon piceus)[J]. Aquaculture and Fisheries, 2022, https://doi.org/10.1016/j.aaf.2022.04.003.

[156] Dai Y, Shen Y, Wang S, et al. RNA-Seq Transcriptome Analysis of the Liver and Brain of the Black Carp (Mylopharyngodon piceus) During Fasting[J]. Marine Biotechnology, 2021, 23(3): 389-401.

[157] Guo J, Wang A, Mao S, et al. Construction of high-density genetic linkage map and QTL mapping for growth performance in black carp (Mylopharyngodon piceus)[J]. Aquaculture, 2022, 549: 737799.

[158] Harimana Y, Tang X, Le G, et al. Quality parameters of black carp (Mylopharyngodon piceus) raised in lotic and lentic freshwater systems[J]. LWT, 2018, 90: 45-52.

[159] Jia X, Qian P, Wu C, et al. Effects of dietary pantothenic acid on growth, antioxidant ability and innate immune response in juvenile black carp. Aquaculture Reports. 2022. 24: 101131.

[160] Jia Y J, Wang H B, Wang H Y, et al. Biochemical properties of skin collagens isolated from black carp (*Mylopharyngodon piceus*)[J]. Food Science and Biotechnology, 2012, 21(6): 1585-1592.

[161] Koel T M, Irons K S, Ratcliff E N. Asian Carp Invasion of the Upper Mississippi River System, F, 2000[C].

[162] Li M, Duan Z, Gao X, et al. Impact of the Three Gorges Dam on reproduction of four major Chinese carps species in the middle reaches of the Changjiang River[J]. Chinese Journal of Oceanology and Limnology, 2016, 34(5): 885-893.

[163] Liu J, Li J, Xiao J, et al. The antiviral signaling mediated by black carp MDA5 is positively regulated by LGP2 [J]. Fish Shellfish Immunol, 2017,66: 360-371.

[164] Liu W. Complement proteins detected through iTRAQ - based proteomics analysis of serum from black carp Mylopharyngodon piceus in response to experimentally induced Aeromonas hydrophila infection[J]. Dis Aquat Organ, 2020,140: 187-201.

[165] Lu Y, Xia H, Zhai W, et al. Genome survey sequence of black carp provides insights into development-related gene duplications[J]. Journal of the World Aquaculture Society, 2022, 53: 1197-1214.

[166] Ribaut J-M, Hoisington D. Marker-assisted selection: new tools and strategies[J]. Trends in Plant Science, 1998, 3(6): 236-239.

[167] Vinay B J, Kanya T C S. Effect of detoxification on the functional and nutritional quality of proteins of karanja seed meal[J]. Food Chemistry. 2008, 106(1): 77-84.

[168] Wu C, Chen L, Lu Z, et al. The effects of dietary leucine on the growth performances, body composition, metabolic abilities and innate immune responses in black carp Mylopharyngodon piceus. Fish & Shellfish Immunology. 2017, 67: 419-428.

[169] Wu C, Lu B, Wang Y, et al. Effects of dietary vitamin D3 on growth performance, antioxidant capacities and innate immune responses in juvenile black carp Mylopharyngodon piceus. Fish Physiology and Biochemistry. 2020. 46: 2243-2256.

[170] Wu C, Ye J, Gao J, et al. The effects of dietary carbohydrate on the growth, antioxidant capacities, innate immune responses and pathogen resistance of juvenile Black carp Mylopharyngodon piceus. Fish & Shellfish Immunology, 2016, 49: 132-142.

[171] Xiao J, Yan C, Zhou W, et al. CARD and TM of MAVS of black carp play the key role in its self-association and antiviral ability[J]. Fish & Shellfish Immunology, 2017,63: 261-269.

[172] Xiao J, Yan J, Chen H, et al. LGP2 of black carp plays an important role in the innate immune response against SVCV and GCRV[J]. Fish & Shellfish Immunology, 2016,57: 127-135.

[173] Xue T, Wang Y, Pan Q, et al. Establishment of a cell line from the kidney of black carp and its susceptibility to spring viremia of carp virus[J]. Journal of fish diseases, 2018, 41(2): 365-374.

[174] Xue T, Yu M, Pan Q, et al. Black carp vasa identifies embryonic and gonadal germ cells[J]. Development genes, 2017, 227(4): 231-243.

[175] Zhang J, Shen Y, Dai Y, et al. Cloning, prokaryotic expression, purification, and functional verification of the insulin gene in black carp (*Mylopharyngodon piceus*)[J]. Aquaculture and Fisheries, 2023, 8: 18-25.

[176] Zhang J, Shen Y, Xu X, et al. Transcriptome Analysis of the Liver and Muscle Tissues of Black Carp (Mylopharyngodon piceus) of Different Growth Rates[J]. Marine Biotechnology, 2020, 22(5): 706-716.

[177] Zhang X, Shen Y, Xu X, et al. Transcriptome analysis and histopathology of black carp (Mylopharyngodon piceus) spleen infected by Aeromonas hydrophila[J]. Fish Shellfish Immunol, 2018,83: 330-340.

[178] Zhang X, Xu X, Shen Y, et al. Myeloid differentiation factor 88 (Myd88) is involved in the innate immunity of black carp (Mylopharyngodon piceus) defense against pathogen infection[J]. Fish Shellfish Immunol, 2019,94: 220-229.

[179] Zhou W, Zhou J, Lv Y, et al. Identification and characterization of MAVS from black carp Mylopharyngodon piceus[J]. Fish & Shellfish Immunology, 2015,43(2): 460-468.